农村生活污水处理设施建设及运维管理

江苏中源工程管理股份有限公司 主编

中国水利水电出版社
www.waterpub.com.cn
·北京·

内 容 提 要

本书从农村生活污水处理设施建设与运维管理工作的实际需求出发，依据现行的相关法律法规、规范及标准，对农村生活污水治理工程全过程管理工作的主要内容和要点进行了归纳和阐述。具体内容包括农村生活污水处理概述、农污设施建设程序与要点、规划管理、可行性研究管理、初步设计管理、施工图设计管理、项目管理模式和项目发（承）包模式、项目施工管理、项目施工监理、项目质量检测、项目质量监督、项目验收与档案管理、项目运行维护组织管理和项目运行维护技术要求等。

本书在编写内容上突出了适用性和操作性，可供从事农村生活污水治理工程施工、监理、设计、检测、质监、建设和运行维护等工作的管理、技术人员及相关高等院校师生参考使用。

图书在版编目（CIP）数据

农村生活污水处理设施建设及运维管理 / 江苏中源工程管理股份有限公司主编. -- 北京 : 中国水利水电出版社, 2021.6
ISBN 978-7-5170-9657-3

Ⅰ. ①农… Ⅱ. ①江… Ⅲ. ①农村－生活污水－污水处理－水处理设施－维修 Ⅳ. ①X703

中国版本图书馆CIP数据核字(2021)第113454号

书　名	**农村生活污水处理设施建设及运维管理** NONGCUN SHENGHUO WUSHUI CHULI SHESHI JIANSHE JI YUN - WEI GUANLI
作　者	江苏中源工程管理股份有限公司　主编
出版发行	中国水利水电出版社 （北京市海淀区玉渊潭南路1号D座　100038） 网址：www.waterpub.com.cn E-mail：sales@waterpub.com.cn 电话：（010）68367658（营销中心）
经　售	北京科水图书销售中心（零售） 电话：（010）88383994、63202643、68545874 全国各地新华书店和相关出版物销售网点
排　版	中国水利水电出版社微机排版中心
印　刷	北京瑞斯通印务发展有限公司
规　格	184mm×260mm　16开本　15.75印张　399千字　2插页
版　次	2021年6月第1版　2021年6月第1次印刷
印　数	0001—5000册
定　价	**98.00**元

《农村生活污水处理设施建设及运维管理》

编　委　会

序言

这是一本如何建设农村生活污水处理设施的专业书籍，编写得很好，具有很强的适用性和指导性。

农村生活污水处理是改善农村生态环境和人居环境的迫切需要。党和国家始终高度重视，特别是党的十九大以后，对这一工作投入了大量的人力、物力和财力，也取得了一定的成效，但还没有完全解决。我在水利部工作期间，曾长期分管和主抓过农村饮水安全工作，实践中深切地体会到，饮水安全工作中一个很重要的内容，就是要同时做好生活污水的达标和尾水出路问题，否则只解决供水，不处理好排出的污水，整个农村的水问题还是没有从根本上解决。

改革开放40多年，农村的经济社会有了长足的发展和进步，广大农村居民已从解决温饱到致富小康。但是，就农村发展而言，在较长的时间内仍没有跳出西方发达国家曾经出现过的"先污染后治理"困境。"现在经济发展了，居民从解决温饱到腰包鼓了，但水脏了，环境差了，生怪病的多了，心里害怕了。"这些话，使我感慨良多。出现这种状况，主要是农村的不少土地被制造业、房地产业、商业和服务业开发利用，由于多种原因造成大部分污水排入了乡村河道，污物散落乡村空间；同时，农村区域广大，地形地貌各异，经济水平不同，农民居住地分散，点多面广，通达线路较长，生活污水难以达到像城市那样集中处理；加上村民的科学素养尚未达到一定层面，居民生活习惯还未达到生态文明的要求，缺乏自我处理生活污水的能力。因此，农村生活污水一直困扰着农村生态环境的改善，给饮水安全带来隐患，给居民生活质量的提升带来影响。

党的十八大明确指出，社会主义新时期要解决的主要矛盾是经济社会发展与人民群众对美好生活向往不相适应的矛盾。习近平总书记也反复强调，我们共产党人的奋斗目标就是为人民谋幸福。为此，一定要从经济社会发展大局和全心全意为人民谋福祉的高度，认清处理好农村生活污水工作的重要性，扎实推进这一工作进程。不仅要加大投入，而且要从技术上、规范化管理上做好支撑、引领和强化。而这本书的出版，可以说是填补了这一工作的空白，从建设服务运营维护的侧面上做出了支持。

这本书内容很全面，既有规划上的要求，也有项目管理、施工管理、验收管理、运行维护管理上的要求；既有污水处理中可行可用的技术要求和方式、方法，也有工艺集成和模式应用；既有硬件的系统配套，也有信息化融入和体现。书中的所涉及的内容不仅是实践经验的总结，也是一些新技术、新工艺、新成果成功运用的展示和说明。总之，这是一个关于农村生态环境问题课题研究的重要成果，是一本建设农村生活污水规范性的指南，也是一本运维工作的科普性读物。愿广大专业工作者喜爱这本书，推介这本书。

水利部原副部长　翟浩辉

2021年春

前　言

水资源是我国经济社会高质量发展不可缺少的重要自然资源和环境要素，然而，水多了是灾、水少了是灾、水被污染了也是灾，体现了水的利弊两重性。水灾害治理关系到人类生存与可持续发展的方方面面，特别是人类活动造成的水环境污染，引起严重的社会问题和经济问题。另一方面，我国在现代化建设和推进城乡一体化发展的过程中，农村人居环境改善的需求尤为重要。习近平总书记提出了人与自然和谐共生新发展理念，农村生活污水治理就是落实习近平总书记生态优先、绿色发展战略的基础性工作。然而，我国农村污水治理工作具有自然环境和社会环境的特殊性，看似简单，却蕴含着很多无法预测的问题，使工程项目运作过程面临诸多难题与挑战，例如，村民的环境保护意识薄弱、相关法规不够健全、标准体系不完善、规划设计质量监控不到位、建设运营资金短缺、运营维护难度大等，尤其是缺乏适用的管理机制和工程项目管理理论的指导是制约农村生活污水治理的最大瓶颈。

近几年来，江苏中源工程管理股份有限公司受相关政府部门委托参与了诸多农村生活污水治理建设及运维项目的施工监理、项目管理、质量检测、验收评估及监督考核活动，在上述技术咨询服务过程中，发现我国尚无农村生活污水处理建设及运维方面完整的技术标准和可参考的指导书籍；发现参建单位、政府基层职能部门等，对农村生活污水治理工作缺乏工作经验和专业人才，在工程项目运作管理过程缺少理性，造成许多损失和不良的社会影响。为此，江苏中源工程管理股份有限公司组织编写组，参阅相关文献，在广泛征询行业专家意见和经验总结的基础上，编著了《农村生活污水处理设施建设及运维管理》，在编写内容上突出了适用性和操作性，旨在为我国农村生活污水治理项目建设及运营管理提供参考。

本书共 4 篇 15 章和 13 个附录。绪论篇章节有农村生活污水处理概述和农污设施建设程序与要点；决策篇章节有规划管理、可行性研究管理、初步设计管理、施工图设计管理、项目管理模式和项目发（承）包模式；建设篇章节有项目施工管理、项目施工监理、项目质量检测、项目质量监督和项目验收与档案管理；运维篇章节有项目运行维护组织管理和项目运行维护技术要求等内容。

本书在编写过程中，得到了中国水利工程协会、江苏省住房和城乡建设厅、江苏省水利厅、南京市人民政府督查室、南京市六合区水务局、南京市江宁区水务局等有关单位领导和专家的大力支持；得到了乔世珊、祁正卫、汤大祥、范红兵、韩凤荣、芮铭宏等专家的指导和帮助，在此表示诚挚的感谢！国家水利部原副部长翟浩辉先生亲自为本书作序并审阅，给我们莫大的鼓励，在此表示深深的敬意和感谢！

限于编写者的水平，书中难免存在疏漏和不妥之处，敬请读者批评、指正。

编　者

2021年3月

目　　录

第三篇 建 设 篇

第四篇 运 维 篇

附 录

第一篇 绪论篇

1 农村生活污水处理概述

党的十九大提出乡村振兴战略。2018 年以来中央一号文件多次聚焦乡村振兴和改进农村人居环境建设。习近平总书记多次做出重要指示，强调因地制宜做好农村厕所下水道管网建设和农村生活污水处理，提高农村居民生活质量。2019 年 7 月，中央农村工作领导小组办公室、农业农村部、生态环境部、住房和城乡建设部等九部门联合印发了《关于推进农村生活污水治理的指导意见》，明确了推进农村生活污水治理的重点任务。

《全国农村环境综合整治“十三五”规划》明确提出农村生活污水治理目标和重点任务，迄今为止，农村污水处理依然任重而道远。如何保证农村生活污水处理设施“建得好、用得起、有人管、运行好”，需要建设单位、施工单位、运维单位付出共同努力，也值得主管部门的思考。

1.1 农村生活污水处理含义

1.1.1 农村生活污水

农村生活污水是指冲厕、炊事、洗涤、沐浴等农村居民生活活动，以及农家乐等农村经营活动所产生的污水。厕所污水中含有粪便等排泄物，是细菌、寄生虫的载体和病原菌聚集地，也称“黑水”；生活杂排水是指厨房排水、洗衣、清洁和洗浴等排水，也称“灰水”。

1.1.2 农村生活污水处理设施

农村生活污水处理设施是对农村居民生活污水进行收集和处理的建（构）筑物、设备及附属设施等的总称，包括污水收集管网系统、污水处理终端系统及其附属设施。

1.2 农村生活污水收集管网系统

农村生活污水收集系统必须因地制宜、科学规划，以满足水环境、生态环境保护的需要。污水管网沿已建道路布置或拟建的规划道路铺设，并充分利用地形高差从高向低收集污水，尽量避免穿越河道、铁路、主要公路等现状设施，以减少施工、动力及运营成本。

1.2.1　收集系统制式

农村污水收集宜采用分流制系统，其收集及排放系统包括农户庭院内的户用污水收集系统、农户庭院外的公共污水收集系统和污水处理（终端）设施出水排放系统，如图 1-1 所示。

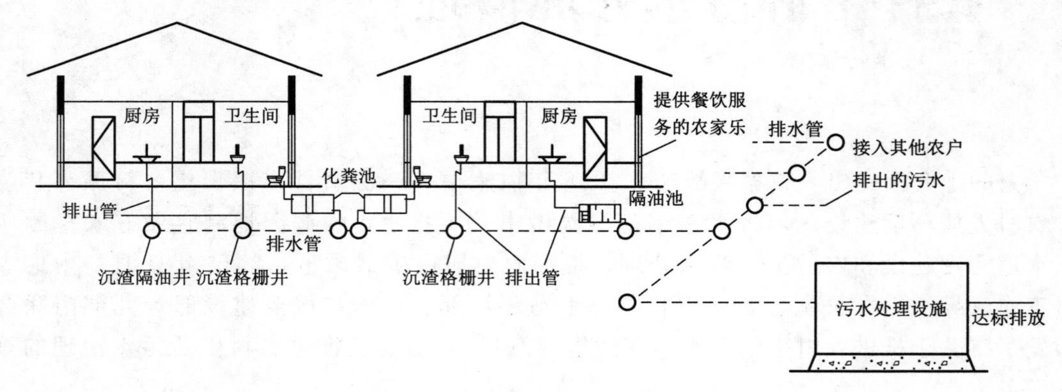

图 1-1　污水收集系统示意图

1.2.2　户用污水收集系统

户用污水收集系统包含排水管、检查井等设施。厕所污水和生活杂排水宜分别收集以利于资源化。当采用村庄污水集中处理或纳入城镇污水管网时，厕所粪便污水应先排入化粪池，再流入排水管；厨房和洗浴等污水可直接接入排水管。在厨房和浴室下水道前宜安装清扫口，出庭院前应设检查井，以利于疏通维护。

1.2.3　户外污水收集系统

户外污水收集系统一般包括接户管、支管、干管、检查井和提升泵等设施。污水收集管网应根据村落格局、地形地貌等因素合理敷设。污水管道尽量考虑自流排水，依据地形坡度铺设，坡度不小于相关规范的规定要求，如图 1-2 所示。

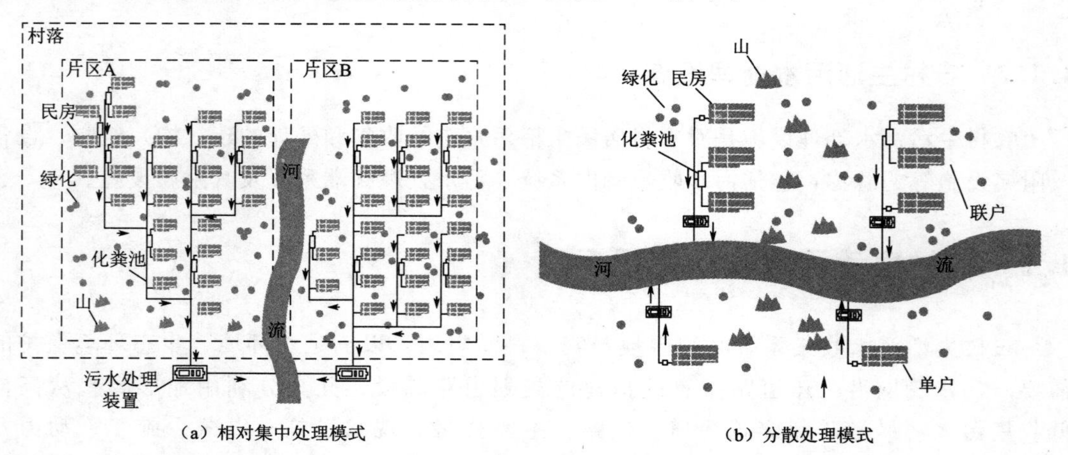

（a）相对集中处理模式　　（b）分散处理模式

图 1-2　户外污水收集系统示意图

1.2.4 排水管材及检查井

农村排水管材可用塑料管和混凝土管等。结合管道沿线地质条件考虑，选取性能可靠、便于施工和维护的管材。主管宜采用 HDPE 或钢混管，支管可用 PVC 或 UPVC 等管材。排水管径及其坡度根据排水量和流速确定，管道设计执行 GB 50015《建筑给水排水设计规范》和 GB 50014《室外排水设计规范》等。检查井材质与管道配套、可选用塑料材质的预制化成品或其他材质的预制化成品。

铺设重力流管网确有困难的地区或采用重力流不经济时，可采用非重力流排水系统。此时，可在需要提升的管段部位建设泵井，污水提升泵的设计和建设应符合 GB 50014《室外排水设计规范》及 GB 50265《泵站设计规范》规定。

1.3 农村生活污水处理方式

农村生活污水处理方式有 3 种，即分户污水处理、村庄集中污水处理和纳入城镇污水管网处理。分户污水处理是指单户或多户的污水进行就地处理的方式。村庄集中污水处理是将村庄或一定范围内农户的污水经管网收集就近接入农村生活污水处理设施的处理方式。城镇污水管网处理是将位于城镇内及其周边的村庄污水经污水支管收集后直接纳入城镇污水管网，由城镇污水处理厂统一处理的方式。

1.3.1 分户处理

分户污水处理可采用预制一体化装置，厕所污水可采用就地处理或区域集中处理后资源化利用。生活杂用水单独处理时，可考虑采用自然生物处理后资源化利用。

分户污水主要有 3 种处理方法。第 1 种方法主要目标是去除 COD，污水经过生物接触氧化单元处理，达标排放或资源化利用；第 2 种方法也是去除 COD，在适宜布设生态单元的地区，污水经过厌氧生物膜单元处理，再经自然生物处理单元处理达标排放或资源化利用；第 3 种方法是去除总氮，污水经过缺氧和好氧生物单元处理后排放或资源化利用。

1.3.2 集中处理

集中处理可采用构筑物或预制污水一体化装置，污水处理主要有 4 种方法。第 1 种方法主要目标是去除污水中 COD，污水经过生物接触氧化单元处理，达标排放或资源化利用；第 2 种方法也是去除 COD，在适宜布设生态单元的地区，污水经过厌氧生物膜单元处理，再经自然生物处理单元处理达标排放或资源化利用；第 3 种方法主要目标是去除总氮，污水经过缺氧和好氧生物单元处理后排放或资源化利用；第 4 种方法是同时去除总氮、总磷，污水经过缺氧和好氧生物单元处理后，再经除磷单元处理后排放或资源化利用。

1.3.3 纳入城镇污水管网处理

当有条件将村庄生活污水接入城镇污水管网处理时，应将居民生活污水接入就近的城

镇污水管网，由城镇污水处理厂统一处理。村庄生活污水管道、检查井和泵站设计应符合GB 50014《室外排水设计规范》的有关规定。

1.4　农村生活污水处理技术

20 世纪 80 年代以来，我国开展农村生活污水分散处理技术的开发和研制工作，先后推广化粪池、无动力一体化污水处理设备、人工生态湿地和净化槽等。

1.4.1　分户污水处理技术

1. 化粪池

化粪池适用在镇村布局规划确定的一般村庄和经济发展水平一般、排水体制尚不健全、水环境容量大的地区，通过建设生态卫生户厕，作为污水预处理手段。

技术特点：①三格式化粪池工艺、构造、施工、运行管理相对简单；②造价低；③运行费用低，可利用地形条件实现自流，避免动力提升，节省运行能耗。

化粪池宜选用预制化成品，其容积应包含贮存污泥的容积，污水在化粪池内的停留时间宜取 24～36h，清掏周期宜为 3～6 个月。

2. 净化槽

净化槽适用于 1～5 户民用住宅粪便、厨房排水、洗衣排水和洗浴排水等生活污水的处理，处理规模 1～5m^3/d。

净化槽，又称一体化生物接触氧化槽（图 1-3），是一种人工强化生物处理的小型生活污水处理装置，主要用于污水无法纳入集中处理设施进行统一处理的地区。小型净化槽一般采用玻璃钢增强塑料（FRP）材质，工厂规模化生产，整体装运、现场安装。

技术特点：①预制化规模生产，保证了产品的质量；②建设工期短，工厂制造，现场整体吊装，减少内部复杂管网的铺设、建设周期短；③占地面积小，出水稳定，可适应各种复杂的安装环境；④一体化设备，随着村庄和住宅的搬迁，可实现重复使用。

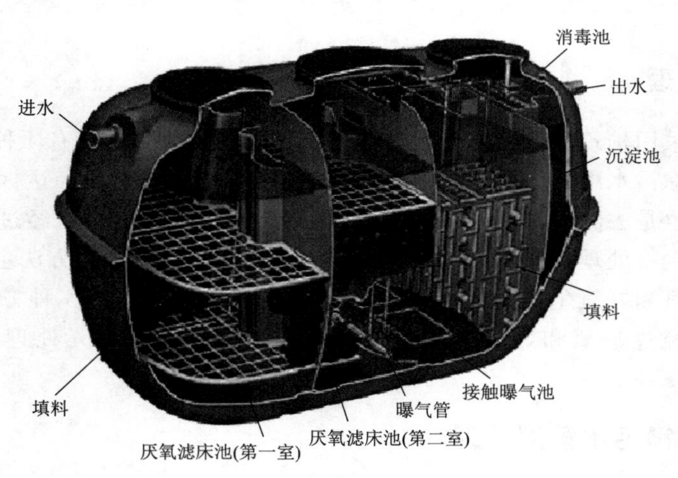

图 1-3　小型净化槽构造图（厌氧滤床接触曝气工艺）

3. 户用生态利用模块

户用生态利用模块适用于1～2户农户生活污水的处理，且当地环境容量较大的村庄。卫生间污水经出户管接入功能强化化粪池，厨房污水经户用沉渣隔油井预处理（隔油、沉砂、除渣）后，进入化粪池最后一格。化粪池最后一格放置悬浮生物填料，污水中有机物经填料上生物膜微生物分解，氮、磷经人工湿地介质吸附、微生物分解、植物吸收等部分去除或利用，模块化人工湿地出水资源化利用或进入地表水体，如图1-4所示。

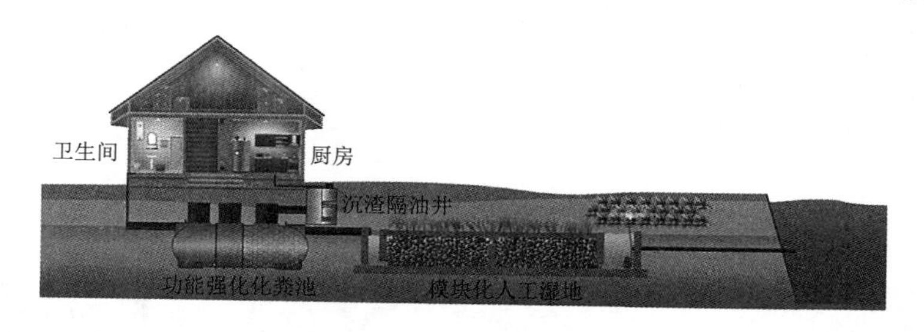

图1-4 户用生态利用模块处理工艺流程图

技术特点：

（1）与庭院种植相结合，实现污水资源化利用。人工湿地可种植经济作物，出水通过喷灌系统用于作物浇灌，使用简便。

（2）设置沉渣隔油井，具有隔油、沉砂、除渣功能，有效控制厨房污水对排水管的堵塞风险，并避免油类及颗粒杂质对后续处理单元运行的影响。

（3）运行维护简便。村民自行维护，每月清理沉渣隔油井内的残渣，每6～12个月清掏功能强化化粪池内的腐熟污泥，定期对植物或经济作物进行管理。

（4）工厂化制造，施工现场安装周期短；使用寿命长，设施主体使用年限可达30年。

1.4.2 集中式污水处理系统

完整的集中式污水处理系统由预处理系统、生物处理系统、尾水排放系统和辅助配套系统组成。

1. 预处理系统

预处理系统主要功用是除渣隔油、提升污水、沉砂、沉淀以及调节水质水量等，可根据实际需要选择建设内容，包括格栅、隔油池、化粪池、污水提升泵站、沉砂池、沉淀池和调节池等。

2. 生物处理系统

生物处理系统是污水处理设施的核心处理单元，可选用不同的处理工艺技术，其工艺选择及技术参数的确定应符合HJ 574《农村生活污染控制技术规范》。

（1）活性污泥法（包括A/O、A^2/O、氧化沟等）。建设内容包括初沉池、生化池、二沉池、曝气系统（空气加压设备、管道系统、空气扩散系统）和污泥回流系统等。氧化沟法本质上也属于活性污泥法，其建设内容包括沟体建筑物、曝气设备、进出水装置、导流和混合设备、二沉池及电气与控制系统等。

目前，农村常用的 A^2O 池基本是装有生物填料的接触氧化法，AA 段一般为曝气搅拌（反硝化池），O 段为曝气充氧（硝化池）。正常情况下，该处理系统的 COD 和 NH_3-N 去除率一般高于 85%和 75%，出水基本都能达标。如果 COD 和 NH_3-N 不能达标时，可增加曝气量、改进污泥回流比和增加活性污泥浓度，如图 1-5 和图 1-6 所示。

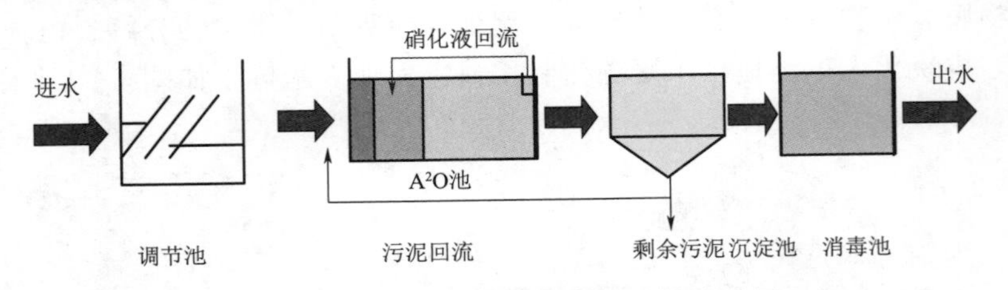

图 1-5　典型 A^2/O 生物处理工艺流程图

图 1-6　A/O 加生态沟实物图

（2）生物膜法（生物接触氧化法、生物滤池、移动床生物膜反应器 MBBR、生物转盘等）。生物膜法具有耐冲击负荷、脱氮效能强、运行稳定、经济节能、污泥产量少等优点。

1）生物接触氧化法。建设内容包括池体、填料、支架及曝气装置、进出水装置和排泥管道等，可用于分户污水处理和集中污水处理。典型生物接触氧化法工艺如图 1-7 所示。该技术将污水浸没全部填料，氧气、污水和填料三相接触过程中，通过填料上附着生

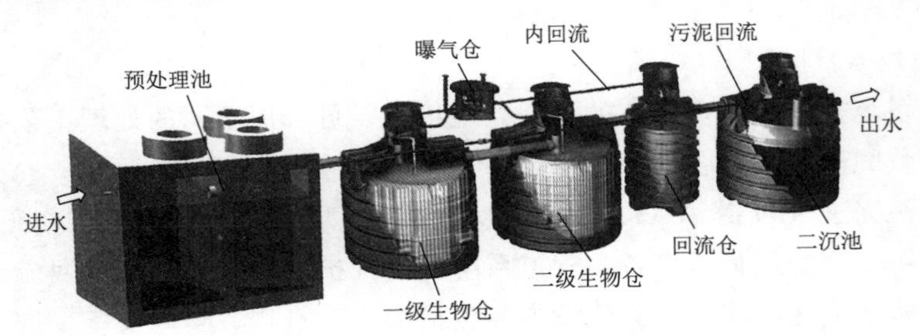

图 1-7　典型生物接触氧化法工艺流程图

长的生物膜去除污染物。生物接触氧化池操作管理方便，比较适合农村使用。

2）生物滤池。一般分为普通生物滤池、高负荷生物滤池、塔式生物滤池和曝气生物滤池。生活污水经管网收集后首先进入一体化设备的厌氧（水解）/缺氧（脱氮）池，然后由提升泵送至滤池顶部的高位水箱，经脉冲布水器周期性均匀喷洒进入滤池，滤池中滤料上的微生物在有氧条件下降解有机物，转化氨氮为硝态氮。需要脱氮时，滤池出水按回流比一部分回流至水解/脱氮池进行反硝化脱氮，另一部分通过布水管进入水生蔬菜型人工湿地或潜流人工湿地，进行氮、磷的利用与进一步去除，如图 1-8 和图 1-9 所示。

图 1-8　生物滤池技术工艺流程图

图 1-9　生物滤池实物图

（3）序批式活性污泥污水处理法（SBR 法、ICEAS 法、CAST 和 MSBR 法）。建设内容包括反应池、曝气设备和进出水装置等。

序批式活性污泥法（SBR）也称间歇性活性污泥法，集调节池、曝气池、沉淀池为一体，无须设污泥回流系统。该工艺操作方便、节省投资、效果稳定，污泥不易膨胀，耐冲击负荷强及具有脱氮除磷能力，适于经济较为发达、用地紧张、水量变化大和需要较高出水水质的农村中小型生活污水处理设施。

（4）膜生物反应器（MBR法）。建设内容包括池体、曝气设备、膜组件及出水泵、污泥回流系统及电气与控制系统等。

典型的膜生物反应器（MBR）是一种装有膜分离单元的活性污泥曝气池。MBR的COD、NH_3-N和SS去除率一般均高于90%，出水清澈；但TN和TP的去除能力有限。MBR建设投资和运行能耗相对较高；膜易堵塞，清洗更换需要专业人员操作，运维管理要求较高。

3. 尾水排放系统

尾水排放系统，建设内容主要包括处理后尾水排放管渠、排污口及提升泵等。

农村生活污水处理后尾水宜利用村庄周边沟渠、水塘、林地等途径进一步净化后，排入受纳水体。不宜设置排污口的区域，可以在尾水口增设渗滤井或渗滤渠。

4. 辅助配套系统

辅助配套系统，建设内容主要包括变配电、生产控制系统、计量、给排水、维修、试验及化验、仓库、消防和通信设施、智慧管理设备等。

1.4.3　生态处理系统

生态处理系统主要指污水湿地处理系统。它分自然和人工湿地处理系统。自然湿地是利用自然的沼泽地、稳定塘、沟渠等湿地；人工湿地污水处理技术是一种基于自然生态原理，使污水处理达到工程化、实用化的新技术。将污水有控制地投配到土壤经常处于饱和状态、生长有像芦苇、香蒲等沼泽生植物的土地上，利用植物根系的吸收和微生物的作用，并经过多层过滤，来达到降解污染、净化水质的目的。

1. 人工湿地处理系统

人工湿地分表面流、水平潜流和垂直潜流3种类型：表面流人工湿地指污水在基质层表面以上，从池体进水端水平流向出水端的人工湿地；水平潜流人工湿地指污水在基质层表面以下，从池体进水端水平流向出水端的人工湿地；垂直潜流人工湿地指污水垂直通过池体中基质层的人工湿地。

人工湿地主体由土壤和按一定级配充填的填料等组成，并在床表面种植水生植物而构成一个独特的生态系统。人工湿地的建设内容包括土方的挖掘、墙体的修建、防渗土工膜的铺装、布水管道的铺设、基质材料的填装和植物的种植。

（1）墙体：人工湿地墙体材料应因地制宜，可采用原土、多孔砖、石头或者混凝土进行构建。一般要求种植土壤的质地为黏土或壤土，渗透性为慢或中等，土壤渗透率为0.025～0.35cm/h。如不能满足条件，应有防渗措施，铺装土工防渗膜。

（2）填料：人工湿地常用的填料有矿渣、粉煤灰、蛭石、沸石、砂子、石灰石、高炉渣和页岩等。

（3）植物：湿地植物应选择本地生、耐污能力强、具有经济价值的水生植物。

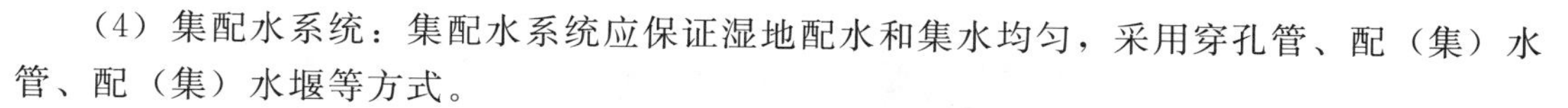

(4) 集配水系统：集配水系统应保证湿地配水和集水均匀，采用穿孔管、配（集）水管、配（集）水堰等方式。

图 1-10 为厌氧-人工湿地，适用于规模小、原水浓度低、氮磷去除要求不高、经济条件有限、地理位置偏远的农村生活污水处理设施。厌氧水力停留时间一般不小于 48h。人工湿地主要设计参数应通过试验或运行经验确定，可参考 CJJ/T 54《污水自然处理工程技术规程》。

图 1-10　有机填料型厌氧-人工湿地工艺

2. 氧化塘

氧化塘法是利用水塘中的微生物和藻类对污水和有机废水进行需氧生物处理的方法。按其生物性质，可分为需氧塘、厌氧塘和兼性塘。农村生活污水处理常用好氧塘和兼氧塘。其主要特点：①能充分利用地形，结构简单，建设费用低；②可实现污水资源化和污水回收及再用，实现水循环，既节省了水资源，又获得了经济收益；③处理能耗低，运行维护方便，成本低；④美化环境，形成生态景观；⑤污泥产量少。

在氧化塘中，废水中有机物主要是通过菌藻共生作用得以去除，异养微生物，即需氧细菌和真菌，将有机物氧化降解而产生能量，合成新的细胞，藻类通过光合作用固定二氧化碳并摄取氮、磷等营养物质和有机物，以合成新的细胞并释放出氧。

兼性塘是最常见的一种稳定塘，其有效水深一般为 1.0～2.0m，从上到下分为 3 层，即上层好氧区、中层兼性区（也叫过渡区）、塘底厌氧区，如图 1-9 所示。好氧区对的净化原理与好氧塘基本相同。藻类进行光合作用，产生氧气，溶解氧充足。有机物在好氧性异养菌的作用下进行氧化分解，兼性区的溶解氧的供应比较紧张，含量较低，且时有时无。其中存在着异养型兼性细菌，它们既能利用水中的少量溶解氧对有机物进行氧化分解，同时，在无分子氧的条件下，还能以 NO_3^-、CO_3^{2-} 作为电子受体进行无氧代谢。厌氧区内不存在溶解氧，如图 1-11 所示。

进水中的悬浮固体物质以及藻类、细菌、植物等死亡后所产生的有机固体下沉到塘底，形成 10～15cm 厚的污泥层，厌氧微生物在此进行厌氧发酵和产甲烷发酵过程，对其中的有机物进行分解。在厌氧区一般可去除 30%的 BOD_5。

优点：①投资省，管理方便；②耐冲击负荷较强；③处理程度高，出水水质好。缺点：①池容大，占地多；②可能有臭味，夏季运转时经常出现漂浮污泥层；③出水水质有波动。

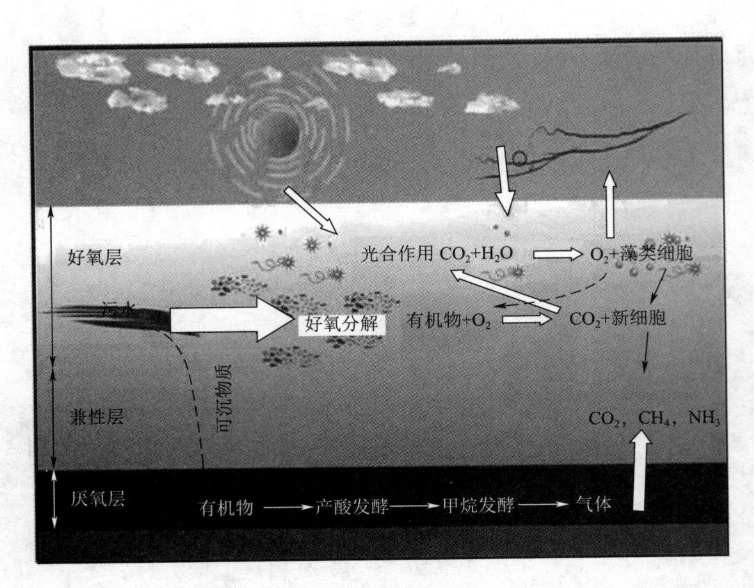

图 1-11　兼氧塘工作原理示意图

好氧塘是一种菌藻共生的污水好氧生物处理塘。深度较浅，一般为 0.3～0.5m。阳光可以直接射透到塘底，塘内存在着细菌、原生动物和藻类，由藻类的光合作用和风力搅动提供溶解氧，好氧微生物对有机物进行降解。

好氧塘内有机物的降解过程，是溶解性有机物转化为无机物和固态有机物（细菌与藻类细胞）的过程。好氧细菌利用水中的氧，通过好氧代谢氧化分解有机污染物，最终转化为 CO_2、NH_4^+ 和 PO_4^{3-} 等无机物，并合成新的细菌细胞。而藻类则利用好氧细菌所提供的 CO_2、无机营养物以及水，借助于光能合成有机物，形成新的藻类细胞，释放出氧，从而又为好氧细菌提供代谢过程中所需的氧。在好氧塘中，藻是生产者，好氧细菌是分解者。此外，好氧塘中存在的浮游动物以细菌、藻类和有机碎屑为食物，是初级消费者。生产者、分解者和消费者，与塘水共同组成一个水生态系统，完成系统中物质与能量的循环和传递，从而使进塘的污水得到净化，如图 1-12 所示。

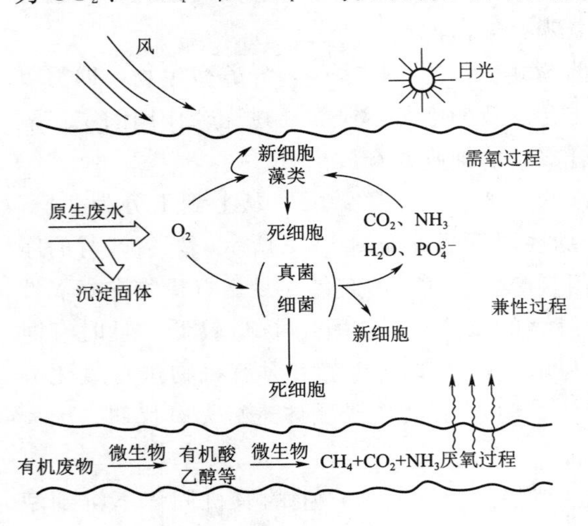

图 1-12　好氧塘工作原理示意图

藻类光合作用使水体的溶解氧和 pH 值呈昼夜变化。白昼，藻类光合作用释放的氧，超过细菌降解有机物的需氧量，此时塘水的溶解氧浓度很高，可趋于饱和状态。夜间，藻类停止光合作用，且由于生物的呼吸消耗氧，水中的溶解氧浓度下降，凌晨时达到最低。阳光再照射后，溶解氧再逐渐上升。好氧塘内 pH 值与水中 CO_2 浓度有关，

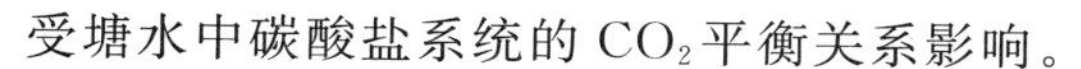

受塘水中碳酸盐系统的CO_2平衡关系影响。

白天，藻类光合作用使CO_2降低，pH值上升。夜间，藻类停止光合作用，细菌降解有机物的代谢没有中止，CO_2累积，pH值下降。

1.4.4 污泥处理处置系统

农村生活污水处理设施产生的污泥处理处置应符合减量化、稳定化、无害化和资源化的原则。考虑到农村地区较为偏远，污泥量小且泥质满足林用和农用标准的，宜结合当地林业、农业生产，采用就地土地利用的方式。污泥量大，土地无法消纳的，宜储存并运送至附近污水处理厂统一处理处置；也可以增设集中污泥处理处置中心，消纳区域内的污泥。

集中污泥处理处置中心污泥处理处置系统建设内容有污泥浓缩、脱水、干化、堆肥和暂存等设施。污泥浓缩和提升设施包括污泥浓缩池和污泥泵等；污泥脱水设备主要有板框压滤机和带式压滤机等；污泥干化设施由防渗底层、排水系统、滤水层、隔墙或围堤等组成；污泥消化设施包括污泥消化池、进出料系统、搅拌设备和沼气压缩机等；污泥堆肥设施包括污泥堆肥场、遮雨顶棚和通风设备等。

1.5 农村生活污水处理现状和发展趋势

1.5.1 农村生活污水处理现状

1. 治理工作成效

2008—2019年，全国农村环境综合整治工作共投入1200多亿元。其中，中央专项资金安排近500亿元，带动地方政府和其他资金近800亿元，完成16万个建制村环境整治，建成农村生活污水处理设施30多万套，处理规模达1000万m^3/d。我国农村生活污水处理率得到显著提升。

2018年2月，中共中央办公厅、国务院办公厅印发了《农村人居环境整治三年行动方案》，梯次推进农村生活污水治理，改善农村人居环境质量。广东省开平市、江苏省南京市等地全域推进农村人居环境整治，建设生态宜居美丽乡村。2020年年底，南京市污水处理覆盖率达65%，高于全国平均水平。

2. 主要特点

（1）污染源总量大、分布散乱

我国农村人口约7亿人，约65万个行政村，按人均生活用水72L/d，排污系数按0.80计，生活污水量高达4000万m^3/d，40个百万吨级的污水处理厂，占全国生活污水排放总量的20%～30%。自然村庄居住分散，卫生问题导致环境问题，污染源相当分散。

（2）污水处理率低

目前，我国农村生活污水平均处理率13%～34%，而城市污水处理率达90%，未经处理的污水就地排放，对农村环境造成了污染。

（3）农村种养业排污量大

《全国环境统计公报（2015）》显示，农业源化学需氧量排放量高达1068.6万t，约占全国废水中化学需氧量排放总量的48.06%；农业源氨氮排放量高达72.6万t，约占全国废水中氨氮排放总量的31.6%。

1.5.2 主要存在问题

已建农村生活污水处理设施调查情况表明，“晒太阳”“躲阴凉”现象依然存在，加之农村污水处理设施规模小，单位运行成本普遍高于城市污水处理厂，这对难以征收污水处理费的农村来说亦很难维系正常运行。此外，技术管理也是农村污水处理的短板。这些都是农村生活污水治理工作中亟待解决的问题。

1. 污水接管不到位

污水收集管网配套不足是我国农村污水处理建设中存在的主要问题。近年来，随着农村环境整治工作的推进，一些地区在中央及上级资金的支持下建设了污水处理设施，但由于管网建设资金需求量大，管网建设未能同步，造成处理设施的效率偏低。有些地区在政府主导下建设了覆盖度较高的主干管网，但是缺乏对农户参与的引导，接户率较低。污水处理设施管网建设明显滞后，导致污水无法有效收集，影响了整个污水治理的成效，因此，户内改造必须与户外改造同步进行。

2. 处理模式选择不尽合理

村庄地理分布特征造成污水相对分散，难于大规模集中收集。且住宅分散度的不一样，因此不宜用统一的收集模式来进行污水收集，必须因地制宜地采取适合各村庄的收集方式。根据村落的具体地形地势、住宅分布等实际情况，采用不同的收集方式。除此以外，在农村生活污水收集工程中，传统重力收集方法有时会遇到一定困难，特别是南方河网地区，如采用重力收集方法，需频繁设置倒虹吸管，不但增加收集系统建设投资，而且排水管易产生污泥淤积、维护管理复杂等问题。

3. 管网施工难度大

随着农村生活水平的提高，农村的村庄道路及房屋密集区域非农用地的土地基本已经硬化，且农村的房屋基本都是村民自建，建筑物的地基建设不规范，缺乏专业的规划，房屋与房屋间的距离多数十分狭窄，这给排水管网施工造成一定的障碍，且容易引发农村房屋的地基问题。管网施工还涉及道路破路问题，影响农户交通出行。

4. 处理设施选址不合理

设施站点的位置一般都是村委会指定一块可用地，面积非常小，无法满足设计要求，且可用地周边均为硬化路面、房屋等不利于工程施工的建筑物。在这种情况下，一般需要工程技术人员到现场勘查，在村中找到适合工程建设的用地，与建设单位协商确定，协调难度大。

可用地变动较大，由于农村的土地用地特殊性，常常遇到一块面积300m^2的土地，却属于几户不同的村民使用，部分村民思想工作较难做，征地较为困难。

站点选址的变动性较大，工程设计前现场勘查确定的可用地，在设计完成并施工图纸已出的情况下，村委会临时改变选点，这时要重新现场勘查，并修改设计，给设计工作带来非常大的麻烦，也影响工程进度。

5. 设施出水难以稳定达标

农村生活污水水质、水量与经济发展程度、生活方式、生活习惯与风俗及季节差异等因素有关。农村生活污水的排放为不均匀排放，瞬时变化较大，日变化系数一般为3～5，在某些变化较大的情形下可达到10以上。污水中主要污染物化学需氧量、总氮、总磷的浓度随季节的变化与污水量的变化相反，表现为夏季浓度较低，而冬季较高，对设施运行稳定性要求高。

6. 管理运营成本高

农村的村庄布局决定了运维站点较为分散、数量多、规模小的特点，从而导致运维成本高。而农村生活污水处理投入机制中存在明显的重建设、轻管理倾向：建设成本可通过项目申报等方式，逐级争取财政拨款投入，即实现国家投入一点、省市配套一点、地方政府分担一点的方式解决。但是，运维管理成本绝大部分需基层政府自行解决。这对经济发展水平较低的农村地区而言，如缺乏合理的成本分摊机制，财政压力比较大。

分散式村庄生活污水处理设施面临着站点较多，点位分散的问题，造成设施监控难度大，站点运转情况不能及时反馈，决策困难以及管理成本高。

7. 农户生态环境意识相对薄弱

环境教育虽在我国开展多年，但是长期以来，我国环境宣传教育工作重点一直在城市，对农村环境教育宣传工作还显得相当薄弱。村民生态环境意识薄弱，对生活污水的危害性不重视。农村居民由于长期的生活习惯，认为污水可以任意的乱倒乱排，没有意识到其污水所造成的环境问题，导致在农村污水管网的建设过程中配合度低。由于农村生活污水治理不像供水、道路硬化工程那样惠民效果直观，部分村民暂时无法意识到农村污水治理的重要性和必要性，参与农村污水治理的积极性不高，因污水管道的敷设可能要破路或穿过农田，有的村民甚至反对污水管道建设。

8. 缺乏长效管理的运营机制

农村生活污水处理设施运行管理主体较多，既有乡镇政府、建设单位，也有村委会乃至村组，权责不对等容易造成推诿扯皮、管理失效等现象。目前县级村镇污水处理实施主要由村民自行管理，多数乡镇、村组存在“只建不管”的现象，没有建立长效运维机制，致使污水系统建好后，缺少专人管理，没有定期杂草铲除和打捞漂浮物，加之农村生活污水处理设施的管理人员多以当地村民为主，缺乏环保相关知识以及设备操作管理的相关技能，仅能负责设备的日常看护工作，难以胜任专业水平的系统维护。

1.5.3 农村生活污水处理发展趋势

未来20年，生态文明、美丽乡村、城乡环境公共服务均等化是农村环境发展的主要政策方向。自动化、一体化设备会逐渐成为主流，大数据的发展和应用会推动农村污水处理实现质的飞跃。运营管理简单、成本低、与环境融合的生态技术，将是农村生活污水处理技术的主要发展趋势。随着乡村振兴战略和美丽乡村建设推进，更多专业团队和社会资本加入，将快速推动这一进程。

1. 全面贯彻“节水优先”方针

2014年3月，习近平总书记提出“节水优先、空间均衡、系统治理、两手发力”的新时期治水思路；2016 年 10 月，国家发展改革委等 9 部门联合印发《全民节水行动计划》，全面推进各行业、各领域节水，在全社会形成节水理念和节水氛围；2019 年 9 月习近平总书记在黄河流域生态保护和高质量发展座谈会上发表了重要讲话，此次讲话再次强调要坚持和落实节水优先。

落实“节水优先”，实现污水源头分类收集，雨污分流，开展资源回收及处理技术方案优化，提高再生水回用比例。开展以节水减排为核心的节水型社会建设，加强用水总量和强度双控管理，全面提升水资源利用效率，减少废污水排放量，改善区域水生态环境质量。

2. 广泛应用智慧化管理技术

农村污水处理设施数量多，分布散，当地又缺乏专业技术人员，传统的人员值守运维管理不现实，为此，应借助“物联网”技术打造村镇智慧水务云平台，实现智慧维管，即通过在线仪表和远程在线监控，无人值守和就地、远程控制相结合实现智慧管控。通过智慧管控平台技术能实时掌控厂站运行状况，实现人、车、物的优化调度，减少日常人员投入，提高管理效率和水平，从而提高处理设施的运营效率，从管理上助力农村污水治理成效。

3. 大幅度提升农村生活污水处理率

目前农村污水处理率仍然偏低，近几年，我国许多地方政府着力推动农村污水处理设施建设，积极探索符合农村实际、低成本的农村生活污水治理技术和模式。根据区域位置、人口聚集度选用分户处理、村组处理和纳入城镇污水管网等收集处理方式，推广工程和生态相结合的模块化工艺技术，推动农村生活污水就近就地资源化利用。“十四五”期间，我国农村生活污水处理设施覆盖率将大幅提升。

4. 进一步推进农村环境高质量发展

《关于加快推进生态文明建设的意见》提出要“加快美丽乡村建设，加大农村污水处理力度”。当前和未来农村环境保护的总体思路和主要目标是以提高农村环境质量为根本目标，着力解决人民群众的危害。人民群众的突出环境问题，改善农村环境监管能力，促进城乡环境公共服务均等化，促进农村经济社会协调发展和环境保护。在当今生态文明建设的背景下，农村环境和污水处理的政策关键词是“美丽的村庄”“加大农村污水处理的强度”“提高农村环境质量”“平等”“均衡城乡环境公共服务”。

在经济社会高质量发展背景下，农村生活污水处理与“生态文明”和“美丽村庄”的结合将成为未来政策发展的必由之路。

2 农污设施建设程序与要点

农村生活污水处理设施建设项目涉及面广、社会关注度高，是各级政府和广大人民群众密切关注的民生工程。根据不同地区的政府行政职能分工，农污设施建设项目常见的建设主体有镇（街道）、住房和城乡建设、水务（水利）、生态环境、农业农村等部门。由于各部门关注的重点不一，要求不同，导致建设标准执行难以统一，结合农村生活污水设施项目建设的特点和属性，宜按市政公用工程模式实施建设管理，其设计、施工、验收应根据国家和行业颁布的市政公用工程相关规范和标准执行。

2.1 农村生活污水处理设施项目建设程序

工程基本建设程序一般包括项目建议书、可行性研究、设计阶段、建设准备、建设实施、竣工验收和后评价等阶段。

2.1.1 项目建议书阶段

主要工作内容：编制项目建议书、办理项目选址规划意见书、办理建设用地规划许可证和工程规划许可证、办理土地使用审批手续、办理生态环境审批手续等。

2.1.2 可行性研究阶段

主要工作内容：编制可行性研究报告、可行性研究报告论证、可行性研究报告报批、到国土部门办理土地使用证、办理征地、青苗补偿、拆迁安置等手续、地勘、报审市政配套方案等。

2.1.3 初步设计阶段

主要工作内容：初步设计和初步设计文本审查。

初步设计是在可研基础上确定处理规模、工艺方案、设施选址布局、平面布置、高程布置等，如果初步设计提出的总概算超过可行性研究报告投资估算的10%以上或其他主要指标需要变动时，要重新报批可行性研究报告。

初步设计经主管部门审批后，建设项目被列入国家固定资产投资计划，方可进行下一步的施工图设计。

2.1.4　施工图设计阶段

主要工作内容：施工图设计、施工图设计文件的审查备案和编制施工图预算。

施工图一经审批，不得擅自进行修改，否则需重新报请原审批部门，由原审批部门委托审查机构审查后再批准实施。

2.1.5　建设准备阶段

主要工作内容：编制项目投资计划书，并按现行的建设项目审批权限进行报批；建设工程项目报建备案；建设工程项目招标。

2.1.6　建设实施阶段

（1）开工前准备。项目在开工建设之前需做好以下准备工作：①征地、拆迁和场地平整；②完成“四通一平”及修建临时生产和生活设施；③组织设备、材料订货，包括计划、组织、监督等管理工作以及材料、设备、运输等物质条件的准备；④经审查合格的施工图纸。

（2）办理工程质量、安全监督备案手续。

（3）办理施工许可证。

（4）项目实施。

农村生活污水处理设施项目建设涉及村庄数量众多，项目开工时，现场协调工作量大，涉及终端设施选址、电源、入户接管、道路开槽与修复等工作。项目建设内容全面铺开后，施工及监理队伍人工紧缺、项目所需设备设施及材料短缺、采购周期长、现场施工协调事项多等因素会影响项目建设总体进度。基于该项目涉及面广、施工量大，为了确保质量与进度，保证高质量完成项目建设，建议在条件允许的情况下，适当延长项目建设工期，避开雨季开挖基坑，分步安排建设任务。

2.1.7　竣工验收阶段

1. 竣工验收

根据国家现行规定，凡新建、扩建、改建的基本建设项目和技术改造项目，按批准的设计文件所规定的内容建成后，符合验收标准的，必须及时组织验收，办理固定资产移交手续。

2. 工程竣工备案

建设单位在工程竣工验收后，将竣工验收报告和规划、生态环境等部门出具的认可文件或者准许使用文件向工程所在地县级以上地方人民政府建设行政主管部门备案。

2.1.8　调试与试运行

农村污水处理设施配套设备的调试可根据有关的技术标准进行或由供货单位派人进行技术指导。试运行工作应邀请有关专家、设计单位和安装单位共同参加，试运行操作人员上岗前必须经过专业技术培训。

2.1.9 后评价阶段

在工程项目竣工验收运行一段时间后，进行工程项目后评价是建设项目管理的重要组成部分。后评价主要内容是对工程项目目标、效益、影响、过程、管理和持续性等方面进行评价，其目的是通过评价工作，肯定成绩，总结经验，研究问题，吸取教训，提出建议，改进工作，提高项目建设的决策水平和投资效益。

2.2 农村生活污水处理设施建设要点

2.2.1 设施选址

（1）按照县域总体规划、乡镇总体规划、村庄规划，城镇污水处理设施建设、乡村旅游、中小流域综合治理等相关规划，生态保护红线、水功能区划、水环境功能区划和近岸海域环境功能区划等要求，合理安排农村生活污水处理设施的布局，明确治理的村庄范围和数量等。

（2）新建农村生活污水处理设施的选址，应符合饮用水水源保护区、自然保护区等生态环境敏感区的有关规定；符合国家和地方关于用地、供电、防洪、防雷、防灾等方面的要求；位于地震、湿陷性黄土、膨胀土、多年冻土以及其他特殊地区的，应符合相关标准规定；同时，考虑污水资源化利用的便利性，不对居民生产生活造成影响等。

（3）已建设施符合选址要求并能够正常运行的，应纳入规划统筹考虑并充分利用，避免设施重复建设；对不能正常运行的农村生活污水处理设施，应视情况进行修缮改造。

2.2.2 污水收集系统建设

（1）参照 GB 50014《室外排水设计规范》和 GB 50015《建筑给水排水设计规范》等规范，结合村庄实际设计污水收集系统，对不完善的管网进行更新改造，尽量实施雨污分流。

（2）优先采用顺坡就势等建设成本低、施工进度快的管道布设方式。结合村庄规划、地形高差、排水流向，按照接管短捷、埋深合理、尽可能重力自流的原则布置污水干支管道。对不能采用重力自流排水的地区，根据服务范围和终端设施位置，确定提升泵等设施的位置。

（3）统筹改厕与污水收集处理。推行厕所分户改造、污水集中处理与单户粪污分散处理相结合的方式。采用水冲厕的地区，需配备化粪池，并对化粪池出水进行收集、利用和处理。根据服务范围内污水产生量、资源利用情况和村庄规划布局，确定是否建设统一收集管网；采用旱厕的地区，结合实际，做好粪污资源化利用和定期清理，避免粪污下渗和直排。

2.2.3 污水处理工艺选择

居民相对集中的集镇、中心村和规划布点村，可选择相对集中的处理方式，根据农村生活污水生化性好的特点，可以考虑采用微生物处理的方法。选择工艺时遵循技术成熟、处理效果稳定，基建投资和运行费用低，运行管理方便、运转灵活，技术及设备先进、可靠等选择原则。

北方农村生活污水产生量较少，水质单一，有较多土地进行污水处理工程建设，可优先考虑采用生活污水净化沼气池。如果有可利用坑塘，也可选用生活污水净化沼气池＋稳定塘组合工艺。

南方地区，农村生活污水处理工艺选择时，还要考虑：

(1) 优先选择氮磷资源化与尾水再生利用的技术手段或途径。厕所粪污经过无害化处理后，可通过堆肥等方式，就地就近用于庭院绿化和农田灌溉等。可通过农田沟渠、塘堰等排灌系统生态化改造，栽种水生植物，建设植物隔离带等，对尾水进一步生物净化。

(2) 因村制宜，优化工艺方案比选。根据村庄自然地理条件、居民分布、污水处理规模、排放标准和经济水平等因素，选择适合当地的污水处理技术工艺。尽量采用低成本、低能耗、易维护、高效率的污水处理技术。有条件地区，可采用人工湿地、氧化塘等无动力或微动力处理工艺。

农家乐、农家院等农村餐饮服务点、民宿等需配备隔油池（器），对污水进行预处理，再接入集中污水处理设施进行处理。

2.2.4　设施出水要求

(1) 污染物排放控制要求。严格按照地方农村生活污水处理排放标准执行，确保不对饮用水水源保护区、自然保护区、风景名胜区、基本农田灌溉区以及受纳水体水质等造成影响。

(2) 尾水利用要求。尾水利用应满足国家或地方相应的标准或要求。其中，用于农田、林地、草地等施肥的，应符合施肥的相关标准和要求；用于农田灌溉的，相关控制指标应满足 GB 5084《农田灌溉水质标准》规定；用于渔业的，相关控制指标应满足 GB 11607《渔业水质标准》和 GB 3097《海水水质标准》规定；用于景观环境的，相关控制指标应满足 GB/T 18921《城市污水再生利用　景观环境用水水质》规定。

2.2.5　固体废物处理处置

(1) 统筹农村生活污水处理产生的粪污、浮油、栅渣等固体废物处理处置。参考 GB/T 51347《农村生活污水处理工程技术标准》，可采用自然干化、堆肥等方式，也可采用与农村固体有机物协同处理或进入市政系统与市政污泥一并处理。

(2) 鼓励对固体废物进行资源化利用。参考 GB 4284《农用污泥污染物控制标准》、GB/T 23486《城镇污水处理厂污泥处置　园林绿化用泥质》等相关要求，对满足标准的固体废物，就近利用。

2.2.6　验收移交

农村生活污水处理设施建设既要保证工程质量合格，也要保证出水水质达标。工程验收后，项目实施及管理部门应妥善保管竣工图等相关工程档案，以备查验。生态环境验收和运维移交应确保污水处理水质水量、工艺、规模与设计相符，设备完整、资料齐全。对

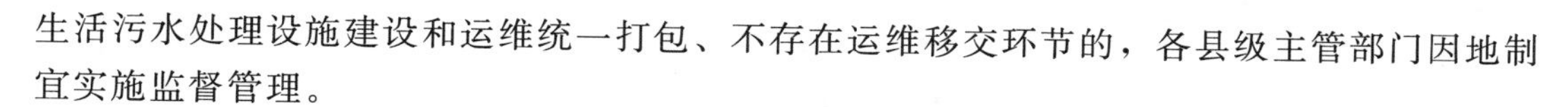

生活污水处理设施建设和运维统一打包、不存在运维移交环节的，各县级主管部门因地制宜实施监督管理。

2.2.7 项目风险管理

2.2.7.1 建设期风险管理

在项目前期，制订项目的风险计划，主要是风险识别和针对各种风险制定风控措施。在项目建设期和运营期，重点在于项目的风险管理。项目从设计到竣工验收，都存在着不同的工作失误的风险，项目管理的职责就是尽管理者的经验和规范管理尽可能早地发现和处理，减少失误造成的风险，从设计、采购、施工的各个环节进行风险管理。

1. 风险源

（1）污水收集率低，接入点过于分散。

（2）农村污水设计工作复杂、繁琐，往往会出现设计与实际情况不一致的情况。

（3）农村用地性质复杂不明确，处理设施位置选择难、变动大。

（4）管道施工难度较大，质量难以保证。

2. 风险管理

（1）与农村水环境综合治理相结合。农村水环境综合治理是农村人居环境治理的重要内容，农村污水治理是在梳理农村污染源的基础上，结合水环境综合整治的要求，以绿色发展为理念，因地制策。农村生活污水治理是长期持续的工作，只有与村庄整体规划和人居环境建设相结合，才能长效发展。

（2）重视实地调研及收集系统设计。深入调查每个村庄的实际情况，找准症结，针对各村情况，提出具体的解决办法。受农村所在地区、房屋形式、生活习惯、村落布局、水系条件、道路布局的影响，农村污水的收集是制订农村生活污水处理系统方案的关键。污水管道的材质、敷设方式、输送距离，都需要与运维管护相结合。

（3）因地制宜的选择处理工艺。因地制宜选择处理工艺，充分认识我国广大农村地区的经济条件薄弱和专业技术人才缺乏的现实情况，在农村污水收集系统和处理设施技术方案比选时，优先选择长期运营费用低、维修工作量小、运营技术要求不高的工艺路线。尽量避免采用高标准复杂处理工艺。

（4）加大村民参与程度。农村污水处理的建设中，必须让农民和村集体拥有真正的话语权，能够在规划设计、决策、监督等各个环节发挥作用。要充分发动群众、组织群众，通过宣传、教育等多种渠道，使之充分意识到农村生活污水处理并不是政府要做，而是村民自己要做。同时，在设计方案时，充分征求农民和村集体的意见，在方案选择、设施维护、选址等方面，应考虑农户意愿。

（5）严把施工质量关。切实做到按图施工，加强施工管理，保证施工质量。如果施工质量不过关，将大大增加运维的难度和成本。

2.2.7.2 运营期风险管理

在设施运行维护中，专业运维公司应按风控措施逐步落实，根据设施运营过程中所获得的信息，不断评估风险因素和可能出现的新的风险因素，调整风控项目和风控措施。

1. 风险来源

（1）收集系统不到位，管道渗漏等问题造成的处理设施“晒太阳”。

（2）未考虑资源化利用问题，导致农民将粪尿与灰水混合而形成污水，不能解决农户的实际需求。

（3）处理设施出水不能稳定达标。

（4）处理设施淹水倒灌、噪声、臭气等问题，影响居民生活。

（5）监控不到位。

2. 风险管理

（1）完善管网、污水处理设施一体化管理。

县镇联动，发挥属地管理职能，加强设施建设管理；结合实际不断完善设施运维机制，可围绕政策导向、农户等利益攸关方共商、共治、利益共享的角度研究如何调动和激发村委会、农户主人翁意识，让农户自觉参与到设施的保护，有效解决设施人为损坏、设施面广量多运维巡查不到位、运行成本大等问题。

（2）日常管理维护与专业维护分开。

将日常管理维护与专业维护分开，以村民和村集体为主体承担长期的日常管理维护责任。巡查、除草、清淤等工作并不需要多少专业技术，但需要较大的人工投入，一般村民完全可以胜任，并以工代酬，这样可以大大消减运营成本，反过来也能激励村民在建设初期更多地参与到方案的比选过程中，促使方案的设计能充分考虑长效管理运营的成本控制等问题。

将日常管理维护与专业维护分开，还可以使专业服务公司简单的人工成本大幅度下降，更加专注于监测、维护等工程技术领域，不断优化服务模式。另外，日常管理维护与专业维护分开，可以使设施的运营维护责任与监管责任分开。除了日常管理维护的责任外，村民也成为专业维护的监管者，能以更低的成本实现更有效的监管。

第二篇　决策篇

◆ 规划管理

◆ 可行性研究管理

◆ 初步设计管理

◆ 施工图设计管理

◆ 项目管理模式

◆ 项目发（承）包模式

3 规划管理

《水污染防治行动计划》提出了农村环境治理目标，即“以县级行政区为单元，实行农村污水处理统一规划、统一建设、统一管理”。农村生活污水处理设施建设应遵循统筹规划、源头治理、政府主导和全民参与的原则，实现建设规范、设施完好、管理有序和水质达标的总目标。

3.1 规划原则

农村生活污水治理专项规划一般包括农村生活污水处理的目标任务，污水处理设施的规模、布局、建设改造和运行维护要求，规划实施的保障措施等内容。规划分近期和远期统筹布局。专项规划编制的原则如下。

1. 科学谋划，统筹安排

以县域总体规划为先导，统筹生态保护红线、村庄规划、水环境功能区划、给排水、改厕和黑臭水体治理等工作，充分考虑农村经济社会状况、生活污水排放规律、环境容量、村民意愿等因素，以污水减量化、分类就地处理、循环利用为导向，科学谋划和安排农村生活污水治理工作。

2. 突出重点，梯次推进

坚持短期目标与长远规划相结合，既尽力而为，又量力而行。综合考虑现阶段城乡发展趋势、财政投入能力、农民接受程度等，合理确定污水治理任务目标。优先整治生态环境敏感、人口集聚、发展乡村旅游以及水质需改善控制单元范围内的村庄，通过试点示范不断探索，梯次推进，全面覆盖。

3. 因村制宜，分类治理

综合考虑村庄自然禀赋、经济社会发展、污水产排规律、生态环境敏感程度、受纳水体纳污能力等，科学确定本地区农村生活污水治理方式。靠近城镇、有条件的村庄，生活污水纳入城镇污水管网统一处理。人口集聚、利用空间不足、经济条件较好的村庄，可采取管网收集-集中处理-达标排放的治理方式。污水产生量少、居民点较为分散、地形地貌复杂的村庄，优先考虑资源化利用的治理方式。

4. 建管并重，长效运行

坚持先建机制、后建工程，推动以县级行政区域为单元，实行农村生活污水处理统一规划、统一建设、统一运行、统一管理。鼓励规模化、专业化、社会化建设和运行管理。有条件的地区，探索建立污水处理受益农户付费制度和多元化的运行保障机制，确保治理长效。

5. 经济实用，易于推广

充分调查农村水环境质量、污水排放现状和治理需求，考虑当地经济发展水平、污水

规模和农民生产生活习惯，综合评判农村生活污水治理的环境效益、经济效益和社会效益，选择技术成熟、经济实用、管理方便、运行稳定的农村生活污水治理手段和途径。

6. 政府主导，公众参与

强化地方政府主体责任，加大财政资金投入力度，引导农民以投工投劳等方式参与设施建设、运行和管理，鼓励采用政府和社会资本合作（PPP）等方式，引导企业和金融机构积极参与，推动农村生活污水第三方治理。

3.2　规划管理要求

3.2.1　编制依据

城市总体规划、镇村布局规划、城镇污水处理专项规划以及国家、地方有关法律法规、政策文件和技术标准规范。

3.2.2　规划主要内容

3.2.2.1　规划作用

1. 传导上位规划

专项规划应按照县域总体规划、城镇污水处理设施建设规划、镇总体规划、村庄布局规划、村庄规划、乡村旅游规划、中小流域治理规划、防洪规划和水功能区划等要求，确定规划范围和相应的出水排放标准，合理选择处理模式和处理工艺，进行污水处理终端和排放口的选址、污水管网的定线，同时满足设施的用地、供电、防洪、防灾等方面的要求，并确定规划实施的年度计划。

2. 推动农污设施建设

规划编制应充分考虑已建设施，尽量避免重复建设，因此需对已建设施现状进行全面分析，坚持落实“城乡统筹、因地制宜；应接尽接、达标排放”原则，对设施数量或处理规模不满足需求的村庄，提出新（扩）建计划；对存在问题的已建设施提出改造计划或解决方案，并根据轻重缓急制订技术改造方案逐年落实。

3. 合理选择处理模式

处理模式选择应结合排水现状和规划目标，城乡统筹，宜优先采用纳厂处理；不具备纳厂处理条件的，宜采用集中处理；不便接入集中处理的，可采用分散处理。

规划应对原有污水管网系统存在的问题提出合理的改造措施，要注重化粪池、隔油池（器）、清扫（过滤）井等户内设施的建设。

4. 因村制宜，资源利用

在达标排放的基础上，规划尚应对尾水的资源化利用、污泥和湿地植物的妥善处置提出合理化建议。尾水可用于冲厕、道路浇洒、绿化浇灌和洗车等，但应符合相关行业规范和水质标准要求。

污水处理产生的剩余污泥应定期处理和处置，按照减量化、无害化、资源化的原则，可采用纳入城镇污水处理厂污泥处理站处理、自建污泥处理站等方式进行处置。

3.2.2.2 规划成果

农村污水处理设施专项规划按相关编制要求进行，如生态环境部《县域农村生活污水治理专项规划编制指南（试行）》，专项规划成果包括文本、说明书和附件。

1. 文本

文本内容主要包括：总则、区域概况、污染源分析、污水处理设施建设、运行管理、工程估算与资金筹措、效益分析和保障措施等。文本应对规划的意图、目标和有关内容提出规定性要求；文字表达应规范、准确。

2. 说明书

说明书内容包括编制背景、现状和目标分析、主要内容和成果说明，与相关规划的衔接，根据相关意见的修改情况等。

3. 附件

规划附件主要包括附图和参考资料。规划图件编制应结合规划区域最新的基础图件、资料，比例尺1∶5000，标注齐全、内容准确、界线清晰、重点突出。参考资料应具有代表性，客观全面反映实际情况。现状调查和监测资料准确完整，相关规划批复文件齐全有效。

编制过程中，应对规划目标的制定、排放标准的确定、工艺选择、项目建设保障、布局和分区等关键性问题开展专题研究或论证，形成规划成果。

3.2.2.3 规划期限

规划期限分近期规划和远期规划。近期规划期限原则上为5年，远期规划与县域总体规划、乡镇总体规划、村庄规划等规划尽量保持一致。规划水平年尽可能与上位规划相一致。

3.2.2.4 规划目标

根据《乡村振兴战略规划（2018—2022年）》《农村人居环境整治三年行动方案》《水污染防治行动计划》《农业农村污染治理攻坚战行动计划》等部署要求，合理确定近期、远期规划目标。

（1）规划目标应定性与定量相结合，做到可操作、可达成、可统计。近期目标以优先治理的村庄为主，远期目标延伸至县域内所有规划布点的村庄。

（2）规划指标包括农村生活污水治理的村庄数及覆盖率、农户数及覆盖率、污水处理设施排放达标率、污水资源化利用率等。县（市、区）规划主管部门可根据实际情况进行选择和补充。

3.2.2.5 规划布局

（1）按照县域总体规划、乡镇总体规划和村庄规划，城镇污水处理设施建设、乡村旅游和中小流域综合治理等相关规划，生态保护红线、水功能区划、水环境功能区划和近岸海域环境功能区划等要求，合理安排农村生活污水处理设施的布局，明确治理的村庄范围和数量等。

（2）新建农村生活污水处理设施的选址，应符合饮用水水源保护区等生态环境敏感区的有关规定；符合国家和地方关于用地、供电、防洪、防雷、防灾等方面的要求；位于地

震、湿陷性黄土、膨胀土、多年冻土以及其他特殊地区的，应符合相关标准规定；并考虑污水资源化利用的便利性，不对居民生产生活造成影响等。

（3）已建设施符合选址要求并能够正常运行的，应纳入规划统筹考虑并充分利用，避免设施重复建设；对不能正常运行的农村生活污水处理设施，应根据情况进行修缮改造。

3.2.2.6　规划技术路线

1. 收集相关资料

收集相关资料包括相关上位规划及图件、市政污水管道资料、污水处理厂资料；农村污水处理设施建设资料（设施编号、所处村庄、处理工艺、处理规模、排放标准、受益户数、是否水源保护地、主管网管径及管材等）；农经年报（村庄人口与户数、集中度；常住人口与户籍人口数；行政村、自然村名录等信息）；各级运维监管、考核文件和制度；日常运维经费及水质、水量抽测监控资料等。

2. 全面的调研分析

区域概况调研应掌握县（市、区）所在的位置、面积及所辖乡镇、行政村及自然村数量及分布情况；规划区气候、水文地质、地形地貌、河湖水系、水环境功能区划；规划区人口、经济发展、财政收入及其产业特点等基本情况。农村污水治理现状调研应包括设施建设和运行调研，应查清基本情况、查全存在问题、分析问题根源，为规划提升改造技术路线制定和经费估算、实施计划制订等打好基础。

3. 规划编制

编制过程中，应对规划目标的制定、排放标准的确定、工艺选择和提升改造技术路线制定、项目建设保障、运维布局和分区等重要关键性问题开展专题研究或论证，最后形成规划成果，如图 3-1 所示。

4. 完善成果

规划成果有文本、图件和附件。图件是规划成果的直观表达，因此要求图面比例适中，表达规范，分布合理，说明清楚。

3.2.3　彰显规划特色

1. 具有前瞻性

对接“十四五”期间农村人居环境建设、水环境和耕地土壤环境保护、绿色产业发展和乡村振兴战略，兼顾水环境治理、防洪安全和水生态保护、水文化等方面的需求，科学谋划水资源、水安全、水环境、水生态、水文化、水经济等“六水”文章，为制定水美乡村发展目标提供依据。

2. 体现乡土文化

对特色水乡和文化古镇，规划设施与乡村

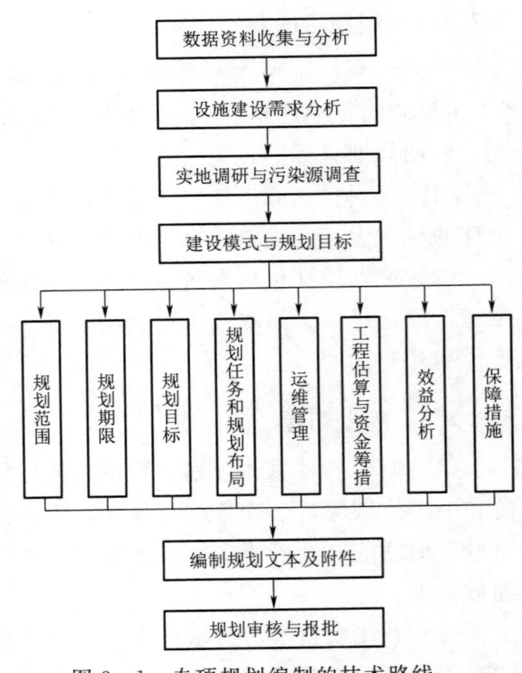

图 3-1　专项规划编制的技术路线

建筑相和谐，污水管网依地形沿路敷设，管线避开文物古迹、地下线缆、军事设施等，跨越河道时，尽可能设在桥面下层；污水提升泵站建筑风貌与周围环境相协调，建设标准适当提高，以改善特色乡村水环境质量，推进水美乡村建设和民俗旅游村发展。

3. 兼顾乡村特色产业

规划兼顾当地特色产业发展，如民宿、餐饮、洗涤、美容美发、酿酒、制酱等。从事民宿、餐饮、洗涤、美容美发等经营活动的单位和个人（统称排水户）向集中处理设施排放污水的，应当按照国家和省有关规定建设相应的预处理设施，保证排入的污水符合国家和省规定的接管标准，并与乡镇政府签订接入协议。

对一定规模的腌菜、酿酒、豆制品等农村季节性自产自销活动产生的污水，村民应当按照乡镇人民政府和村（居）民委员会的要求做好污水的收集、预处理等工作。县（市、区）政府应当统筹采用异地处置、新建或者更新改造污水处理设施等方式做好污水处置工作。

4. 重视体制机制建设

探索项目投资、建设、运维一体化的新型建设管理模式，第三方监管和考评机制，立足提升农村生活污水处理设施的综合经济效益、环境效益和社会效益，建立正向激励机制。优化生态环境类信息收集和评价标准，研究制定与信用体系建设相配套的财政支持政策，建立“守信激励、失信惩戒”的支农惠农机制。使农村生活污水处理设施建设这项惠民的“民生工程”真正得到农村居民的广泛认可。

引导社会资本投资。省、市、县要制定出台社会资本投资农业农村的指导意见，加强指导和服务，明确支持的重点领域，细化落实用地、环评等具体政策措施。充分利用和发挥政府投资基金的作用，支持孵化型、成长型、创新型社会资本投资项目。在农村生活污水处理、垃圾处理等方面实施一批 PPP 项目。

5. 实施数字乡村建设发展工程

加快农业农村大数据工程建设，开展农业物联网、大数据、区块链、人工智能和 5G 等新型基础设施建设和现代信息技术应用，全面提升农业农村数字化、智能化水平。推进农村生活污水处理设施运维成为物联网建设的优先平台，实现远程操控、巡检维护、高效运行，推动智慧农业和数字乡村建设。

3.3 规划质量控制

3.3.1 规划质量要求

农村生活污水处理设施建设应根据各地具体情况和要求，综合经济发展与环境保护、处理水的排放与利用等的关系，结合农村及农业的相关发展规划，充分利用现有条件和设施。

规划应符合省级《村庄生活污水治理专项规划编制大纲》、生态环境部《县域农村生活污水治理专项规划编制指南（试行）》要求，并遵守相关法律法规和技术要求，做到资料准确、内容翔实、方案合理，具有前瞻性、科学性和可操作性。

以县（市、区）级为单位，覆盖所辖区域内规划布点村庄的污水收集和处理，兼顾一般村庄，做好与公厕、户厕改造的衔接。开展区域内已建村庄生活污水处理设施及配套管网普查工作，摸清现状，收集整理相关资料，制订整改方案。

规划成果由规划文本、规划说明、规划图件及其他附件组成。附件包括专题研究报告、基础资料汇编及其他合同约定的内容。

3.3.2　规划编制单位

农村生活污水处理设施专项规划，通过公开招标、邀请招标等方式，选定具备相关资质和实践经验的单位编制村庄生活污水治理专项规划，规划编制单位按照生态环境部《县域农村生活污水治理专项规划编制指南（试行）》和所在省规划编制大纲编制县域农村污水治理专项规划。

招标文件中，对编制单位和编制人员明确提出业绩要求。规划文本经过咨询、征求意见和技术审查等环节，广泛征求相关部门工作人员和专家咨询意见，经设区市行业主管部门组织审查，规划修改完善后提交报批稿，报县（市、区）人民政府批准实施。

3.3.3　规划质量控制

一般而言，规划质量控制应重视以下 4 个方面的内容。

1. 现状评估和问题分析

对农村生活污水的产生总量和比例构成、村庄污水无序排放、水体污染等现状进行调查，梳理现有处理设施数量、布局、运行等治理情况，分析村庄周边环境特别是水环境生态容量，以县域为单位建立管理台账。

以县域为单位编制农村生活污水治理规划或方案，也可纳入县域农村人居环境整治规划或方案统筹考虑，充分考虑已有工作基础，合理确定目标任务、治理方式、区域布局、建设时序、资金保障等。

2. 制定切实可行的规划目标和指标

顺应村庄演变趋势，把集聚提升类、特色保护类、城郊融合类村庄作为治理重点。注重农村生活污水治理与生活垃圾治理、厕所革命等统筹规划、有效衔接。在规划设计阶段统筹考虑工程建设和运行维护，做到同步设计、同步建设、同步落实。

3. 规划总体布局和重点任务

因地制宜采用污染治理与资源利用相结合、工程措施与生态措施相结合、集中与分散相结合的建设模式和处理工艺。有条件的地区推进城镇污水处理设施和服务向城镇近郊的农村延伸，离城镇生活污水管网较远、人口密集且不具备利用条件的村庄，可建设集中处理设施实现达标排放。人口较少的村庄，以卫生厕所改造为重点推进农村生活污水治理，杜绝化粪池出水直排，在此基础上，探索就地就近实现农田资源化利用。

推广低成本、低能耗、易维护、高效率的污水处理技术，鼓励具备条件的地区采用以渔净水、人工湿地、氧化塘等生态处理模式。探索将高标准农田建设、农田水利建设与农村生活污水治理相结合，统一规划、一体设计，在确保农业用水安全的前提下，实现农业农村水资源的良性循环。鼓励通过栽植水生植物和建设植物隔离带，对农田沟渠、塘堰等灌排系统进行生态化改造。鼓励农户利用房前屋后小菜园、小果园、小花园等，实现尾水就地利用。

4. 规划图件和附表附件质量

规划成果用图和表呈现，重点工程项目是否清晰，任务分工、实施主体是否明确，图表、图例是否完整、规范。

（1）规划图件编制应采用规划区域最新的测绘成果，比例尺与区域面积相匹配且比例合适，标注齐全、内容准确、界线清晰、重点突出。

（2）参考资料应具有代表性，客观全面反映实际情况。现状调查和监测资料准确完整，相关规划批复文件齐全有效。

建立全过程规划质量控制体系。前期规划方案和规划布局、重点任务阶段，应由参与过同类项目的具有丰富经验的规划师进行质量把控，规划全过程达到 ISO 9001 国际质量管理体系认证标准。

附录 1 是某市农村生活污水治理专项规划的简本。

3.3.4 建立规划闭环管理

闭环管理（Closed－loop Management）是综合闭环系统、管理的封闭原理、管理控制、信息系统等原理形成的一种管理方法。闭环管理的一般程序：确立控制标准、评定活动成效、纠正错误、消除偏离标准和计划的情况。通过优化县域专项规划编制与实施过程，形成“规划编制-规划执行-规划监测-规划修编”的闭环管理机制。

（1）规划编制。开展县域专项规划数据的收集、整理与分析，健全县域专项规划数据库，全面掌握农村生活污水处理现状。通过加强需求沟通与对接，明确污水处理设施规划目标，将本级政府批复后的专项规划纳入本级规划库管理。

（2）规划执行。编制年度实施计划或方案，细化规划建设过程流程节点，将之纳入监督考核体系进行实时监控。按照不同实施阶段编制年度工作计划，将完成前期工作的项目纳入项目储备库并进行投资评价，按项目节点实时跟踪项目建设。

（3）规划监测。建立专项规划的状态指标体系和监测机制，定期召开状态监测分析会，实施常态化规划监测管理。对比规划目标，结合投资效益，开展项目后评估和规划执行情况分析，进行深入诊断，定位农村基础设施发展阶段。

（4）规划修编。农业农村主管部门结合地区经济发展及专项规划，参与地方土地利用规划的调研、编制工作，建立规划动态调整与修编机制。

3.4 规划评审

3.4.1 一般规定

专项规划评审前需征求县（市、区）相关政府部门和镇（街道）意见，初步成果应征询乡镇、村及村民代表的意见。修改完善后，由规划编制牵头管理部门组织评审。

专项规划通过评审后由组织单位报县（市、区）人民政府审批，国家级、省级村庄生活污水治理试点区专项规划报设区市级行政管理部门、省级村庄环境整治推进工作领导小组办公室备案。

3.4.2　组织专家评审

规划评审会一般由规划主管单位组织，邀请相关职能部门领导和工作人员参加，并邀请3～5位专家组成评审专家组，提前将规划成果发送给相关专家和参会人员。

3.4.3　报批前复审

根据专家技术审查意见，规划编制单位对规划成果修改完善，提交规划成果报批稿，并提交修改完善说明，说明专家意见是否采纳及修改情况，再经评审专家组组长复审复签。农村生活污水治理专项规划一经批准，须严格组织实施，不得擅自调整。设区市主管部门在对各区政府农村生活污水治理的季度考核中，应加强对专项规划编制及规划实施情况的考核。

3.5　规划实施

3.5.1　制订实施方案

根据专项规划，编制县域农村污水处理设施建设实施方案，细化工作任务和项目表，将规划成果分解成年度工作计划，落实资金来源和分级责任体系，明确基本建设程序和实施步骤，配套相关制度文件和管理办法，规范项目过程管理。

附录2为某区农村生活污水处理设施建设实施方案的简本。

3.5.2　组织保障

省级主管部门负责统筹推动乡镇生活污水治理工作。乡镇污水处理设施建设实行“省级统筹规划、设区市级指导督促、县市区负责实施、乡镇具体配合”的组织管理模式。省级主管部门牵头，负责统筹协调，省发展改革、财政、自然资源、生态环境、水利等部门按照职责分工做好相关工作。设区市级政府及其相关部门要加强指导督促，统筹推进本辖区项目建设。

县（市、区）级政府是乡镇污水处理设施建设的责任主体，要建立工作机制，将乡镇污水处理设施建设和运营经费纳入预算管理，制订具体建设方案，确保工程进度和质量。乡镇政府要配合做好现状调查、征地拆迁、施工环境等工作。

项目实施单位要严格遵守生态环境、用地、节能、质量和安全等相关规定，依法依规组织建设、运营和管理工作。

3.5.3　完善政策配套与指导

严格落实国家有关用地、用电、税收等优惠政策。省发展改革、财政等部门要制定乡镇污水处理收费政策细则，明确收费标准和征收方式。各相关部门要加强对乡镇污水处理设施建设前期工作的指导支持，加大“放管服”改革力度，建立项目审批“绿色通道”，优化审批流程，提高审批效率，确保项目有序推进。

行政主管部门要加强乡镇污水处理设施建设运营培训指导服务，提高建设运营管理水

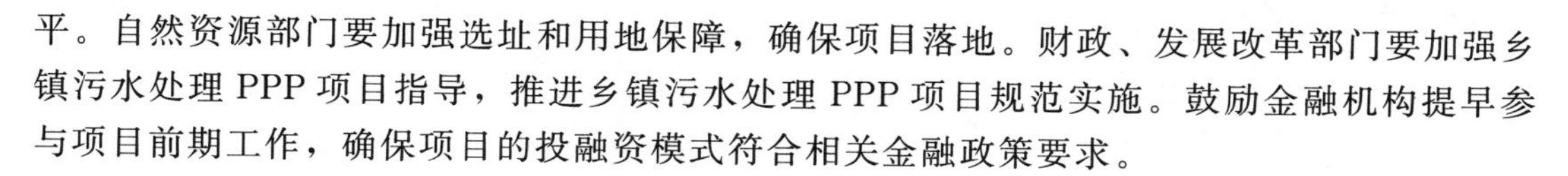

平。自然资源部门要加强选址和用地保障，确保项目落地。财政、发展改革部门要加强乡镇污水处理PPP项目指导，推进乡镇污水处理PPP项目规范实施。鼓励金融机构提早参与项目前期工作，确保项目的投融资模式符合相关金融政策要求。

3.5.4 健全村民参与机制

1. 重视政策宣传引导

要在发动群众、调动村民积极性上多做工作，让村民参与到项目建设中来，制定和运用“村规民约”治水。农村生活污水处理设施建设点多面广，尤其需要发动群众就地就近参与项目管理，施工前每个行政村选举多名群众监督员，并对这些监督员进行施工质量管理培训，每个行政村设置标准化施工流程图，设置监督电话或举报电话，电话由县级行业主管部门安排专人接听。对群众反映的施工质量问题经查实的，可给予奖励。对举报查实的问题要形成台账资料，并限期整改，建立整改销号制度，形成闭环，确保工程建设质量。

2. 落实村级运维主体责任

农村生活污水处理工程建设涉及千家万户，很多问题难以被第三方运维人员及时发现，当地村民才是最佳巡护员。项目管理方落实村级巡查员职责，按污水管网布局分片落实责任人，分片开展兼职日常巡查，发现不良行为及时加以制止，发现管道堵塞、管道外露和设施轻微损坏等现象及时加以修复，发现难以自行修复的问题及时报告，充分发挥当地干群在预防问题、发现问题、处理问题等方面的作用。

3. 强化建管并重

县（市、区）业务单位作为项目建设和运维的主体，精心实施，严把工程设计关、施工关、验收关和质量关，引导村民参与到项目验收、运维监管和资金审计。

4. 落实接户主体

村民投身参与建设是农村治污的长效之本，特别是在农村污水管道接户方面，要落实好由村委会为主体来实施村庄污水接户工程，将村民的需求反应到项目建设的过程前端，减少设计变更和设计缺陷。

5. 探索建立污染者付费制度

已建成污水处理设施的乡镇（街道），将农村生活污水处理费的收缴纳入村规民约中，建立村户分担机制，由农户自己负责后续运行部分费用，尤其是经营性用户，如餐馆、饭店等餐厨污水的排水户，可先行先试，以体现“村民付费买服务、保持卫生靠大家”，形成村民参与、共同监督的氛围，提高村民自律性。

4 可行性研究管理

对于农村生活污水处理设施建设项目，涉及面广，协调量大，涉及专业多，应编制项目建议书，分析项目建设的必要性，作为可行性研究的依据。

工程可行性研究应以批准的项目建议书为依据，其主要任务是在充分调查研究、评价预测和必要的勘察工作基础上，对项目建设的必要性、经济合理性、技术可行性、实施可能性、对环境的影响性，进行综合性的研究和论证，对不同建设方案进行比较，提出推荐方案。可行性研究的工作成果是可行性研究报告，批准后的可行性研究报告是编制设计任务书和进行初步设计的依据。

4.1 可研报告编制要求

项目可研报告通过公开招标、邀请招标等方式，选定具备相关资质和实践经验的单位编制。招标文件中，对编制单位和编制人员明确提出业绩要求。可研报告经过内部评审和专家评审等环节，广泛征求相关部门人员和专家咨询意见，经修改完善后提交正式报告。

4.1.1 工作流程

1. 计划阶段

组建编制团队。编制单位根据可研报告的内容、工作量、时间要求、技术难度和范围等因素，组建编制团队。根据项目所涉及的知识领域要求选择合适的项目组成员，要求团队成员在专长和能力等方面可以互相补充，并依据项目的范围和难度，结合行业、专业特点，提出对编制人员的技术要求。

制订工作计划。工作计划应根据合同的要求，其内容应包括但不限于项目组的成员构成、工作分工、工作计划、工作难点及重点分析等。工作计划的制定力求科学合理、操作性强，既能实现团队各成员的工作目标，又能为监督、控制编制工作进度及控制质量提供考核标准。

2. 执行阶段

调研与收集资料。根据项目的特点及类型，编制团队提出需要委托方提供的资料清单，其内容包括但不限于：建设规模、建设条件、政策要求、财税政策、行业标准等。需要现场调研的，应制订调研计划，并组织项目组成员，在与客户沟通的基础上开展调研。调研计划包括时间、内容、形式、成员以及需要准备的相关资料等。

编制报告。项目组成员在仔细阅读、分析资料、了解项目背景、基本情况和顾客需求的基础上进行报告的编制。首先是可研报告提纲的编制，项目负责人应组织相关编制人员

将报告分为若干课题，以便分工研究和编制。待确定提纲后，进入报告初稿的编制工作。由项目负责人组织相关会议，旨在对项目的编制情况进行沟通与交流，解决项目中的重点、难点问题，识别项目的潜在风险，控制项目进度。

3. 验收阶段

内部验收。编制报告初稿后，项目负责人组织内部评审，主要对以下几方面进行质量控制。

（1）研究水平：包括对项目结果的评估效益、研究方法的科学性、合理性；要着重审查研究成果的前瞻性，所研究课题的广度和深度，是否达到合同的相关要求。

（2）应用价值：是指报告结论和建议是否符合政策性要求、是否可行；建设方案与相关规划的协调性和可操作性。

（3）材料质量：是指报告的内容、结构、层次以及佐证材料是否充分。

顾客验收。顾客验收的对象是内部验收通过的送审稿。凡是自行组织验收评审和邀请第三方评审的项目，应组织上会，由项目总负责人制定上会方案、收集上会材料和准备答辩预案。汇报应突出重点、简明扼要，答辩应合理解释、论据充足。报告终稿由项目总负责人组织编制组成员按验收意见进行修改完善。

4.1.2 质量保证体系

承担项目可研报告编制任务的工程咨询机构，应当树立“公正、质优、独立、科学”的服务宗旨，强化服务意识；打造“诚实自律、廉洁高效”的行业形象；打造梯形咨询人才队伍，建立标准化、程序化、系统化的质量保证体系。

提高项目可研报告编制质量，咨询机构需获得行业专家们的专业支持，这样有利于拓展自身的知识资源以及延伸人才队伍，可通过建立专家库的形式实现。入库专家，一方面需具备知识渊博、经验丰富的实战专家，从而带动咨询机构内部员工的成长；另一方面寻求紧密型的专家团队，建立长效机制，充分利用专家的经验和优势。

4.2 可研报告编制内容

通过对项目有关的工程、技术、环境、经济及社会效益等方面条件和情况进行调查、分析，对工程建设必要性、技术可行性、经济可行性、合理性，在多方案分析的基础上做出比较和综合评价，并推荐工程建设方案，为项目决策提供可靠依据。

4.2.1 主要内容

项目可研报告主要内容包括项目概述、区域概况、项目建设的必要性和可行性分析、方案论证、工程方案、项目实施计划、土地利用征地与拆迁、施工质量管理、运行维护管理、工程风险分析与防控、环境保护、水土保持、消防设计、节能、项目管理、劳动保护与安全生产、投资估算与资金筹措、经济分析、工程效益分析、结论与建议等，以及必要的平面布置图、工艺流程图等。

根据国家有关建设项目前期阶段的规定和规范，编制项目可行性研究报告，为建设单

位向政府申请立项提供依据。

4.2.2 编制深度要求

项目可研报告应达到《市政公用工程设计文件编制深度规定》（2013年版）中“排水工程可行性研究报告文件编制深度”规定的深度和要求，符合国家发展改革委关于工程项目建设和报审的规定，编制方应根据建设单位的要求对项目可行性研究报告进行修改，直至通过评审或备案。

农村生活污水处理设施建设项目可研阶段重要任务是做足项目调研工作，尤其是对镇区和农村污水处理联合打包项目，充分利用同类项目成功经验，结合当地村组实际情况，合理确定项目建设和投资规模，满足整个项目各阶段的要求。

4.2.3 可行性研究报告的编排格式

（1）封面：项目名称、编制单位、编制年月。

（2）扉页：编制单位法定代表人、技术总负责人、项目负责人和各专业负责人的姓名并经上述人员签署或授权盖章。

（3）目录。

（4）可行性研究报告书正文。

（5）附件、附图、附表。

4.3 可研报告评审

可行性研究报告评审重点在于整个项目建设和投资规模，项目建设和投资规模直接影响项目后续推进，若可行性研究报告对建设规模（如管网长度和污水处理设施规模）估算偏小，可能导致项目后期社会资本方采购失败、项目设计、施工可能超过原来合同签订规模等情况，直接影响项目后期推进。

4.3.1 内部评审

咨询机构应根据质量标准的具体要求，建立相对健全的质量管理组织体系，针对单位自身的特点，采取多级评审形式，对报告质量严格把关。在明确各类人员的质量责任基础之上，明确各级人员的质量责任，确立质量责任制，并以集体质量审核为补充。

项目负责人作为项目质量管理的第一责任人，在报告编制完成后，应组织本项目可研报告的编写人员对成果进行自我评审，根据质量要求，逐项进行检查，对不符合质量要求的内容进行修正。

重大项目的内部评审应由技术总工参加，并邀请委托方相关部门列席，由项目负责人进行完善，使可行性研究报告达到质量标准要求。

4.3.2 外部专家的评估意见

外部专家评估是对政府投资项目可研报告内容进行再评价的过程，对保证报告质量具有较大的意义。经外部专家评估后的可研报告，其质量可得到进一步的提高。

4.3.3 审查要点

（1）文本格式规范，附图、附表、附件齐全。
（2）文本结构完整，内容齐全；数据准确，论据充分；结论明确。
（3）建设项目符合国家现行政策和其他有关工程建设强制性标准。
（4）文本达到规定的编制深度要求，能够满足投资决策和编制初步设计的需要。
（5）编制依据可靠。
（6）建设规模、装修标准及内容符合国家现行政策。
（7）表述形式做到数字化、图表化。
（8）结构方案设计应安全、经济、合理。
（9）设备方案设计应节能、经济、可行。
（10）电气方案设计应节能、方便、可靠。

4.4 可研报告审批

农村生活污水处理设施建设项目多为审批制，其可行性研究报告需向主管部门报批。项目可研报告力求内容完善、依据充分、数据可靠、表述清晰、分析全面、信息准确、结论可信、建议合理等，为政府投资决策提供科学的依据。

4.4.1 审批流程

可行性研究报告审批流程如图4-1所示。

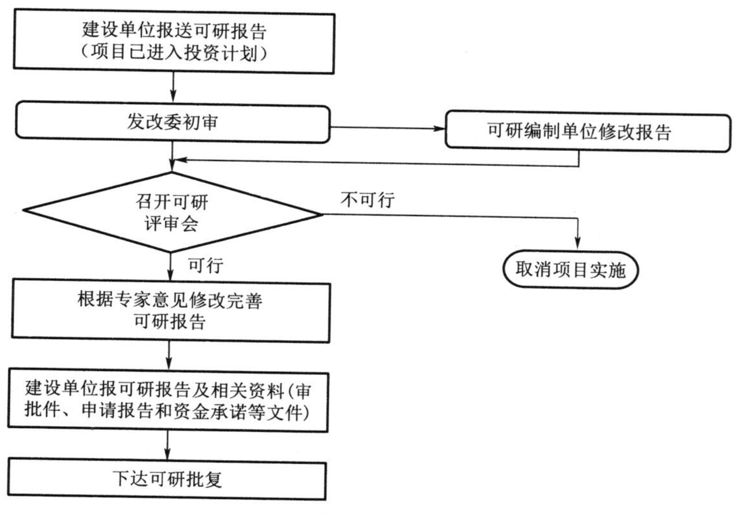

图4-1　可行性研究报告审批流程图

4.4.2 审批需提交的材料

（1）报批项目可行性研究报告的申请文件。

（2）符合资质要求的咨询设计机构编制的可行性研究报告。

（3）项目建议书批复文件。

（4）项目法人组建方案。

（5）农业农村、自然资源、生态环境、卫生健康、水利等涉及部门的审查意见。

（6）建设资金筹措方案、资本金出资证明和银行承贷意见。

（7）根据有关法律法规应提交的其他文件。

附录 3 为关于某市农村生活污水处理项目可行性研究报告的批复。

5 初步设计管理

初步设计是根据批准的可行性研究报告和必要而准确的设计资料，对设计对象进行通盘研究，阐明拟建工程在技术上的可行性和经济上的合理性，规定项目的各项基本技术参数，编制项目的总概算。

农村生活污水的特征有：①污水分布较分散，涉及范围广、随机性强，防治十分困难，管网收集系统不健全，粗放型排放，基本没有污水处理设施；②污水浓度低，变化大；③大部分污水的性质相差不大，水质波动大，可生化性强；④厕所排放的污水水质较差，但可进入化粪池用作肥料；⑤一般农村人口居住分散，产生的生活污水量也较小；⑥变化系数大，居民生活规律相近，导致农村生活污水排放量早晚比白天大，夜间排水量小，水量变化明显。

农村生活污水处理设施初步设计根据农村生活污水以上特征，考虑技术上可行和经济上合理，选取相应的基本技术参数，编制项目概算，形成一定深度的初步设计，为后续工作提供依据。

5.1 初步设计的编制、申报

初步设计任务由项目法人择优选择有相应资质的设计单位承担，根据相关要求进行编制。

初步设计文件报批前，一般须由项目法人委托有资质的工程咨询机构或组织行业各方面（包括管理、设计、施工、咨询等方面）的专家，对初步设计中的重大问题，进行咨询论证。设计单位根据咨询论证意见，对初步设计文件进行补充、修改、优化。初步设计由项目法人组织审查后，按国家现行规定权限上报相关部门进行审批。设计单位必须严格保证设计质量，承担初步设计的合同责任。初步设计文件经批准后，主要内容不得随意修改、变更，如有需要修改、变更的，须经原审批机关复审同意。

5.2 编制内容

5.2.1 设计说明书

（1）项目及区域概况：项目建设背景、区域概况及相关规划概要，现状农村污水处理系统概况，建设项目概况等。

（2）编制依据：包括主要批准文件，设计采用的主要标准、规范，勘察测量资料、管

线探测资料、规划资料，其他资料。

（3）主要设计标准和参数：污水定额、污水的排放标准等。

（4）设计方案：设计范围、设计原则、设计目标、设计思路、农村生活污水治理工程方案等。

（5）存在的问题：设计基础资料、建设条件等方面存在的主要问题，必要时提出建议。

5.2.2　工程概算

（1）投资概算说明：项目概况（简述建设项目的建设地点、设计规模、建设性质、工程类别、建设期、主要工程内容、主要工程量、主要工艺设备及数量等）、主要技术经济指标（项目概算总投资及主要分项投资、主要技术经济指标等）、资金来源、编制依据、其他需要说明的问题等。

（2）投资概算依据：批准的可行性研究报告、设计图纸、项目涉及的概算指标或定额、正常的施工组织设计、项目所在地的自然条件和社会特点等。

（3）工程投资费用：工程费用、其他费用、预备费及应列入项目概算总投资中的几项费用组成。

5.2.3　主要材料及设备表

（1）主要材料、设备的规格和数量。

（2）主要构筑物的数量（有工艺图）或主要建筑材料数量（无工艺图）。

（3）主要挖填方工程数量。

（4）拆迁补偿、拆除修复工程数量等。

5.2.4　设计图纸

（1）系统总平面图：主要包括农村污水系统总图布置、系统管道布置、系统外观设计等。

（2）生活污水处理工艺设计：主要包括污水量预测及排放、污水收集处理模式、污水收集系统、村庄生活污水处理技术、污水资源化利用及处理尾水排放、污泥处置等。

（3）结构设计：主要包括地基处理、结构设计、施工方法等。

（4）电气设计：主要包括负荷等级及电源、电气计量、主要设备启动控制方式、电缆选型及敷设、照明设计、防雷与接地、自控设计等。

（5）设备设计：主要包括提升泵、风机、流量计的选型、数量、规格和结构特点等。

（6）环境保护环境保护：主要包括施工噪声的控制、施工现场废弃物的处理、倡导文明施工等。

5.2.5　附件

附件包括可行性研究报告批复文件、相关专题论证结论、审查会议纪要、工程地质勘察报告等。

5.3 初步设计评审

建设单位所在的县（市、区）级行业主管部门负责组织项目工程设计方案的专家评审，设计方案由县（市、区）级行业主管部门批准，并报设区市级行业主管部门备案。

1. 初步设计技术审查要点

（1）文件组成是否齐全，设计图纸制图是否规范统一，标识是否清楚，图纸签署是否符合规定。

（2）文件编制内容及深度是否满足《市政公用工程设计文件编制深度规定》要求。

（3）设计是否符合规划要求，如有重大变化，是否有相关的论证或批准文件。

（4）方案比选论证是否充分、合理；分期实施方案是否合理可行。

（5）是否满足《工程建设标准强制性条文》中的强制性条文，是否满足所在地法规和地方标准的要求。

（6）工程规模是否合理，工程数量是否准确。

（7）初步设计是否符合国家建设政策的相关要求。

2. 完善设计方案

初步设计中若涉及项目安全、危大工程、施工技术复杂等风险点，需要组织专家进行进一步论证，通过专家的指导，制定相对应的解决策略，确保工程项目可以科学有序的实施。

初步设计方案报批之前，在当地网站或相关街道公示初步设计方案成果，广泛征求辖区政府、村民代表及公众的意见和建议，进一步完善和细化初步设计方案。

设计单位根据专家评审意见进一步修改完善初步设计方案。

6 施工图设计管理

农村生活污水处理设施设计，应遵循“生态优先，循环利用”原则，并结合村庄产业特点，采用以下型式：①在有适宜资源化利用的条件下，宜优先考虑污水资源化利用，根据具体情况，处理后水质应符合 GB 5084《农田灌溉水质标准》、GB/T 18921《城市污水再生利用　景观环境用水水质》等规定；②在有适宜接管处置的条件下，宜优先考虑接管。污水接管应符合 GB/T 31962《污水排入城镇下水道水质标准》的规定；③在不适宜采用接管且尾水无适宜的资源化途径时，进行处理后达标排放。

6.1 设计要求

6.1.1 设计基本要求

（1）项目建设单位选择有资质、实力及村庄生活污水治理经验的设计单位开展工程设计，统一设计标准，重点做好村庄地形勘察、工艺、设备、管材、检查井和化粪池的选择，并加强勘察、设计过程管理。

（2）项目工程勘察、设计宜以若干镇（街道）或区为单位进行打包招标，各区行业管理部门应加强工程设计方案的过程管理和成果审查，保障工程设计质量。

（3）农村生活污水处理主要有分户污水处理、村庄集中污水处理、纳入城镇污水管网处理三种方式，并按管网铺设条件、排水去向、纳入市政管网的条件、经济条件和管理水平等确定污水处理方式。污水处理设施位置和用地的选择，符合国家和地方有关规定。

（4）设计方提交的技术数据和技术文件全面、完整，能覆盖所涉及的全部方案和基础参数，能够支持涉及到该项目建设相关开工准备、采购、施工安装、设备和材料制造技术数据。

（5）尽可能避免和减少项目变更，建设单位或其他原因变更尽量提前到设计阶段，以避免因工程量和材料变化而造成的投资浪费。

（6）厕所污水接入接户井前应设置化粪池；农户厨房出水接入接户井前应设置厨房清扫井；农家乐、民宿、餐饮等含油废水接入接户井前应设置隔油池（器）；美容美发、洗浴等洗涤废水接入接户井前应设置毛发聚焦井（器）。

（7）农村生活污水处理设施不应混入工业废水或畜禽养殖废水。农村医疗机构污水应达到 GB 18466《医疗机构水污染物排放标准》的表 2 中预处理标准后进行接管排放或接入村庄生活污水处理设施进行处理。村庄生活污水处理设施中产生的污泥应根据工艺类型及运行管理要求定期清掏并根据各地实际情况进行处理处置。

6.1.2 设计质量要求

设计单位按照相关规范进行工程设计，工程设计方案应符合区村庄生活污水治理专项规划、工程建设强制性标准、省级、市级有关农村生活污水处理技术要求等，并满足其他农村生活污水治理相关标准规范要求。

设计人员应充分调研和摸排，现场踏勘到户，与镇、街道、村委及村民充分沟通，确定农户排水点，选定处理设施位置，提高设计方案的适用性，尽可能减少施工中设施的移位，降低施工风险。

工程设计方案应重点明确化粪池改造或新建的工程量、农户内部管道建设和污水接纳的工程量等，对农户内部污水接纳和化粪池的建设做出清晰的图示。

6.1.3 设计规范要求

设计执行国家相关规范和标准，如 GB 50015《建筑给水排水设计规范》和 GB 50014《室外排水设计规范》等。农村生活污水处理设施建设和改造的设计，应充分考虑区域规划、村民生活习惯、人口流动、自然环境、地形地貌、经济发展、施工条件和运维水平等因素。排水体制设计应选用雨污分流制，严禁雨水接入污水处理设施。

在现场踏勘、测量基础上，根据村民点分布、规划村庄户数、污水收集范围，研究管网布局和管线走向，处理设施终端选址应符合区域总体规划、村庄发展规划和县域农村污水处理设施专项规划等相关规划要求。

设计内容一般包括设计水量、进出水水质、工艺比选、工艺流程、设计计算和设备选型、配套设施、自控系统、投资估算和出图。

6.1.4 设计文件要求

设计文件必须符合下列基本要求：

(1) 设计文件必须符合国家、相关行业有关工程建设法规、工程勘察设计技术规程、标准和合同的要求。

(2) 设计前必须踏勘现场，完善设计资料收集，设计依据的基本资料必须完整、准确、可靠，设计论证充分，计算成果可靠，避免施工过程中设计变更。

(3) 设计文件的深度必须满足相应设计阶段有关规定要求，体现项目特点，坚持因地制宜。设计成果要广泛征求街镇、村组及群众代表意见，做到科学性与可行性相统一。设计质量必须满足工程质量、安全需要并符合设计规范的要求。

(4) 设计单位在开展工作时，不得违反工程建设强制性条文，对设计及变更成果执行强制性条文情况进行检查，不符合工程建设强制性条文的成果不得批准。在提交设计及变更成果时，应当附具检查记录表。

6.1.5 设计要点

1. 设计水量

设计水量应确定不同来源、不同水质的污水量，并考虑村庄人口及经济发展需求，合

理确定水量变化系数。

设计服务人口应结合当地的工业化、城镇化程度和人口变化等因素确定。

当资料缺乏时，应结合当地用水现状、地区气候条件、生活习惯、经济条件、地区规划等因素酌情确定，农村生活用水量可按表6-1数值进行适当取值，也可参考相似工程或当地类似生活污水处理工程经验值。

表6-1　　农村居民生活用水量参考值

村庄居民卫生设施情况		用水量/[L/(人·d)]
有水冲厕所	有淋浴设施	100～180
有水冲厕所	无淋浴设施	60～120
无水冲厕所	有淋浴设施	50～80
无水冲厕所	无淋浴设施	40～60
排放系数取用水量的40%～80%		

注：污水排放系数，取决于地区气候、建筑物内部设备情况、生活习惯、生活水平等因素。有洗衣污水室外泼洒、厨房污水利用等习惯的地区取下限值，排水设施完善的地区可取上限值。

水量的设计依据，不能完全依赖技术指南，宜到当地农村走访实地调研。结合村民用水习惯来规划，确定人均日用水上限，日变化系数、综合排放系数、污水管网漏损率、地下水渗入量，从而估算出合理的生活污水总变化系数，确定设施处理规模。

2. 设计水质

设计水质应根据实地调查、取样检测和综合分析确定，应充分考虑非农村生活污水对水质的影响。当无实测条件时，可按表6-2的数值确定。

农村生活污水处理设施出水排放应按现行地方标准或国家相关标准执行，如地方无规定，则根据污染性质、排入地表水域的环境功能和保护目标确定。直接排放的出水水质应达到GB 18918《城镇污水处理厂污染物排放标准》规定的标准。出水用于灌溉、杂用水、景观环境用水等，出水水质应符合相应的国家标准。

表6-2　　农村居民生活污水水质参考值

主要指标	COD/(mg/L)	BOD_5/(mg/L)	氨氮/(mg/L)	TN/(mg/L)	TP/(mg/L)	SS/(mg/L)	pH值
建议取值范围	150～400	100～200	20～40	20～50	2.0～7.0	100～200	6.5～8.5

注：厕所污水单独经化粪池处理后出水浓度高于表中参考值。

3. 合理选择处理工艺

合理选择处理工艺，是污水处理工程成功运行的关键。选择工艺要合理安排远期与近期、集中与分散、排放与利用等几个因素，同时考虑污水处理要求、规模以及所在地域和景观要求。国内农村污水处理技术路线有50多种，在选择工艺和设备时候，需要因地制宜充分考虑工艺和设备的适配度。此外不能忽视项目设计运行年限、处理成本、运维管理方式等内容。工艺设计时统筹考虑：

(1) 运维管理简便，运行费用低。

（2）建设成本和运行费用低。

（3）优选污泥产量少的工艺。

（4）处理深度适当。

（5）尽量降低运营能耗。

（6）设计选用的污水处理设备、工艺与材料应符合国家和所在省、市有关标准。

4. 其他设计要点

农村生活污水处理设施设计要点是接户设计、管网设计和终端设施设计三部分。

接户设计主要包括农户的卫生间污水、厨房污水和洗涤污水等各类排污口接管接驳、检查井安装等，这些要点均要在设计图纸上定点、定位明确标示。接户管及配件选用U-PVC排水管材质，具体用材根据设计方案方确定。出户管坡度取决于管径大小，最小坡度不得低于规范规定。出户管管径一般取75～160mm。

管网设计重点是合理选择管材、管径、敷设坡度和检查井。管网设计宜结合各村落的实际情况，为考虑经济性及工期，管道埋深，故选择施工管道吊装和安装方便，施工周期短，耐腐蚀的管材。常规的农村生活污水量偏小，污水收集管网属于非计算管段，支管可选用规格为DN200 HDPE双壁波纹管，坡度不小于0.4%；出户管DN≤160mm选用UPVC管；干管选用DN300 HDPE双壁波纹管，坡度不小于0.2%。

污水收集管道管材的选择应从工程的规模、重要性、对管道直径及压力的要求、工程地质、外荷载状况、工程的后期要求、资金的控制等方面进行综合分析比较后确定。

检查井井盖上设置铭牌，位于道路上的检查井顶标高与道路齐平，位于绿化带或农田的检查井顶标高应高于地面0.3～0.5m。行车道上的检查井采用C250级重型钢纤维井盖，非行车道上检查井采用B125级轻型钢纤维井盖。

终端设施设计要点是统筹考虑站区选址、平面布局、进水水质水量、污水排放标准、污水处理工艺及设备、投资预算和运维管理等。

终端设施选址。从规划角度考虑，应注重规划收集范围的管道走向、水量布局、实施期限等情况。从污水处理后的去向考虑，尽量能再生利用，例如灌溉农田。农村污水处理站选址可以选择距离农业水源、池塘较近的地方，处理后的尾水可以就地储存，便于农田灌溉，尽可能避免直排入附近的饮用水源。从安全角度考虑，站区不宜建在低洼地带，防止雨季受淹。

6.2 设计质量控制

设计单位应当按照国家现行的有关建设工程质量的法律、法规、强制性标准、设计技术标准、规范和合同规定进行勘察设计。项目设施选址、管网走向要结合农村污水实际情况，征求村组意见，确保农村污水的收集率要求。

设计单位质量管理体系文件符合GB/T 19001/ISO 9001《质量管理体系》标准要求，统筹考虑项目各层次、各要素，追根溯源，统揽全局，做好顶层设计，建立标准化工作流程。考虑减少对农户的户内影响，遵循“互利互惠”的原则，项目实施时，优化建设方式，兼顾对农户的生活环境适当改善。

6.2.1　施工图设计深度

施工图设计应达到《市政公用工程设计文件编制深度规定》“排水工程施工图设计文件编制深度”规定的深度和要求，符合有关主管部门关于工程项目建设和施工图设计的规定，编制方应根据建设单位的要求对项目施工图设计进行修改，直至通过施工图技术审查和备案。

施工图阶段设计图纸主要有工艺流程图、平面布置图和设备（构筑物）工艺图等。

（1）工艺流程图。正确全面表示本设计的工艺过程，其中包括主要设备、如曝气设备、提升设备以及主要的控制阀门位置等。工艺图中，包括水、气、泥流的走向。各种管线应以不同符号表示，并以图例说明（如污水管、污泥管、加药管、压缩空气管等）。工艺流程图在工程完工时将在标牌上表示，便于运行管理。

（2）平面布置图。表示工艺设备相互位置及关系、站点管线布置，辅助构筑物的布置。平面布置图应注明各设备尺寸及其相互间距。平面布置应考虑联系管道简捷、运行管理方便，并预留发展用地。管线布置应合理、安排紧凑、便于维修。

（3）高程布置图。主要确定各处理构筑物的标高，计算连接管渠的水头损失并确定管径，计算各构筑物的水面标高，以便水流通畅流动，保证污水处理设施正常运行。

（4）单体设备（构筑物）工艺图。包括设备总图、设备部件、零件图，局部大样图。构筑物应有平面、立面、剖面图。土建构筑物的主要控制点注明相对标高。

（5）管线系统图。注明管道性质（污水管、污泥管、压缩空气管等）、管径、管中标高、管坡及其方向，管件（阀门、变径管等），复杂管道分段绘制纵剖面图。与设备相关的管线原则上应画双线。

6.2.2　设计全过程质量管理

无论是在前期设计方案还是施工图设计阶段，均由参与过同类项目的具有丰富经验的设计师和总工程师进行质量把控，设计全过程达到 ISO 9001 国际质量管理体系认证标准。在设计阶段，设计单位应根据本项目特点配备足够的设计人员，加强项目实施过程中的驻场设计服务，足额配备驻地设计代表，设计单位应根据投标文件中承诺和《设计合同》约定的责任范围，全过程为项目提供设计服务。

加强设计过程的质量控制。健全勘察设计文件的复核、验收和审查制度，严格控制差错率和设计变更量。设计选用的建筑材料、构配件和设备质量必须符合国家规定的标准。设计文件应注明涉及工程建设质量的重点部位、环节，并提出指导性意见。

1. 健全设计技术规定及相关管理制度

设计图纸满足国家相关技术规范是底线要求，但设计成果要体现区域特色、适合本土化施工，就需制定相关实施细则、办法等指导设计工作。结合农村污水处理设施建设实际，按照方便施工、方便管理、方便后期养护的原则，执行《市政公用工程设计文件编制深度规定》，以确保设计人员严格按照技术规范开展设计工作，为工程项目的设计质量提供保障。

2. 建立项目负责人质量责任制

设计单位确定一个项目负责人作为总设计承包单位、分包单位、建设单位的联系纽带，项目负责人需对设计过程进行全过程管理，监督检查设计各专业成果，确保设计能满足合同规定的质量要求；组织设计策划，并将策划结果编入设计计划；根据项目时间计划、项目质量计划的规定，对设计过程进行控制；负责各专业之间设计的衔接；负责组织各专业技术方案在设计过程中的协调，确保技术方案的合理性及可实施性；对设计关键节点进行专题汇报。

3. 设计方案“五统一”制度

将设计方案与土地报批方案、杆线迁改方案、交通组织方案和项目施工方案“五统一”。方案设计之初，启动规划布点村地形勘察、污水资源利用和居民用水情况调查，由设计方根据设计方案的道路红线范围到国土部门套核地类信息，看用地是否符合规划用地。如不符合规划用地，设计方继续优化设计方案，避让不符合规划区域，当线型无法避让时，需及时上报规划部门，建议局部改变路网，或者短期内暂缓实施该项目，待土地总体利用规划修编完善后再行启动。

4. 加强与其他部门沟通

要确保项目前期工作顺利进行，需加强各部门沟通，提高认识。农村生活污水处理项目本身的性质决定了牵涉单位非常多，有发展改革、国土、规划、生态环境、水务、综合管线等单位。在方案之初，设计方组织各管线召开协调会，对管线保留或迁改、管线需求、管位等进一步明确，以提高工作效率，找到多方共赢点，形成良性互动的运行机制。

5. 施工图设计质量评价制度

建立评审制度是保证和提高设计成果质量的重要手段。通过评审，吸取更多有经验人士的知识和智慧，可以发现问题，优化设计成果。施工图编制完成以后，通过组织单位有施工管理经验的工作人员、施工单位项目技术负责人等，从排水、供电、交通、绿化等专业对施工图做出评价，发挥设计与施工紧密结合的优势。

设计单位必须按照相关行业规定，在分阶段验收、单位工程验收和竣工验收中，对施工单位质量是否满足设计要求提出评价意见。

6.3 施工图技术审查

1. 施工图阶段技术审查的资料

施工图技术审查的资料一般包括：作为设计依据的政府有关部门的批准文件及附件、审查合格的勘察文件和测绘成果、全套施工图和审查需要的提供的其他资料。设计文件必须符合下列基本要求。

（1）设计文件必须符合国家、相关行业有关工程建设法规、工程勘察设计技术规程、标准和合同的要求。

（2）设计依据的基本资料，设计前必须踏勘现场，完善设计资料收集，必须完整、准确、可靠，设计论证充分，计算成果可靠，避免施工过程中设计变更。

（3）设计文件深度须满足相应设计阶段有关规定要求，必须体现项目特点，因地制宜，设计成果要广泛征求镇、街道、村组及村民代表意见，做到科学性与可行性相统一。

（4）设计单位在开展工作时，不得违反工程建设强制性条文，对设计及变更成果执行强制性条文情况进行检查，不符合工程建设强制性条文的成果不得批准。在提交设计及变更成果时，应当附具检查记录表。

2. 施工图技术审查重点

（1）是否符合专业《工程建设标准强制性条文》和其他有关工程建设强制性标准。

（2）地基基础和结构设计是否安全。

（3）是否符合公众利益。

（4）施工图是否达到《市政公用工程设计文件编制深度规定》设计深度要求。

（5）是否符合作为设计依据的政府有关部门的批准文件要求。

3. 施工图阶段审图原则

（1）设计是否符合国家有关技术政策和标准规范及《建筑工程设计文件》《市政公用工程设计文件编制深度规定》编制深度的规定。

（2）图纸资料是否齐全，能否满足施工需要。

（3）设计是否合理，有无遗漏，图纸中的标注有无错误。有关管道编号、设备型号是否完整无误。有关部位的标高、坡度、坐标位置是否正确。材料名称、规格型号、数量是否正确完整。

（4）设计说明及设计图中的技术要求是否明确，设计是否符合企业施工技术装备条件。如需要采用特殊措施时，技术上有无困难，能否保证施工质量和施工安全。

（5）设计意图、工程特点、设备设施及其控制工艺流程、工艺要求是否明确，各部分设计是否明确，是否符合工艺流程和施工工艺要求。

（6）管道安装位置是否美观和使用方便。

（7）管道、组件、设备的技术特性，如工作压力、温度、介质是否清楚。

（8）对固定、防振、保温、防腐、隔热部位及采用的方法、材料、施工技术要求及漆色规定是否明确。

（9）需要采用特殊施工方法、施工手段、施工机具的部位要求和做法是否明确。

（10）有无特殊材料要求，其规格、品种、数量能否满足要求，有无材料替代的可能。

6.4　设计后续服务

设计单位全面履行后续服务，施工期间积极配合建设单位做好全过程的技术服务工作，服务项目的主要内容有施工设计技术交底、设计代表现场服务和合同规定的其他服务等，具体由项目负责人制订服务计划，设计单位根据合同和建设单位要求，会同项目负责人进行督促、检查并考核设计代表工作。

后续服务工作包括执行规范和设计文件、施工交底、技术释疑、解决技术难题、对接变更设计和参与分项验收。

1. 设计变更处理方式

根据施工现场所遇到的具体问题具体分析，并调整相应的设计方案，以最短的时间做出合理的答复，保证项目施工的顺利实施。如遇设计变更，设计单位应把设计中要求的技术问题整理成册，并及时与建设单位和施工单位进行沟通，做详细的技术交底工作。在建设单位组织的施工单位技术交底会上做详细的变更设计报告。

2. 设计服务范围及承诺

设计单位应根据投标文件中的承诺和《设计合同》约定的责任范围，全过程为项目提供设计服务。设计单位须对后续服务作出承诺。接受建设单位及其上级主管部门的监督、检查和指导；充分理解并配合建设单位的有关要求；认真履行设计合同条款；以优质的服务、精湛的技术，确保农村污水处理设施设计方案实施质量优良；在完成此项设计任务的同时，在项目后续施工中，协助解决各种与设计有关的问题，包括修改完善设计或局部变更设计等。

3. 配合施工的具体措施

根据建设单位和项目施工单位的问题、技术需要及时安排驻地代表进驻施工现场提供技术咨询服务和指导；项目实施后，及时定期进行技术回访，考察项目设计成果利用的稳定性、可靠性和经济性等；对项目试运行及维护管理中可能遇到的问题进行正确指导和改进建议。

4. 参与分项验收

参加埋地干管、设备基础等隐蔽工程验收，对不合格部分提出处理意见，并上报建设单位和有关部门。

5. 保存日常记录

建立“设计代表工作大事记”和“设计代表工作记录本”，对修改内容、原因及施工质量的主要问题应做详细记载。设计代表及时填写“设计代表工作汇报表”及“设计代表工作服务质量反馈表”，由项目负责人保管、存档。

6. 履职尽责

设计代表应及时总结设计、施工中的经验，提高设计质量。工程竣工时应提出工作总结，设计代表按照设计单位质量体系文件中“设计代表职责规定”及合同规定的有关条款，全面履行自己的义务，做好全过程的质量记录，使设计单位的质量方针落地落细。

7 项目管理模式

项目管理是项目的管理者，在有限的资源约束下，运用系统的观点、方法和理论，对项目涉及的全部工作进行有效管理。即从项目的投资决策开始到项目结束的全过程进行计划、组织、指挥、协调、控制和评价，以实现项目的预期目标。农村生活污水处理设施项目管理实施过程中，根据所处角度不同，工程项目管理的职能重点也不同。其共性职能是：为保证项目在设计、采购、施工、安装调试等各个环节的顺利进行，围绕“安全、质量、工期、投资、决算”控制目标，在项目集成管理、范围管理、时间管理、成本管理、质量管理、人力资源管理、沟通管理、风险管理、采购管理、结算管理、决算管理等方面所做的各项工作。

7.1 政府和社会资本合作（PPP）模式

PPP（Public Private Partnership）模式，是公共基础设施中的一种项目运作模式。这种模式指政府、私人企业基于某个项目而形成的相互间合作关系的一种特许经营项目融资模式。为提供某种公共物品和服务，以特许权协议为基础，彼此之间形成一种伙伴式的合作关系，并通过签署合同来明确双方的权利和义务。

主要优点：公共部门和私人企业在初始阶段就共同参与项目论证，有利于尽早确定项目融资可行性，缩短前期工作周期，节省政府投资；实现风险分担。由于政府分担部分风险，使风险分配更合理，减少了承建商与投资商的风险，从而降低了项目融资难度。

7.1.1 PPP项目前期条件

针对新建PPP项目，项目建议书以及可行性研究报告等审批文件是审查项目合法性的重要文件，也是投资项目获得新开工（行政）许可的前期条件。

新建PPP项目建设审批文件，一般包括项目建议书、可行性研究报告、水土保持方案、环境影响评价报告、土地使用预审、规划选址意见书和规划及用地许可。

7.1.2 PPP项目审批

对政府付费为主的非经营类、无收益性PPP项目确定为审批项目；对政府出资不超过项目资本金20%的经营类、准经营类有收益性的PPP项目，原则上确定为核准、备案项目。属审批项目须履行概算审查、最高限价评审和决算审计程序，核准、备案项目根据需要确定须履行的程序。

（1）政府发起PPP项目的，由行业主管部门提出项目建议，完成基本建设审批程序，由政府授权的项目实施机构编制项目实施方案，提请同级财政部门开展项目物有所值评价和财政承受能力论证。

（2）社会资本发起PPP项目的，社会资本应以项目建议书的方式向政府和社会资本合作中心推荐潜在政府和社会资本合作项目，向行业主管部门提出初步意见，经行业主管部门审核同意后，完成基本建设审批程序，可由社会资本方编制项目实施方案，由实施机构提请同级财政部门开展项目物有所值评价和财政承受能力论证。

政府发起的项目，除了与建设工程相关的立项等行政审批手续外，财政部门还要对项目实施方案进行物有所值评估和财政承受能力论证。通过验证的项目，才允许项目实施机构上报政府审核。

经批准的PPP项目，政府按项目性质和行业特点授权职能部门或事业单位为项目实施机构，负责实施方案编制（审查）、社会资本方选择、合同拟定和签署、建设运营监管和移交等工作。

7.1.3 PPP项目实施流程

1. 项目识别阶段

对列入PPP项目年度开发计划的项目，项目发起方应按照财政部门（政府和社会资本合作中心）的要求提交《项目可行性研究报告》《项目产出说明》和《项目初步实施方案》。开展“项目物有所值评价”和“项目财政承受能力论证”。

（1）项目发起。

1）政府发起。政府和社会资本合作中心应负责向交通、住建、生态环境、能源、教育、卫生健康和文化设施等行业主管部门征集潜在政府和社会资本合作行业主管部门可从国民经济和社会发展规划及行业专项规划中的新建、改建项目或存量公共资产中遴选潜在项目。

2）社会资本发起。社会资本应以项目建议书的方式向政府和社会资本合作中心推荐潜在政府和社会资本合作项目。

（2）项目筛选。

财政部门（政府和社会资本合作中心）会同行业主管部门，对潜在政府和社会资本合作项目进行评估筛选，确定备选项目。财政部门（政府和社会资本合作中心）应根据筛选结果制定项目年度和中期开发计划。

对于列入年度开发计划的项目，项目发起方应按财政部门（政府和社会资本合作中心）的要求提交相关资料。新建、改建项目应提交可行性研究报告、项目产出说明和初步实施方案；存量项目应提交存量公共资产的历史资料、项目产出说明和初步实施方案。投资规模较大、需求长期稳定、价格调整机制灵活、市场化程度较高的基础设施及公共服务类项目，适宜采用PPP模式。

（3）物有所值评价。

财政部门（政府和社会资本合作中心）会同行业主管部门，从定性和定量两方面开展物有所值评价工作。定量评价工作由各地根据实际情况开展。定性评价重点关注项目采用

政府和社会资本合作模式与采用政府传统采购模式相比能否增加供给、优化风险分配、提高运营效率、促进创新和公平竞争等。定量评价主要通过对政府和社会资本合作项目全生命周期内政府支出成本现值与公共部门比较值进行比较，计算项目的物有所值量值，判断政府和社会资本合作模式是否降低项目全生命周期成本。

(4) 财政承受能力论证。

为确保财政中长期可持续性，财政部门应根据项目全生命周期内的财政支出、政府债务等因素，对部分政府付费或政府补贴的项目，开展财政承受能力论证，每年政府付费或政府补贴等财政支出不得超出当年财政收入的一定比例。

2. 项目准备阶段

(1) 管理架构组建。

政府建立专门协调机构——PPP项目领导小组。已通过物有所值评价和财政承受能力论证的PPP项目，地方人民政府应当组建专门的PPP项目领导小组作为PPP项目的领导和协调机构，主要负责项目评审、组织协调和检查督导等工作。PPP项目领导小组组建后，应当以通知、决定等文件方式通知相关职能部门及单位，并通过互联网等媒介向社会公众公示。

地方人民政府或其指定的政府职能部门等组织机构可作为PPP项目实施机构，负责项目准备、采购、监管和移交等工作，具体为负责PPP项目咨询机构选定、项目前期评估论证工作组织、项目实施计划制订、实施方案编制与报批、物有所值评价和财政承受能力论证工作协助、PPP项目社会资本选定、代表政府进行PPP项目合同签署、项目组织实施与监管以及合作期满项目移交等工作。

(2) 实施方案编制。

项目实施机构进行调查研究和分析论证，编制项目实施方案。主要内容包括项目概况、项目实施机构、项目建设规模、投资总额、实施进度等经济技术指标、投资回报、价格及其测算等、可行性分析、风险分配、PPP运作模式、交易结构、合同体系、监管架构和采购方式等内容。

(3) 实施方案审核。

为提高工作效率，财政部门应当会同相关部门及外部专家建立PPP项目的评审机制，从项目建设的必要性及合规性、PPP模式的适用性、财政承受能力以及价格的合理性等方面，对项目实施方案进行评估，确保“物有所值”。评估通过的由项目实施机构报政府审核，审核通过的按照实施方案推进。

实施方案审核流程：市场测试→专家评审→审核。

项目实施方案经审核批准的，应当作为项目后续的采购、执行和移交等工作的纲领性文件，由项目实施机构、中选社会资本以及其他相关各方遵照执行。

3. 项目采购阶段

项目采购流程：资格预审→采购文件编制→响应文件评审→谈判与合同签署。

(1) 项目预审。

项目实施机构根据项目需要准备资格预审文件，发布资格预审公告，邀请社会资本和与其合作的金融机构参与资格预审，验证项目能否获得社会资本响应和实现充分竞争，并将资格预审的评审报告提交财政部门（政府和社会资本合作中心）备案。

项目有3家及3家以上社会资本通过资格预审的，项目实施机构可以继续开展采购文件准备工作；项目通过资格预审的社会资本不足3家的，项目实施机构应在实施方案调整后重新组织资格预审；项目经重新资格预审合格社会资本仍不够3家的，可依法调整实施方案选择的采购方式。

资格预审公告应包括项目授权主体、项目实施机构和项目名称、采购需求、对社会资本的资格要求、是否允许联合体参与采购活动、拟确定参与竞争的合格社会资本的家数和确定方法，以及社会资本提交资格预审申请文件的时间和地点。提交资格预审申请文件的时间自公告发布之日起不得少于15个工作日。

（2）项目采购文件编制。

项目采购文件应包括采购邀请、竞争者须知（包括密封、签署、盖章要求等）、竞争者应提供的资格、资信及业绩证明文件、采购方式、政府对项目实施机构的授权、实施方案的批复和项目相关审批文件、采购程序、响应文件编制要求、提交响应文件截止时间、开启时间及地点、强制担保的保证金交纳数额和形式、评审方法、评审标准、政府采购政策要求、项目合同草案及其他法律文本等。

（3）响应文件评审。

项目PPP运作需建立方案评审小组。评审小组由项目实施机构代表和评审专家共5人以上单数组成，其中评审专家人数不得少于评审小组成员总数的2/3，评审专家可以由项目实施机构自行选定，但评审专家中应至少包含1名财务专家和1名法律专家。项目实施机构代表不得以评审专家身份参加项目的评审。

（4）谈判与合同签署。

项目实施机构应成立专门的采购结果确认谈判工作组。按照候选社会资本的排名，依次与候选社会资本及与其合作的金融机构就合同中可变的细节问题进行合同签署前的确认谈判，率先达成一致的即为中选者。

确认谈判完成后，项目实施机构应与中选社会资本签署确认谈判备忘录，并将采购结果和根据采购文件、响应文件、补遗文件和确认谈判备忘录拟定的合同文本进行公示，公示期不得少于5个工作日。

公示期满无异议的项目合同，应在政府审核同意后，由项目实施机构与中选社会资本签署。需要为项目设立专门项目公司的，待项目公司成立后，由项目公司与项目实施机构重新签署项目合同，或签署关于承继项目合同的补充合同。

4. 项目执行阶段

执行流程：项目公司设立→融资管理→绩效监测与支付→中期评估。

（1）项目公司设立。

社会资本可依法设立项目公司。政府可指定相关机构依法参股项目公司。项目实施机构和财政部门（政府和社会资本合作中心）应监督社会资本按照采购文件和项目合同约定，按时足额出资设立项目公司。

（2）项目融资管理。

项目融资由社会资本或项目公司负责。社会资本或项目公司应及时开展融资方案设

计、机构接洽、合同签订和融资交割等工作。财政部门（政府和社会资本合作中心）和项目实施机构应做好监督管理工作，防止企业债务向政府转移。

（3）绩效监测与支付。

社会资本项目实施机构应根据项目合同约定，监督社会资本或项目公司履行合同义务，定期监测项目产出绩效指标，编制季报和年报，并报财政部门（政府和社会资本合作中心）备案。项目合同中涉及的政府支付义务，财政部门应结合中长期财政规划统筹考虑，纳入同级政府预算，按照预算管理相关规定执行。项目实施机构根据项目合同约定的产出说明，按照实际绩效直接或通知财政部门向社会资本或项目公司及时足额支付。

（4）中期评估。

项目实施机构应每3～5年对项目进行中期评估，重点分析项目运行状况和项目合同的合规性、适应性和合理性；及时评估已发现问题的风险，制定应对措施，并报财政部门（政府和社会资本合作中心）备案。

《合资协议》为项目公司设立的依据。设立项目公司需编制组建方案。

5. 项目移交

该阶段流程：移交准备→性能测试→资产交割→绩效评价。

（1）移交准备。

移交准备包括建立项目移交工作组、确定移交形式、补偿方式、移交内容和移交标准。

（2）性能测试。

性能测试包括确定测试主体、测试标准和测试是否达标的结果。

（3）资产交割。

资产交割包括准备项目资产、知识产权清单及技术法律的相关文件，办妥法律过户及项目管理权移交的相关工作。

（4）绩效评价。

绩效评价包括评价主体、评价内容和向社会公开评价结果。

7.1.4 PPP项目质量管理

项目开工前，项目法人按规定向所在行业的工程质量监督机构办理工程质量监督手续，并在施工过程中，主动接受质量监督机构对工程质量的监督检查。对于发现的质量问题及时整改，并在规定的时间内将整改情况书面回复质量监督机构。

项目法人在施工前，应组织设计和施工单位进行设计交底，对工程中的关键部位或重要的施工工艺提出要求和建议；施工过程中应定期或不定期组织对工程质量进行检查；工程完工后，及时组织有关单位进行工程质量验收、签认。

在组织工程建设时，项目法人应当遵守法律法规、强制性条文，对工程建设质量负责，不得明示或暗示设计单位或施工单位违反工程建设强制性条文。项目法人应根据工程进展情况，对各参建单位项目技术标准（含强制性条文）的执行情况进行抽查。

项目法人应进行前期质量策划，制定质量目标和质量计划，足额配置实施质量管理的资源，建立健全质量保证体系，落实参建各方质量责任，并严格考核。

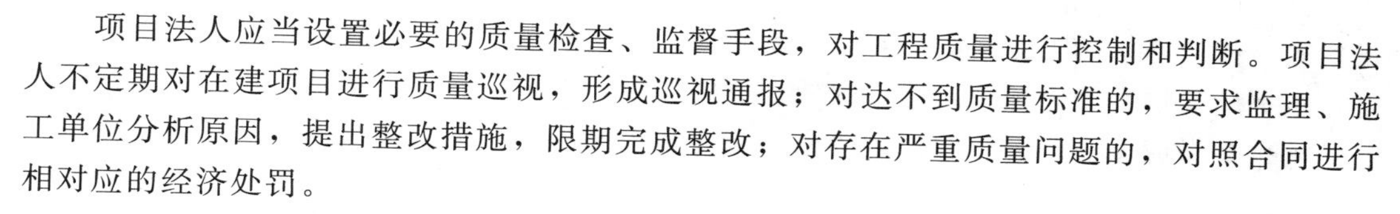

项目法人应当设置必要的质量检查、监督手段，对工程质量进行控制和判断。项目法人不定期对在建项目进行质量巡视，形成巡视通报；对达不到质量标准的，要求监理、施工单位分析原因，提出整改措施，限期完成整改；对存在严重质量问题的，对照合同进行相对应的经济处罚。

7.1.5 PPP 项目绩效评价

根据《政府和社会资本合作（PPP）项目绩效管理操作指引》，项目实施机构应根据项目合同约定，在执行阶段结合年度绩效目标和指标体系开展 PPP 项目绩效评价。财政部门会同相关主管部门、项目实施机构等在项目移交完成后开展 PPP 项目后评价。其流程：下发绩效评价通知→制定绩效评价工作方案→组织实施绩效评价→编制绩效评价报告→资料归档→评价结果反馈。

1. 下发绩效评价通知

项目实施机构确定绩效评价工作开展时间后，应至少提前 5 个工作日通知项目公司（社会资本）及相关部门做好准备和配合工作。

2. 制订绩效评价工作方案

项目实施机构应根据政策要求及项目实际组织编制绩效评价工作方案，内容包括项目基本情况、绩效目标和指标体系、评价目的和依据、评价对象和范围、评价方法、组织与实施计划、资料收集与调查等。项目实施机构应组织专家对项目建设期、运营期首次及移交完成后绩效评价工作方案进行评审，参见附录 4。

3. 组织实施绩效评价

项目实施机构应根据绩效评价工作方案对 PPP 项目绩效情况进行客观、公正的评价。通过综合分析、意见征询，区分责任主体，形成客观、公正、全面的绩效评价结果。对于不属于项目公司或社会资本责任造成的绩效偏差，不应影响项目公司（社会资本）绩效评价结果。

4. 编制绩效评价报告

PPP 项目绩效评价报告应当依据充分、真实完整、数据准确、客观公正，内容通常包括项目基本情况、绩效评价工作情况、评价结论和绩效分析、存在问题及原因分析、相关建议、其他需要说明的问题。参见附录 5。

5. 资料归档

项目实施机构应将绩效评价过程中收集的全部有效资料，主要包括绩效评价工作方案、专家论证意见和建议、实地调研和座谈会记录、调查问卷、绩效评价报告等一并归档，并按照有关档案管理规定妥善管理。

6. 评价结果反馈

项目实施机构应及时向项目公司（社会资本）和相关部门反馈绩效评价结果。

针对农污项目的具体情况，建设期主要从建设管理、施工管理、质量管理、进度管理、资金管理、安全管理、工程资料以及廉政建设等方面评估各类项目的建设期绩效情况。运营期从水量、水质、设备故障率、老百姓投诉等方面进行评价。

评价方法。主要采用成本效益分析法、比较法、因素分析法、最低成本法等，坚持定量优先、简便有效的工作原则。对于确实不能以客观量化指标评价的，在定性分析的基础上，根据绩效情况予以评价，保证绩效评价的质量。

评价结果应用。PPP项目绩效评价结果是按效付费、整改和监督问责的重要依据。

7.2 全过程工程咨询服务

全过程工程咨询是指对建设项目全生命周期提供组织、管理、经济和技术等各有关方面的工程咨询服务，包括项目的全过程工程项目管理以及投资咨询、勘察设计、造价咨询、招标代理、施工监理、运行维护咨询以及BIM咨询等专业咨询服务。全过程工程咨询服务可采用多种组织方式，由投资人授权一家单位负责或牵头，为项目从决策至运营持续提供局部或整体解决方案以及管理服务。

全过程各专业咨询服务内容包括：项目决策阶段，包括机会研究、策划咨询、规划咨询、项目建议书、可行性研究、投资估算、方案比选等；勘察设计阶段，包括初步勘察、方案设计、初步设计、设计概算、详细勘察、设计方案经济比选与优化、施工图设计、施工图预算、BIM及专项设计等；招标采购阶段，包括招标策划、市场调查、招标文件（含工程量清单、投标限价）编审、合同条款策划、招投标过程管理等；工程施工阶段，包括工程质量、造价、进度控制，勘察及设计现场配合管理，安全生产管理，工程变更、索赔及合同争议处理，担心技术咨询，工程文件资料管理，安全文明施工与环境保护管理等；竣工验收阶段，包括竣工策划、竣工验收、竣工资料管理、竣工结算、竣工移交、竣工决算、质量缺陷期管理等；运营维护阶段，包括项目后评价、运营管理、项目绩效评价、设施管理、资产管理等；BIM专项咨询。在整个项目决策、勘察设计、招标采购、工程施工和竣工验收等阶段以BIM模型作为信息管理的有效载体，开展项目全生命周期信息集成管理。

7.2.1 组织管理

1. 咨询工作大纲

全过程工程咨询工作大纲应包括工程概况、咨询业务范围及内容、咨询组织机构及人员安排、咨询工作重难点及总体思路、咨询工作进度安排、咨询工作成果等。

2. 编制工作计划

全过程工程咨询工作计划内容应包括：咨询工作目标和任务；咨询工作依据；咨询工作组织机构、人员配备及岗位职责；咨询工作制度及流程；咨询工作进度安排；咨询工作可交付成果及其表达形式。

3. 组织管理体系

全过程工程咨询单位应针对建设项目建立有效的内部组织管理和外部管理组织协调体系。

7.2.2 投资决策咨询

1. 投资策划咨询

工程咨询方根据投资方的委托，结合项目所在地规划、产业政策、投资条件、市场状况等开展投资策划咨询，提供投资机会研究成果。

投资机会研究是进行可行性研究前的准备性调查研究，通过对政治、环境的分析来寻找投资机会、识别投资方向、选定投资项目，作为投资方内部决策使用。

工程咨询方结合投资方委托情况，开展一般机会研究和特定项目机会研究。一般机会研究又可分为地区机会研究、行业机会研究等。特定项目机会研究是针对具体投资项目开展的机会研究。

决策阶段项目管理工作内容：①分析、确定项目在决策阶段的管理内容与范围。②协调、研究、形成决策阶段的工作流程并明确责任。③检查、监督、评价项目决策阶段的管理过程。④履行其他措施确保项目决策工作的顺利进行。⑤项目决策阶段的报建报批等。

2. 项目建议书

项目建议书是根据国民经济和社会发展的长远规划、行业规划、地区规划及经济建设的方针、任务和技术经济政策等要求，结合资源情况、建设条件、投资人的战略等，在广泛调查研究、收集资料、踏勘建设地点、初步分析投资效果的基础上进行编制。

项目建议书编制的要点：①重点论证项目建设的必要性；②全面掌握宏观信息，即国家经济和社会发展规划；行业或地区规划、线路周边自然资源等信息；③根据项目预测结果，并结合用地规划情况及和同类项目类比的情况，论证提出合理的建设规模；④尽可能全面地勾画项目的整体构架。

项目建议书是政府投资项目立项的重要依据，主要论证项目建设的必要性，并对主要建设内容、拟建地点、拟建规模、投资估算、资金筹措以及社会效益和经济效益等进行初步分析，并附相关文件资料。项目建议书的编制格式、内容和深度应达到规定要求。

3. 可行性研究

可行性研究是投资决策综合性咨询服务的核心内容。工程咨询方根据投资方的委托，通过对项目的市场需求、资源供应、建设规模、工艺路线、设备选型、环境影响、资金筹措、盈利能力等，从技术、经济、工程等方面进行调查研究和分析比较，并对项目建成以后可能取得的财务、经济效益及社会影响进行预测，从而提出该项目是否值得投资和如何进行建设的咨询意见，为项目决策提供依据。

项目的可行性研究报告的编制需要结合农村生活污水处理设施项目的实际情况参考国家现行的相关规范和标准。

根据国家有关法律法规和政策文件的规定，项目可行性研究过程中应根据项目实际情况，编制专项评价报告，如环境影响评价、节能评估、安全评价、社会稳定风险评价、地质灾害危险性评估、交通影响评价等报告的编制。

可行性研究报告是政府投资项目审批决策的重要依据，重点分析项目的技术经济可行性、社会效益以及项目资金等主要建设条件的落实情况，应提供多种建设方案比选，提出项目建设必要性、可行性和合理性的研究结论。可行性研究报告的编制格式、内容和深度应达到规定要求。

4. 其他

政府投资项目应按照规定要求，编制形成项目建议书、可行性研究报告、初步设计等。企业投资项目应按照规定要求和投资方需求，编制形成项目申请报告、资金申请报告等。工程咨询方也可以根据投资方的要求承担咨询评估任务，提出咨询评估意见。

项目申请报告是企业投资项目核准的重要依据，主要分析项目外部性、公共性影响，重点针对规划和政策符合性、资源环境和节能、用地和征地拆迁、经济和社会影响等方面深入分析，并附相关文件资料。项目申请报告编制格式、内容和深度应当达到规定要求。

资金申请报告是申请政府专项资金支持的重要依据，主要阐述资金申请的必要性和合理性，重点就建设条件落实情况，以及申请投资补助或者贴息资金的主要理由和政策依据等方面进行深入分析，并附相关文件资料。资金申请报告编制格式、内容和深度应当达到规定要求。

工程咨询方应当协助投资方，将编制形成的申报材料按照投资管理权限和规定的程序，报投资主管部门或者其他有关部门审批、核准或备案。

7.2.3 勘察设计咨询

明确勘察设计阶段的负责人，界定管理职责与分工，制定项目的设计阶段管理制度，确定项目设计阶段工作流程，配备相应资源。

全过程工程咨询单位在勘察设计阶段项目管理的主要工作内容有：①设计负责人及其团队的组建管理；②限额设计及优化设计管理；③设计质量管理；④设计进度管理；⑤设计变更管理；⑥设计服务配合协调管理；⑦项目勘察设计阶段投资管理；⑧项目勘察设计阶段的报建报批等。

咨询单位应对勘察任务书进行审核，审核的主要内容有勘察任务书是否包含项目的意图、设计阶段（初步设计或施工图设计）要求提交勘察文件的内容、现场及室内的测试项目以及勘察技术要求等，同时应包含勘察工作所需要的各种图表资料。

咨询单位应全面细致做好工程勘察文件的编制与审查，为设计和施工提供准确的依据。勘察文件应重点审查：①勘察文件应满足勘察任务书委托要求及合同约定；②勘察文件应满足勘察文件编制深度规定的要求；③对勘察文件进行内部审查，确保勘察成果的真实性、准确性；④检查勘察文件资料应齐全；⑤工程概述应表述清晰、无遗漏，包括工程项目、地点、类型、规模、荷载、拟采用的基础形式等方面；⑥勘察文件应满足设计要求。

设计任务书的审核主要针对设计成本目标、设计文件质量、设计规划的进度安排等方面，重点审核设计合同要求的内容完整性和科学性，设计控制目标的合理性和明确性。

7.2.4 招标采购咨询

工程咨询方应根据全过程工程咨询合同，开展工程监理、施工招标代理及材料设备采购管理咨询工作。

工程咨询方应按照相关法律法规要求，在合同委托权限范围内开展工程监理、施工招标代理活动，保证招投标活动符合相关法律法规规定，避免不正当竞争。

工程咨询方代理工程监理、施工招标时，应科学策划工程监理、施工招标方案，遵循公开、公平、公正和诚信原则，协助委托方优选中标单位。

工程咨询方受托负责材料设备采购管理时，应根据法律法规及委托方要求采用直接采

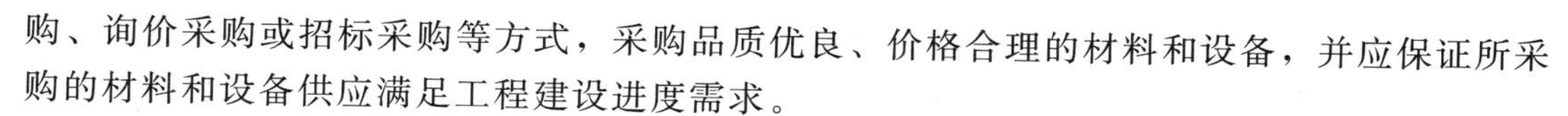

购、询价采购或招标采购等方式，采购品质优良、价格合理的材料和设备，并应保证所采购的材料和设备供应满足工程建设进度需求。

咨询单位在招标采购阶段需要管理的内容：①对项目招标采购策划和实施流程进行管理；②审核招标条件；③审核招标公告、招标文件。

1. 招标文件审核的主要内容

①招标范围是否准确；②投标人的资格要求是否符合相关法规规定、项目本身的特点和需求；③技术与质量标准、技术要求、进度要求是否满足项目要求；④招投标活动的进度安排是否满足整体项目进度计划要求；⑤所附的合同条款是否满足投资人和项目的目标要求；⑥评标方法是否符合科学、公平、合理的要求，是否符合项目性质。

2. 招标过程管理

全过程工程咨询单位按照《中华人民共和国招标投标法》和《中华人民共和国招标投标法实施条例》等法律法规规定的程序，遵循公开、公平、公正和诚实守信的原则，完成项目的招标过程管理。

全过程工程咨询单位应针对项目的需要，组织专业咨询工程师在开标后、评标前，对投标报价进行分析，对需要清标的项目编制清标报告成果文件。清标报告应包括清标报告封面、清标报告的签署页、清标报告编制说明、清标报告正文及相关附件。清标报告正文宜阐述清标的内容、清标的范围、清标的方法、清标的结果和主要问题等。

全过程工程咨询单位须根据项目实际情况，依据现行的合同示范文本，科学合理拟订项目合同条款。

7.2.5 施工阶段咨询

1. 项目管理

咨询单位根据全过程工程咨询合同对项目进行投资、进度和质量等方面的管理，建立全面管理的制度、明确职责分工和业务关系。明确投资控制目标、进度目标和质量目标，在实施阶段主要起到监督、协调和管理的作用。

负责项目投资管理的决策，确定项目投资控制的重点难点，确定项目投资控制目标，并对项目的专业造价工程师的工作进行过程和结果的考核。

编制项目总控计划，组织建立项目进度管理制度，明确进度管理程序、规范进度管理职责及工作要求。

质量管理应坚持缺陷预防的原则，按照策划、实施、检查、处置的循环方式进行系统运作。

2. 项目现场的勘察设计咨询

全过程工程咨询单位应检查勘察现场及室内试验主要岗位操作人员的资格，以及所使用设备、仪器计量的检定情况。

全过程工程咨询单位应检查勘察进度执行情况、审查专业勘察设计工程师提交的勘察费用支付申请表，以及签发勘察费用支付证书，并应报投资人。

3. 工程质量、投资、进度控制及安全生产管理

咨询单位根据全过程工程咨询合同约定，按照 GB 50319《建设工程监理规范》，遵循

事前控制和主动控制原则，坚持预防为主，制定和实施相应的监理措施，采用旁站、巡视和平行检验等方式对项目实施监理，并及时准确记录监理工作实施情况。全过程工程咨询单位应组织专业监理工程师审查施工单位报审的施工方案，符合要求后应予以签认。

全过程工程咨询单位应按下列程序进行工程计量和付款签证：①组织专业监理工程师对施工单位在工程款支付报审表中提交的工程量和支付金额进行复核，确定实际完成的工程量，提出到期应支付给施工单位的金额，并提出相应的支持性材料；②总咨询师对专业监理工程师的审查意见进行审核，签认后报投资人审批；③总监理工程师根据投资人的审批意见，向施工单位签发工程款支付证书。

专业监理工程师应审查施工单位报审的施工总进度计划和阶段性施工进度计划，提出审查意见，并应由全过程工程咨询单位审核后报投资人。

全过程工程咨询单位应根据法律法规、工程建设强制性标准，履行建设工程安全生产管理的监理职责，并应将安全生产管理的监理工作内容、方法和措施纳入监理规划及监理实施细则。

4. 工程变更、索赔及施工合同争议处理

全过程工程咨询单位应依据全过程工程咨询合同约定处理工程变更、索赔及施工合同争议、解除等事宜。

全过程工程咨询单位可按下列程序处理施工单位提出的工程变更：①组织专业监理工程师审查施工单位提出的工程变更申请，提出审查意见，对涉及工程设计文件修改的工程变更，全过程工程咨询单位应组织专业设计工程师、施工单位召开论证工程设计文件的修改方案的专题会议；②组织专业监理工程师对工程变更费用及工期影响作出评估；③组织投资人、施工单位共同协商确定工程变更费用及工期变化，会签工程变更单；④根据批准的工程变更文件监督施工单位实施工程变更。

全过程工程咨询单位可按下列程序处理施工单位提出的费用索赔：①受理施工单位在发承包合同约定的期限内提交的费用索赔意向通知书；②收集与索赔有关的资料；③受理施工单位在发承包合同约定的期限内提交的费用索赔报审表；④审查费用索赔报审表。需要施工单位进一步提交详细资料时，应在发承包合同约定的期限内发出通知；⑤与投资人和施工单位协商一致后，在发承包合同约定的期限内签发费用索赔报审表，并报投资人。

全过程工程咨询单位处理发承包合同争议时应进行下列工作：①了解合同争议情况；②及时与合同争议双方进行磋商；③提出处理方案后，由专业监理工程师进行协调；④当双方未能达成一致时，专业监理工程师应提出处理合同争议的意见。

7.2.6 竣工验收咨询

1. 项目管理

全过程工程咨询单位实施下列项目竣工阶段工作：①编制项目竣工阶段计划；②提出有关竣工阶段管理要求；③理顺、终结所涉及的对外关系；④执行相关标准与规定；⑤清算合同双方在合同范围内的债权债务。

全过程工程咨询单位应编制工程竣工验收计划，经投资人批准后执行。工程竣工验收计划应包括：①竣工验收工作内容；②竣工验收工作原则和要求；③竣工验收工作职责分工；④竣工验收工作顺序与时间安排。

2. 竣工验收

竣工验收工作按计划完成后，施工单位应自行检查，根据规定在全过程工程咨询单位的监理专业咨询工程师组织下进行预验收，合格后向投资人提交竣工验收申请。

竣工验收的条件、要求、组织、程序、标准、文档的整理和移交，必须符合国家有关标准和规定。

投资人接到施工单位提交的竣工验收申请后，组织竣工验收，验收合格后全过程工程咨询单位协助投资人编写竣工验收报告书。

3. 竣工结算

工程竣工验收后，施工单位应按照约定的条件向投资人提出竣工结算报告及完整的结算资料，上报全过程工程咨询单位审核，经审核后报投资人确认。

竣工结算应由施工单位实施，全过程工程咨询单位审核，投资人审查，三方共同确认后支付。

竣工结算依据应包括下列内容：①合同文件、补充协议及相关会议纪要；②竣工图和工程变更文件；③有关技术资料和材料代用核准资料；④工程计价文件和工程量清单；⑤双方确认的有关签证和工程索赔资料。

4. 竣工资料管理

全过程工程咨询单位应组织各参与方将工程文件的形成和积累纳入工程建设管理的各个环节和有关人员的职责范围。

全过程工程咨询单位、施工单位等参与方应将本单位形成的工程文件立卷后向投资人移交。

项目实行总承包的，总施工单位负责收集、汇总各分包人形成的工程档案，并应及时向投资人移交；各分包人应将本分包形成的工程文件整理、立卷后及时移交总施工单位。项目由几个施工单位承包的，各施工单位负责收集、整理立卷其承包项目的工程文件，并应及时向投资人移交。

城建档案管理机构应对工程文件的立卷归档工作进行监督、检查、指导。在工程竣工验收前，应对工程档案进行预验收，验收合格后，须出具工程档案认可文件。

5. 竣工移交

全过程工程咨询单位在移交前的准备工作有：①组织签订工程质量保修书；②督促施工单位成立清扫小组，对各类建筑垃圾及时进行清理；③审核施工单位编写的使用维护手册（工程移交前，施工单位应编写使用维护手册）。

全过程工程咨询单位组织实物移交并获得移交证书，督促施工单位编制主要设备移交清单，包括设备名称、型号、数量、安装地点等信息。

7.3 特许经营权模式

特许经营权模式：为向公众提供基本社会和基础设施服务的目的而拥有、运营、建造和改建国家和地方所有不动产资产的排他性权利。其适用于能源、交通、环境保护、市政

工程、水利等基础设施和公用事业领域的特许经营活动。

7.3.1 实施主体

国家发展改革委等6部委《基础设施和公用事业特许经营管理办法》（2015年4月25日发布）明确界定了县级以上地方人民政府发展改革、财政、国土、生态环境、住房城乡建设、交通运输、水利、价格等有关部门根据职责分工，负责有关特许经营项目实施和监督管理工作。

7.3.2 实施流程

根据《基础设施和公用事业特许经营管理办法》，农污特许经营权项目实施有4个步骤。

1. 方案审批

首先，由行业主管部门或授权部门根据需求以及有关法人和其他组织提出的特许经营项目建议等，提出特许经营项目实施方案。其次，委托中介机构开展特许经营可行性评估。最后，由发展改革、财政、城乡规划、国土、生态环境、水利等有关部门对特许经营项目实施方案进行审查，审查通过后由同级政府或授权部门确定实施方案。

需要注意的是，《基础设施和公用事业特许经营管理办法》中还规定了："需要政府提供可行性缺口补助或者开展物有所值评估的，由财政部门负责开展相关工作。具体办法由国务院财政部门另行制定。"但目前财政部并没有出台关于特许经营的专门性规定，而财政部门能够开展的是PPP项目财政承受能力报告、物有所值报告。故项目存在可行性缺口补助时，应参照PPP模式完成相应的审批。

2. 选定经营者

实施机构根据经审定的特许经营项目实施方案，通过招标、竞争性谈判等竞争方式选择特许经营者。特许经营着重强调了必须通过竞争方式进行选择。

3. 特许经营权授予

明确规定了实施机构与依法选定的特许经营者签订特许经营协议。需要成立项目公司的，实施机构应当与依法选定的投资人签订初步协议，约定其在规定期限内注册成立项目公司，并与项目公司签订特许经营协议。

4. 绩效评价

实施机构根据特许经营协议，定期对农村生活污水处理特许经营项目建设运营情况进行监测分析，会同有关部门进行绩效评价，建立根据绩效评价结果、按照特许经营协议约定对价格或财政补贴进行调整的机制。

绩效评价方法可参照《政府和社会资本合作（PPP）项目绩效管理操作指引》进行。

8 项目发（承）包模式

8.1 工程总承包（EPC）模式

EPC（Engineering Procurement Construction）模式，又称设计、采购、施工一体化模式，指从事工程总承包的企业受业主的委托，按照合同约定对工程项目的勘察、设计、施工、采购等实行全过程的承包。EPC模式是在项目决策阶段后，从设计开始，招标，委托一家工程公司对设计-采购-建造进行总承包。在这种模式下，按照承包合同规定的总价或可调总价方式，由工程公司负责对工程项目的进度、投资、质量、安全进行管理和控制，并按合同约定完成工程建设。

主要优点：建设单位把工程的设计、采购、施工和开工服务工作全部托付给工程总承包商组织实施，建设单位只负责整体的、原则的、目标的管理和控制，总承包商更能发挥主观能动性，运用其先进的管理经验为建设单位和承包商自身创造更多的效益，提高了工作效率，减少协调的工作量。设计变更更少，工期缩短；由于采用总价合同，基本上不用再支付索赔及追加项目费用，项目的最终价格和要求的工期具有更大程度的确定性。

8.1.1 设计阶段

工程总承包企业投标EPC项目，首先要在分析项目的专业性要求和自身确保完整性履约的基础上，提前选择相应的设计院作为设计合作伙伴，从工艺技术要求和实施概算方面满足投标文件的技术符合性和成本的经济性。设计是工程项目投标和实施成功与否的源头。在EPC项目中，施工单位与设计单位合作，既是总分包关系，更要注重发挥设计在工程中的龙头作用。对设计单位的选择，在前期调研基础上，一般要有2～3家单位参与备选，还要考虑以下几个方面因素。

（1）具备招标文件要求的相应设计资质。

（2）具备项目要求的设计能力和同类项目的设计经验和业绩。

（3）可提供已完成同类实体工程的考察单位。

（4）可提供建设单位人员培训、实习的同类工艺路线或工厂。

（5）提供项目负荷试车、试运行、生产指导的操作人员。

（6）与建设单位以及咨询单位做好协调沟通，根据计划，分段审批设计图纸。

（7）及时提交承包商文件。在EPC模式下，承包商需按时提交承包商文件，避免建设单位依此为依据延误支付。

（8）安排技术水平高、并且具有合同管理经验的管理人员负责合同管理。

8.1.2　采购阶段

在施工材料、施工设备的采购过程中，加强费用和质量控制。根据设计方案，选择厂商，并对厂商询价格；对采购合同进行审核和签订；制订完善的总体检验计划方案；做好施工原材料和外购件的质量检查和验收；在组织施工材料和施工设备装运前，必须对质量证书进行检查；在到达施工现场后，还需要进行抽检。

做好材料采购和施工的衔接。采购部门需要根据采购计划，将供货进度计划交给施工部门，确定施工材料的数量以及出货时间，由施工单位根据供货计划，做好接货准备工作。当施工材料抵达施工现场后，采购部门还需要与施工部门做好交接工作。

8.1.3　施工阶段

总承包商尽量减少资金和设备的垫付。在工程项目建设过程中，承包商一般需要购置一定数量的施工机械设备以及临建材料。通常情况下，总承包单位不仅可以使用企业原有的设备和材料，还可以在工程项目所在区域进行租赁，或者指令分包单位自带设备，减少资金垫付量。

实行工程建设动态管理。如果有危险因素和环境因素发生变化，则项目管理人员应及时修改环境因素清单，对工程项目实施过程中所发现的环境因素和危险源，应当组织管理人员和技术人员进行识别和评价，并结合实际情况制定相应的防治对策。

加强施工成本、施工质量以及施工进度控制。在这些因素的管理控制过程中，如果任何方面出现问题，都会影响其他两个控制目标的达成，进而对工程项目总体目标的实现造成不良影响。对此，承包商需要根据工程项目特点，建立健全管理机构，制订相应的管理方案，采用先进的管理手段，提升工程项目管理水平。

8.1.4　EPC 项目合同管理

EPC 模式的合同管理方式比较复杂，对于合同管理人员技术水平的要求比较高，要求合同管理人员具有较强的合同管理能力，还应具备管理知识、金融知识以及公关知识，并具有较强的语言表达能力，以保证所签订的合同顺利履行。参见附录 6 典型农村污水处理设施建设 EPC 项目合同风险因素分析。

8.1.4.1　发包方合同管理

建设工程项目合同是发包方和承包单位为了完成其所商定的工程建设目标，在实现双方利益最大化的基础上，履行相关权利和义务关系的协议，是承包单位进行工程建设，发包方支付价款的合同，也是工程建设投资、质量、进度控制的主要依据。

1. 工程实施前期的合同管理

工程实施前期，发包方应熟悉合同，了解自己权利、义务、责任和风险，特别应注意履行自己的义务。如施工图纸的发放、测量基准点的移交、提供招标文件中承诺的施工条件等。

（1）施工图纸文件发放。工程开工前，发包方将工程项目合同约定由其提供的各类图

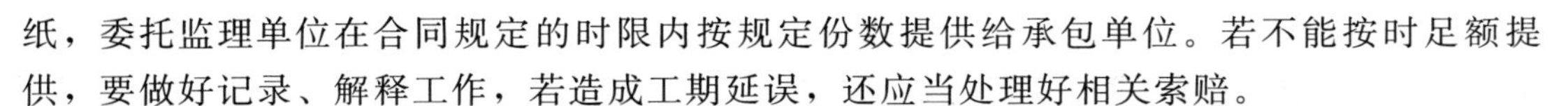

纸，委托监理单位在合同规定的时限内按规定份数提供给承包单位。若不能按时足额提供，要做好记录、解释工作，若造成工期延误，还应当处理好相关索赔。

（2）施工用地控制水准点的数据移交。工程开工前，发包方委托并督促监理单位复核施工区内测量控制点，并要求监理单位在合同规定时限向承包单位移交。

（3）向承包单位提供符合招标文件明确的施工条件。发包方应在承包单位进场时，兑现招标文件明确的施工条件。例如：施工用地范围内的征地和移民工作已完成，对外交通条件已完善等。

（4）技术交底与问题澄清。在工程开工前，设计单位进行技术交底、弄清设计意图、提出施工控制要点，对控制工程质量、进度、安全投资具有重要意义。

2. 工程施工阶段的合同管理

工程施工阶段是发包方履行合同管理的重要阶段，为了更好地把工程建设好、管理好，发包方在本阶段应确立“安全控制是基础、进度控制是中心、质量控制是根本、投资控制是关键”的合同管理方针。

3. 竣工验收阶段的合同管理

（1）工程验收。工程完工后，发包方应组织工程竣工验收，要求承包单位按合同约定的标准自验，自验合格后申请发包方组织验收。

（2）竣工结算。竣工结算，发包方根据施工合同规定，要求承包单位在工程竣工验收后一定期限内，全部结算并拨付工程款，并在合同规定的期限交付工程。

8.1.4.2 总承包项目合同管理

1. 合同管理

总承包项目合同管理包括总承包合同管理和分包合同管理。总承包合同管理是指对合同订立并生效后所进行的履行、变更、违约索赔、争议处理、终止或结束的全部活动的管理。分包合同管理是指对分包项目的招标、评标、谈判、合同订立，以及生效后的履行、变更、违约索赔、争议处理、终止或结束的全部活动的管理。

2. 合同管理原则

依法履行合同、诚实信用原则，全面履行合同、协调合作原则，维护权益和动态管理原则。

3. 分包合同的管理职责

（1）设计分包。在设计分包合同订立前，根据分包的需要对设计分包合同的性质、分包范围、采用的技术、考核指标、采用的标准规范、安全、职业健康与环境保护要求等内容加以研究确定并成为订立设计分包合同以及实施履行监督的管理重点。

（2）采购分包。在采购分包合同订立前，应特别关注选定合格的供货商、拟采用的标准规范以及交货和付款方式等内容，并成为订立采购分包合同以及实施履行监督的重点。

（3）施工分包。在施工分包合同订立前，应关注对分包人的资格预审、分包范围、管理职责划分、竣工试验及移交方式等内容，并成为订立施工分包合同以及实施履行监督的重点。

8.2　项目管理承包（PMC）模式

PMC（Project Management Consultant）模式是指项目管理承包商代表建设单位对工程项目进行全过程、全方位的项目管理，包括进行工程的整体规划、项目定义、工程招标、选择EPC承包商，并对设计、采购、施工、试运行进行全面管理，一般不直接参与项目的设计、采购、施工和试运行等阶段的具体工作。PMC模式体现了初步设计与施工图设计的分离，施工图设计进入技术竞争领域，初步设计由PMC完成。

主要优点：可以充分发挥项目管理承包商在项目管理方面的专业技能，统一协调和管理项目的设计与施工，减少矛盾；有利于建设项目节省投资费用；该模式可对项目设计方案进行优化，实现在项目服务期内成本最低。

PMC单位是建设单位的延伸，全过程为项目建设单位服务，对项目的实施负责，与建设项目业主的目标和利益保持一致。

作为PMC单位，一般更注重根据自身经验和技术，以系统化的运作手段，对项目进行全过程、全方位的管理，其主要服务内容包括但不限于以下方面（需要指出的是，即使采用PMC模式，不同建设项目中由于建设项目业主需求的个性化，PMC单位服务内容可能还是有很大差别）。

（1）项目前期策划阶段，代表或协助建设项目业主主要进行以下工作：①主持或参与项目的可行性研究论证。②为项目的决策、立项提供相关服务工作。③代表或协助业主完成需要向政府部门申报的有关工作。④提供项目融资方案，协助建设项目业主完成融资工作。⑤进行项目实施资源评价（技术、人力、资金、材料）。⑥编制建设项目管理总体方案。⑦进行风险分析并制定风险管理策略。

（2）项目设计阶段，代表或协助建设项目业主主要进行以下工作：①确定项目定义及设计要求。②提出项目统一遵循的标准、规范和规定。③完成项目总体（或方案）设计（需要时）。④完成装置基础设计（如有，需要时）。⑤完成项目初步设计（需要时）。⑥完成项目施工图设计（需要时）。⑦对设计过程和设计成果进行管理。

（3）项目招标投标阶段，代表或协助建设单位进行以下工作：①制定工程发包和设备材料采购策略。②对建设项目总承包单位（如有）、施工或供货单位进行资格预审。③编制建设项目总承包单位（如有）、施工或供货招标文件。④主持或参与招投标和评标组织工作。⑤协助建设项目业主与建设项目总承包单位（如有）、施工或供货中标单位进行合同谈判与签约。

（4）项目实施阶段，代表或协助建设项目业主主要进行以下工作：①编制并发布建设项目统一的管理制度、工作流程、信息流程等。②对建设项目总承包单位（如有）、施工和供货单位进行全面管理。③配合建设项目业主进行生产准备。④参加调试、装置性能考核（如有）和竣工验收。⑤向建设项目业主移交项目全部文件资料。

（5）项目保修期阶段，协助建设项目业主处理遗留问题，为项目的运营提供相关服务。

承包商与建设单位的合同一般采取“成本＋固定酬金＋与风险有关的奖励或罚款”的形式。

8.3 平行发包（DBB）模式

平行发包（Design Bid Build，DBB）模式，即设计-招标-建造模式，它是一种在国际上比较通用且应用最早的工程项目发包模式之一。其是指由建设单位委托咨询师或设计师进行前期的各项工作（如进行机会研究、可行性研究等），待项目评估立项后再进行设计。在设计阶段编制施工招标文件，随后通过招标选择承包商；而有关单项工程的分包和设备、材料的采购一般都由承包商与分包商和供应商单独订立合同并组织实施。在工程项目实施阶段，工程师代替建设单位提供施工管理服务。

主要优点：工程项目的实施必须按照设计-招标-建造的顺序进行，只有一个阶段全部结束另一个阶段方能开始。建设单位可自由选择咨询设计人员，对设计要求可控，可采用各方均熟悉的标准合同文本，有利于合同管理、风险管理和减少项目投资。

8.3.1 一般工作程序

平行承发包一般工作程序：施工图设计完成→施工招投标→施工→完工验收。

一般情况下，建设单位在选择施工承包单位时通常根据施工图进行施工招标，即施工图设计已经完成，每个承包合同都可以实行总价合同。

8.3.2 平行发包模式主要特点

1. 质量控制

（1）符合质量控制上的“他人控制”原则，对建设单位的质量控制有利。

（2）合同交界面比较多，应重视各合同界面的定义，否则对质量控制不利。

2. 成本控制

（1）对每一部分工程任务的包，都以施工图设计为基础，投标人进行投标报价较有依据，工程的不确定性降低，对合同双方的风险也相对较低。

（2）对每一部分工程的施工，建设单位都可以通过招标选择最好的施工单位承包，对降低工程造价有利。

（3）对建设单位而言，直到最后一份合同签订后才知道整个工程的总造价，对投资的早期投资控制不利。

3. 进度控制

（1）某一部分施工图完成后，即可开始这部分工程的招标，开工日期提前，可以边设计边施工，缩短建设周期。

（2）由于是多次招标，建设单位用于招标的时间较长。

（3）工程总进度计划和控制由建设单位负责。

4. 合同管理

（1）建设单位要负责所有施工承包合同的招标、合同谈判和签约，招标及合同管理工作量大，对建设单位不利。

（2）建设单位在每个合同中会有相应的责任和义务，签订的合同越多，建设单位的责

任和义务就越多。

(3) 建设单位要负责对多个施工承包合同地跟踪管理，合同管理的工作量较大。

5. 组织与协调

(1) 建设单位直接控制所有工程的发包，可决定所有工程的承包商选择。

(2) 建设单位要负责对所有承包商的管理及组织协调，承担类似于总承包管理的角色，工作量大，对建设单位不利。

(3) 建设单位可能需要配备较多有人力和精力进行管理，管理成本高。

第三篇 建设篇

- 项目施工管理
- 项目施工监理
- 项目质量检测
- 项目质量监督
- 项目验收与档案管理

9 项目施工管理

9.1 施工组织管理

施工管理是施工单位经营管理的重要组成部分，自工程开工至缺陷责任期满为止的全过程管理。施工单位通过对工程质量、进度、成本、安全、生态环境等方面的控制和管理，从而实现预期的各项目标。农村生活污水处理设施建设内容包括户用污水收集系统施工、户外污水管网系统施工和污水处理系统施工等。管理内容包括施工组织管理、材料和设备的采购管理、施工质量控制、施工成本控制、施工进度控制以及安全与文明施工管理等。

农村生活污水处理设施建设的施工组织管理是施工单位结合当地实际情况，因地制宜，与建设单位、设计单位、监理单位和当地管理部门统筹协调，在施工区域划分的基础上进行人员、材料、机械配备等组织管理，保质保量按合同期限完成施工任务。

9.1.1 组织建设

1. 建立工程项目管理机构

施工合同签订后，应根据农村生活污水处理设施建设项目的分布情况，选择合理位置，成立工程项目经理部，根据投标承诺和现场实际需要，配备具有相应能力的管理人员。项目部施工组织机构如图 9－1 所示。

2. 建立工程项目岗位管理责任制度

项目部应建立工程项目岗位管理责任制度，根据项目情况，配备技术、经济、协调及检测等管理人员，明确其相应的岗位责职。

农村生活污水处理设施建设项目的岗位责任制度主要包括项目经理岗位责任制、生产负责人岗位责任制、技术负责人岗位责任制、班组（工）长岗位责任制、安全与协调人员岗位责任制、质检技术人员岗位责任制、材料设备采购与保管人员岗位责任制。

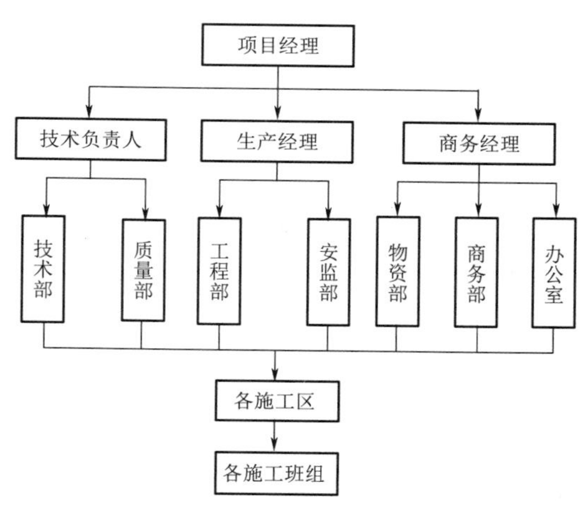

图 9－1 项目部施工组织机构图

（1）项目经理岗位责任制。项目经理负

责施工所需人、财、物、机的组织管理与控制，主持图纸会审、组织施工组织设计和施工方案的编制和交底，负责技术管理、质量管理和档案管理，审核预结算，制定各项技术措施，协调建设单位、监理单位、设计单位及施工单位的关系，做好各个方面的协调沟通，特别是村民的协调工作。

(2) 生产负责人岗位责任制。生产负责人是现场施工生产、安全生产的直接负责人。主要协助项目经理主管施工组织及管理，包括工程进度、过程质量控制和安全文明施工等；组织编制项目施工生产计划，参与编制项目质量控制体系；按照项目施工总体施工进度计划的要求，编制和审查各阶段的施工进度计划，并监督和落实进度计划的实施。

(3) 技术负责人岗位责任制。技术负责人协助项目经理全面负责工程技术工作，负责主持各工种每周施工计划和实施，调度施工劳动力，安排各班组间的衔接，不断督促检查，解决施工中的有关问题。

(4) 班组（工）长岗位责任制。班组（工）长严格做好施工安全技术交底，熟悉图纸、精心施工，自觉遵守安全施工操作规范规程。

(5) 安全与协调人员岗位责任制。安全与协调人员服从项目部统一管理和指挥，顾全大局，主动协助项目部做好各方面的协调工作，确保施工区施工任务顺利完成；协调施工区内推进工作，包括与镇（街道）和村（社区）的对接、安全文明施工与协调等。

(6) 质检技术人员岗位责任制。质检技术人员应熟悉施工图纸，严格按照图纸要求检查工程施工质量，做好图纸会审、测量放线、材料设备验收、隐蔽工程验收和自检互检工作，做好施工质量检验记录、隐蔽验收记录、完工记录。

(7) 材料、设备采购与保管人员岗位责任制。专职采购人员具体负责材料、设备招标采购工作。建立材料、设备订货与进货台账，与合格供应商签订采购合同时，需明确技术参数、原材料等详细条款，项目中材料设备的技术规范及要求，及时向供货商索取材料设备质量证明、合格证及复检通知单等资料。专职保管人员负责做好进出库材料、设备的收发工作，做到凭出入库单的数量、规格、型号等验收手续，及时登记台账。

3. 建立健全各项规章制度

建立健全“三检”（自检、互检、专检）制度，工程技术档案管理制度，建筑材料、成品与半成品和设备的检查验收制度，施工图会审与交底制度，技术交底制度，工地与班组经济核算制度，职工考勤、考核制度，材料出入库制度，安全操作制度，消防管理制度，机具使用保养制度等。

4. 建立协调机制

农村生活污水处理设施建设的施工关键是建立协调机制，包括施工单位与参建单位（包括建设单位、监理单位、设计单位、检测单位）的协调机制和与村民的协调机制等。

5. 建立施工项目信息管理系统

(1) 农村生活污水治理工程施工区域非常分散、工期紧张且易受到村庄住户的影响，工程存在不确定因素多、管理难度大、施工区之间信息沟通不畅等问题，单纯依靠管理人员现场巡查并不能完全控制工程的进度、安全、质量，因此应建立施工信息管理模式，如农村生活污水处理工程专项管理 App，通过手机端对现场施工信息进行收集，系统后台自动汇总分析数据，形成各类表格，使现场情况一目了然，并及时进行工程预警，提醒管

理人员管控重点，使项目部的成员都能了解施工现场工况，提高施工管理效率，以达到加快施工进度、缩短施工工期的目的。

（2）农村生活污水处理设施项目建设多采用工程总承包模式，即充分发挥设计、施工和采购的集成化管理优势。但由于设施点多量大，容易出现设计图纸未审批就开工，或者边设计边施工现象，因此在条件许可的情况下可考虑采用集成化信息管理模式，使项目部的成员都能了解施工现场情况。

9.1.2 施工准备

农村生活污水处理设施建设的施工准备内容通常包括技术准备、物资准备、劳动力准备和施工现场准备等。

1. 技术准备

（1）项目经理部组织农村生活污水处理设施建设的图纸会审，组织各个施工工区的施工组织设计和施工方案的编制和交底，熟悉有关技术规范和操作规程。

（2）项目经理部进行施工现场勘察，熟悉工程项目周边环境，熟悉工程施工过程中对周边管线、建筑物、构筑物、道路、绿化等有无安全隐患，全面掌握工程概况，并编制相应的保护方案。

（3）组织编制施工图预算和施工预算。

2. 物资准备

农村生活污水处理设施建设的材料、成品与半成品、机具和设备是保证施工顺利进行的物资基础，物资准备必须在开工前完成。根据各类物资的需求计划，分别落实货源，安排运输和储备，使其满足连续施工的要求。

3. 劳动力准备

选择精干的施工队伍，签订劳务合同，做好岗前培训和技术、安全交底。

4. 施工现场准备

项目经理部应做好施工现场的控制网复测，施工现场的补充勘探，临时设施，施工机具的安装、调试，材料、构配件的储存和堆放，冬、雨季施工安排，消防和安全保护设施的落实等。

9.2 施工质量控制

农村生活污水设施建设的施工质量控制包括施工准备阶段、施工阶段及缺陷责任期的质量控制，主要有原材料、成品与半成品、设备、接户工程施工、管道工程施工、终端工程施工以及质量缺陷责任期等方面的质量管理。

9.2.1 原材料、成品与半成品和设备

原材料、成品与半成品和设备管理是农村生活污水处理设施建设的重要组成部分，为了确保工程质量，严把原材料、成品与半成品和设备的质量关，杜绝“无产品质量检验合格证明、无生产日期、无生产厂厂名”的三无产品进场。

1. 主要管理内容

（1）订货采购管理。掌握农村污水处理设施项目的原材料、成品与半成品和设备等质量、价格、供货能力的信息，本着公平、公正、公开的原则，在满足有关标准和设计文件要求前提下优选供货厂家。

（2）材料仓库管理。建立健全材料验收与入库制度，材料使用与出库制度，材料归还与退库制度，限额领料制度。加强原材料、成品与半成品和设备的检查验收，严把质量关。

（3）施工现场材料管理。材料、设备存放要整齐，按照品种、规格、名称悬挂标识牌。每批次的材料、成品与半成品入库出库，均应有完整的入库出库清单。

（4）材料运输组织管理。合理组织材料运输方式，建立严密的运输计划和调度体系。

2. 建筑材料的质量要求

（1）对进场的砂、石、砌块等原材料需进行抽样检测。

（2）水泥进场时，对其品种、代号、强度等级、包装或散装编号、出厂日期等进行检查，并对水泥的强度、安定性和凝结时间进行检验，检验结果应符合 GB 175《通用硅酸盐水泥》等相关规定。

（3）混凝土外加剂进场时，应对其品种、性能、出厂日期等进行检查，并应对外加剂的相关性能指标进行检验，检验结果应符合 GB 8076《混凝土外加剂》和 GB 50119《混凝土外加剂应用技术规范》等相关规定。

（4）钢筋进场时要检查是否有生产企业的生产许可证、合格证，即注明钢材规格、型号、炉号、批号、数量及出厂日期、生产厂家，同时要取样进行物理性能和化学成分检验。钢筋的屈服强度、抗拉强度、伸长率性能应符合 GB 50666《混凝土结构工程施工规范》规定，合格产品方可批量进场。

3. 管材、成品与半成品的质量要求

农村生活污水处理工程设施中所用的管材、成品隔油池（器）、成品化粪池、成品检查井、井盖及其他管道构配件进入施工现场时，必须通过进场验收，检查产品的订购合同、厂家生产许可证、出厂合格证，质量合格证书、性能检验报告、使用说明书等，并按照现行国家规定进行现场抽样检测，验收合格后方可使用。产品及产品的合格证书、检验证书需妥善保管，待监管部门随时检查。

对于农村生活污水埋地塑料排水管材质量需符合现行国家标准。管材的端面应平整，与管中心轴线垂直，轴向不得有明显的弯曲现象；管材插口外径、承口内径尺寸及圆度必须符合塑料产品标准要求；管材不得有裂缝、凹陷及缺损；管口不得有破损、裂口变形等缺陷。

4. 一体化污水处理设备的质量要求

一体化污水处理设备需提供厂家生产许可证、出厂合格证、使用说明书，各项参数均应符合设计要求。

（1）农污设施多采用一体化小型生物处理设备。设备池壁应采用玻璃钢、增强型复合材料等材质，壁厚、强度等参数须达到国家规定要求。对于地埋式处理设备的防水、防腐、防渗漏和结构安全等还须满足相关规定要求。所使用的一体化设备必须符合村庄污水处理规模的大小，其设备的结构尺寸应符合该工艺的设计参数要求。

（2）农村生活污水处理设备应符合 GB/T 28742《污水处理设备安全技术规范》规定的要求，所有污水处理设备安全要求均应符合 GB/T 15706《机械安全设计通则风险评估与风险减小》规定的要求。

9.2.2 接户工程施工

农村生活污水收集系统建设首先是接户，接户原则要做到应收尽收、雨污分开，确保农户产生的污水全部接入污水管网。接户工程施工质量控制主要有 5 方面的内容。

1. 户内管道

（1）室内管道宜采用厕所污水和生活杂排水的分流排水系统，户内管道布置应遵循接管短、弯头少、排水畅通、便于维护、外观整洁的原则。

（2）室内排水器具应设置室内存水弯，水封高度不应小于 50mm。

（3）农户厨房洗涤池排水管径不应小于 DN50，农家乐、民宿、餐饮、厨房洗涤排水管径不应小于 DN75，卫生间粪便排水管径不应小于 DN100，化粪池、隔油池排水管径不应小于 DN100，坡度不宜小于 1%。

（4）普通农户接户井前的室外管道在交汇、转弯、跌落及直线管段大于 20m 时，应设置检查井和检查口。

（5）室外裸露的塑料管应采取防冻、防晒、防撞等防护措施，并应符合周边环境及景观要求。

2. 化粪池

（1）化粪池宜用于处理厕所污水，生活杂排水不得排入化粪池。

（2）化粪池宜采用三格式非成品化粪池或成品化粪池。非成品化粪池按照设计图纸施工，进行池壁、池底防渗处理，不得使用漏底化粪池。

（3）化粪池应设置检查口、透气管，并应采取防臭、防爆和防坠措施。

（4）车行道下宜采用钢筋混凝土化粪池，顶部应进行加固处理。

（5）成品化粪池施工时，要按设计要求进行基础处理，成品化粪池罐体就位后应及时灌水、回填、防止移位。

3. 隔油池

（1）隔油池可采用成品隔油池或砖砌、混凝土隔油池，应按设计要求选用。

（2）隔油池盖板不得封闭，应具备通气和清渣功能，便于检查维护。

（3）隔油池设置应遵循就近、方便清运和管理的原则。

4. 厨房清扫井

（1）厨房污水应通过厨房清扫井后进入接户井，厨房清扫井应有拦渣、隔油和沉砂功能。

（2）厨房清扫井可选用小型具有沉渣功能的隔栅井或隔油池，其规格要符合设计要求。

（3）厨房清扫井的设置应遵循就近、方便清掏和维护的原则。

5. 接户井

（1）接户井按照设计要求可选用预制化成品井或砖砌井。

（2）接户井应便于清掏。

9.2.3　管道工程施工

农村生活污水管道通常采用埋地塑料排水管道，应符合 CJJ 143《埋地塑料排水管道工程技术规程》的规定，管道施工的一般流程：测量放样→沟槽开挖→基础处理（基础垫层）→管道与检查井施工→闭水试验→沟槽回填→道路恢复。

管道与检查井施工必须严格按设计图纸要求测量放样，保证精度；管道与检查井的基础垫层与连接施工必须符合规范要求；检查井井盖必须牢固，放置必须平稳。管道工程施工质量控制主要有以下几个方面：

1. 测量放样

为了保证管道的位置满足设计要求，在塑料排水管道沟槽开挖前，应对设置的临时水准点、管道轴线控制桩、高程桩进行复核（复测），保证测量的精度。施工测量的允许偏差应符合现行国家标准 GB 50268《给水排水管道工程施工及验收规范》的规定。

2. 沟槽开挖

（1）塑料排水管道沟槽形式应根据施工现场环境、槽深、地下水位、土质情况、施工设备及季节影响因素确定，如图 9-2 所示。

图 9-2　沟槽开挖

（2）混凝土路面切割前需先放样，确保切割平直美观，切割宽度与沟槽宽度相匹配。

（3）塑料排水管道沟槽侧向的堆土位置距槽口边缘不宜小于 1.0m，且堆土高度不宜超过 1.5m。良质土与混杂土分开堆放。

（4）管道沟槽开挖的宽度、坡度、允许偏差均需满足 GB 50268《给水排水管道工程施工及验收规范》规定的要求。

（5）沟槽开挖时应做好降水措施，降水后的地下水位距槽底不宜小于 0.5m，严禁带水作业。

（6）塑料排水管道沟槽底部的开挖宽度应符合设计要求。在地质条件良好、地下水位低且开挖深度在 5m 以内，边坡最陡坡度符合规定时，可不设支撑。当设计无要求时，可按下式计算：

$$B = D + 2(b_1 + b_2) \tag{9-1}$$

式中：B 为管道沟槽底部的开挖宽度，mm；D 为管道外径，mm；b_1 为管道一侧的工作面宽度，mm，管道外径 D 不大于 500mm 时 b_1 取 300mm，当沟槽底需设排水沟时，b_1 应按排水沟要求相应增加；b_2 为管道一侧的支撑厚度，可取 150～200mm。

（7）当沟槽开挖超过一定深度时，应进行沟槽支护。沟槽支护应符合现行国家标准GB 50202《建筑地基基础工程施工质量验收标准》的相关规定。

（8）严格控制基地高程，不得扰动基底原状土层。基底设计标高以上0.2～0.3m的原状土，应在铺管前用人工清理至设计标高。

3. 基础处理

（1）塑料排水管道不得采用刚性管基础，严禁采用刚性桩直接支撑管道。

（2）塑料排水管道应敷设于天然地基上，地基基础应符合设计要求，当管道天然地基的强度不能满足设计要求时，应对按设计要求进行加固。

（3）塑料排水管道地基处理应符合下列规定：①对一般土质，应在管底以下原状土地基上铺垫150mm中粗砂基础层；②对软土地基，当地基承载能力小于设计要求或由于施工降水、超挖等原因，地基原状土被扰动而影响地基承载能力时，应按设计要求对地基进行加固处理，在达到规定的地基承载能力后，再铺150mm中粗砂基础层；③当沟槽底为岩石或坚硬物体时，铺垫中粗砂基础层的厚度不应小于150mm。

（4）塑料排水管道系统中承插式接口、机械连接等部位的凹槽，宜在管道铺设时随铺、随挖、随填。凹槽的长度、宽度和深度可按管道接头尺寸确定。在管道连接完成后，应立即用中粗砂回填密实。

（5）当遇局部超挖或基底发生扰动时，应换填天然级配砂石料或最大粒径小于40mm的碎石，并整平夯实，其压实度应达到基础层压实度要求，不得用杂土回填。

（6）塑料检查井的垫层基础可采用预制混凝土检查井底板。

（7）对槽宽、基础层厚度、基础表面标高、沟槽内有无杂物等分别进行验收，验收应符合现行管道工程施工及验收规范的有关规定。验收合格后进入下道工序施工，并留下影像资料。

4. 管道与检查井施工

（1）塑料管下管前须对管材、管件产品进行外观检查，不合格者严禁下管铺设。

（2）下管方式有人工下管和机械下管。采用人工方式下管时（图9-3），应使用带状非金属绳索平稳溜管人槽，不得将管材由槽顶滚入槽内；采用机械方式下管时，吊装绳应使用带状非金属绳索，吊装时不应少于两个吊点，严禁穿心吊装，下管时应平稳下沟，不得与沟壁、槽底激烈碰撞。

图9-3 人工下管

（3）塑料排水管道安装时应将插口顺水流方向，承口逆水流方向；安装宜由下游往上游依次进行；管道两侧不得采用刚性垫块的稳管措施。

对于承插UPVC管道铺设时，管粘接前，对承口与插口松紧配合情况进行检验，并在插口端表面画出插入深度的标线，刷胶粘剂时应均匀涂抹，不得漏涂或过量，并立即插入清理干净的承口处。

对于HDPE（高密度聚乙烯）双壁波纹管管道连接时，连接前应确认橡胶圈安放位置及插口应插入承口的深度做好标记，将胶圈安装到位，注意接口前清理承口内壁并涂抹润滑剂，再用紧管器进行波纹管连接到位。确认橡胶圈安放位置及插口应插入承口的深度，插口端面与承口底部间应留出伸缩间隙，无明确要求的宜为10mm。公称直径小于或等于400mm的管道，可采用人工直接插入；公称直径大于400mm的管道，应采用机械安装，接口合拢后，连接的管道轴线保持平直。

（4）检查井施工。

农村生活污水管道采用的检查井通常有塑料成品井和混凝土模块井。

塑料成品检查井。井坑开挖可与管道沟槽同时进行，井坑施工工作面宽度应符合设计及施工要求；检查井必须按照在符合设计要求的地基土层上，铺设预制检查井底板；当基础位于淤泥或不良土层时，应按设计及相应规范处理。

混凝土模块检查井。混凝土模块砖进入施工现场必须提供产品的合格证，标明生产厂家、强度等级、型号、批次和生产日期；砌筑砂浆所用的砂、水泥、水和外加剂应符合有关标准规范及规程的要求；施工完毕后应加强养护，混凝土及砂浆未达到设计强度前不得回填。

混凝土模块检查井的施工工艺流程：混凝土模块准备→基坑开挖→地基处理、混凝土检查井模块垫层施工→井室拼装、连接管道→盖板吊装→流槽施工→井口处理→闭水试验→回填→井盖安装→验收。

跌水井的施工详见《市政排水管道工程及附属设施》（图集号：06MS201）。

当塑料排水管道与检查井连接时，检查井基础与管道基础之间应设置过渡区段，过渡区段长度不应小于1倍管径，且不宜小于1.0m；直径较大的塑料排水管道，管顶部宜考虑设置卸压或减压构件。对于承插UPVC管道与检查井连接时，带承口的短管放在检查井的进水方向，带插口的短管放在检查井的出水方向。塑料排水管道与塑料检查井、混凝土检查井或砌体检查井的连接，可按CJJ 143《埋地塑料排管道工程技术规程》附录B的规定执行。

塑料检查井井筒采用L型胶圈再与井座连接，注意连接时使用兑水的洗洁精润滑井座接口和井筒胶圈，井筒插入井座应保持垂直。连接好后进行标高复核测量，应满足设计标高要求。塑料检查井外延15cm需要进行混凝土包封浇筑。

对于车行道塑料检查井井盖应使用承重型井盖；对于砖砌检查井且宜采用钢混井盖；对于直径700mm及以上的圆形检查井要设置防坠网。

（5）寒冷地区冬季施工注意事项。

管材堆放有防冻措施；管道安装尽量在白天温度较高时施工；闭水试验前，除接头部位露外，其余覆土厚度不小于0.5m。

（6）管道连接。

埋地塑料排水管道的连接方式除弹性密封橡胶圈连接外还有卡箍（哈夫）连接、胶粘剂连接、热熔对接连接、承插式电熔连接、电热熔式连接、热熔挤出焊接连接等，具体连接操作规程见CJJ 143《埋地塑料排水管道工程技术规程》。

（7）当塑料排水管在雨季施工或地下水位高的地段施工时，应采取防止管道上浮的措施。当管道安装完毕尚未覆土，遭水泡时应对管中心和管底高程进行复测和外观检测，当发现位移、漂浮、拔口等现象时，应进行返工处理。

5. 管道闭水试验

（1）污水管道必须进行密闭性检验，检验合格后，方可投入运行。

（2）塑料排水管道密闭性检验应按检查井井距分段进行，每段检验长度不宜超过5个连续井段，并应带井试验。

（3）塑料排水管道密闭性检验可采用闭水试验法，操作方法应符合CJJ 143《埋地塑料排水管道工程技术规程》附录C的规定。

（4）塑料排水管道闭水试验时，试验管段应符合下列要求：①管道及检查井外观质量已验收合格；②管道未回填土且槽内无积水；③全部预留孔应封堵，不得渗水；④管道两端堵板承载力核算应大于水压力的合力，应封堵坚固，不得渗水。

（5）塑料排水管闭水试验时，经外观检查，应无明显渗水现象。

（6）管道最大允许渗水量应按下式计算：

$$Q_s = 0.0046 d_i \tag{9-2}$$

式中：Q_s为最大允许渗水量，$m^3/(24\ h \cdot km)$；d_i为管道内径，mm。

6. 沟槽回填土施工

（1）塑料排水管道管区回填施工要求：①管底基础至管顶以上0.5m范围内，必须采用人工回填，轻型压实设备夯实，不得采用机械推土回填（图9-4）；②回填、夯实应分层对称进行，每层回填土高度不宜大于200mm；③管顶0.5m以上采用机械回填压实时，应从管轴线两侧同时均匀进行，并夯实。

（2）检查井及其他附属构筑物周围回填施工要求：①井室周围的回填，应与管道沟槽回填同时进行；否则，应留阶梯形接槎；②井室周围回填压实时应沿井室中心对称进行，且不得漏夯；③回填材料压实后应与井壁紧贴；④路面范围内的井室周围，应采用石灰土、砂、砂砾等材料回填，且回填宽度不宜小于400mm；⑤严禁在沟槽壁取土回填。

图9-4 管道回填

（3）回填前应检查沟槽，沟槽内不得有积水，砖、石、木块等杂物应清除干净。塑料排水管道沟槽回填时，不得回填淤泥、有机物或冻土，回填土中不得含有石块、砖及其他杂物。

（4）沟槽回填应从管道两侧同时对称均衡进行，并保证塑料排水管道不产生位移，必要时应对管道采取临时限位措施，防止管道上浮。

（5）回填土或其他回填材料运入槽内，应从沟槽两侧堆成运入槽内，不得回填在塑料

排水管道上，不得损伤管道及其接口。

（6）当沟槽采用钢板桩支护时，应在回填达到规定高度后，方可拔除钢板桩。钢板桩拔除后应及时回填桩孔，并应填实。

（7）塑料排水管道每层回填土的虚铺厚度，根据所采用的压实机具见表 9－1。

表 9－1　　每层回填土的虚铺厚度

压实机具	虚铺厚度/mm	压实机具	虚铺厚度/mm
木夯、铁夯	≤200	压路机	200～300
轻型压 实设备	200～250	振动压路机	≤ 400

（8）岩溶区、湿陷性黄土、膨胀土、永冻土等地区的塑料排水管道沟槽回填，应符合设计要求和当地工程建设标准规定。

（9）塑料排水管道管顶 0.5m 及 0.5m 以上部位回填土的压实度，应按相应的场地或道路设计要求确定，不宜小于 90％；管顶 0.5m 以下各部位回填土应符合表 9－2 的规定。

表 9－2　　沟槽回填土压实度与回填材料

填土部位		压实度/％	回填材料
管道基础	管底基础	≥90	中砂、粗砂
	管道有效支撑角范围	≥95	
管道两侧		≥95	中砂、粗砂、碎石屑，最大粒径小于 40mm 的砂砾或符合要求的原土
管顶以上 0.5m 内	管道两侧	≥90	
	管道上部	≥85	
管顶以上 0.5～1.0m		≥90	原土

塑料排水管道沟槽回填时应严格控制管道的竖向变形。回填时，可利用管道胸腔部分回填压实过程中出现的管道竖向反向变形来抵消一部分垂直荷载引起的管道竖向变形，但应将其控制在设计规范的管道竖向变形范围内。

塑料排水管道回填作业每层土的压实遍数，应根据压实度要求、压实工具、虚铺厚度和含水量，经现场试验确定。

（10）当塑料排水管道沟槽回填至设计高程后，应在 12～24h 内测量管道竖向直径变形量，并应计算管道变形率。

（11）检查井井周回填与沟槽回填应同时进行。回填材料如用素土，其最大粒径应小于 40mm，井周回填时，不得造成井筒移位或倾斜，回填土的压实度同管道的相一致。

7. 防护井盖、井座安装

防护井盖选用与安装（含倾斜地面），参见《建筑小区塑料排水检查井》（图集号：08SS523）。

8. 防坠网的设置

防坠网固定时每网片固定膨胀螺栓数量不少于 8 个，沿井周间距均分，基本水平，固定牢固。当检查井为圆形时，防坠网外缘与井筒壁间隙不宜大于60mm。安全网安装后的初始下垂高度不宜大于100mm。具体施工要求参见国家标准和地方标准。

9. 管顶覆土要求

排水管道的覆土深度，应根据土壤冰冻深度、车辆荷载、管道材质等因素确定。塑料排水管道宜埋设在土壤冰冻线以下15cm。在人行道下管顶覆土厚度不宜小于60cm；在车行道下，管顶覆土厚度不宜小于70cm；绿化带下的管道，管顶覆土不宜小于30cm；管道穿过水田时，管顶覆土不宜小于100cm；管线穿过沟渠时，管顶距沟底不宜小于10cm。覆土厚度确有困难不能满足上述要求的，应在管道外采取适当的保护措施（如钢管加固、混凝土包管、增加面层厚度等）。

10. 路面恢复

管道施工完成后，应按设计要求及时对道路进行恢复，其标准不得低于原道路。

9.2.4 终端工程施工

污水处理构筑物可采用钢筋混凝土结构，也可选用一体化污水处理设备。

1. 钢筋混凝土结构污水处理设施

污水处理设施的施工流程：测量定位→土方开挖→基坑防护→钢筋工程→模板工程→混凝土工程→满水试验→土方回填工程→安装工程。

（1）基础工程施工。①污水处理构筑物的定位桩（轴线桩）、临时水准点的设置应便于观测且牢固，并采取保护措施，并经常校核设施的位置和高程。②根据基坑开挖深度、地下土质和水位线、基坑施工时间等采取合理的排降水措施，基坑地下水位线降至坑底以下不应小于0.5m。③开挖和支护方案应根据开挖断面、开挖方法、地下土质、施工周期及施工场地和周围环境要求等确定，支护应安全可靠并便于施工，施工过程中应加强检查和观测，出现异常情况应及时处理。④基坑开挖至设计高程后应由建设单位会同设计、勘察、施工、监理等单位共同验收，当与勘察报告不符时，应确定处理措施。

（2）模板工程。应选用轻质、高强、耐用、表面平整，且具有良好耐磨性和硬度的模板。①模板应保证结构和构件的形状、尺寸、位置的准确，应具有足够的强度、刚度和稳定性。②模板与混凝土接触的表面应平整、光滑，接触面应涂隔离剂。模板接缝应严密不宜漏浆，拼缝采用平缝时，缝隙不得超过2mm；拼缝平整度误差≤1mm；模板转角处应加嵌条或做成斜角；结构分次浇筑时，施工缝部位模板与已完成结构的搭接长度不应小于200mm。③固定于模板上的预埋件和预留孔洞尺寸、位置应准确，且安装稳固。

（3）钢筋工程。①钢筋制作的尺寸和形状；钢筋安装的直径、根数、间距及位置；钢筋的连接方式及接头位置和接头百分率应符合设计及相关施工规范要求。②变形缝止水带、预埋件等位置应准确，且安装牢固。③当预留孔洞（矩形孔垂直于板跨方向的宽度）不大于300mm时，受力钢筋可直接绕过洞边，孔边可不采取措施；当孔洞直径或宽度大于300mm但不超过1000mm时，孔口的每侧沿受力钢筋方向应配置加强钢筋，其钢筋截面面积不应小于开孔切断的受力钢筋截面面积的75%。④钢筋安装时，采取措施确保混凝土保护层厚度满足设计及相关施工规范要求。

（4）混凝土工程施工。①混凝土配合比应委托专业检测公司（试验室）设计，应保证设计要求的强度、抗渗等要求，并满足施工需要。②混凝土尽可能选用商品混凝土。如采用预拌混凝土；自拌混凝土应采用机械搅拌，拌制前应根据砂、石含水率计算施工配合比，并以此进行计量进料。③搅拌点和浇筑点应分别检测混凝土坍落度，当坍落度太小不满足施工要求时，宜通过添加同水灰比的水泥浆或减水剂进行调整，严禁直接加水调整。④构筑物底板和顶板宜整体浇筑；池壁可分层浇筑，施工缝留置和后续浇筑应符合相关设计或规范要求。⑤混凝土应分层连续浇注，分层厚度应根据振捣器具、构件尺寸和配筋情况确定，上下层混凝土浇筑间隔时间不得超过混凝土初凝时间。混凝土运输和入模过程中应防止分层、离析；振捣应到位、充分，不得过振、漏振（图9－5）。⑥混凝土工程应按相关规范留置标准试块、同条件养护试块和抗渗试块。⑦构筑物浇筑和养护过程中应采取抗浮措施。

图 9－5 构筑物底板混凝土浇筑

（5）构筑物功能性试验。构筑物施工完毕后，应按照设计要求和相关规范规定进行功能性试验即满水试验，满水试验是用来检查混凝土构筑物的渗漏量和表面渗漏的情况。满水试验过程中的注水深度、注水速度、试验时间和合格判定应符合现行国家标准GB 50141《给水排水构筑物工程施工及验收规范》的有关规定。

（6）人工湿地。人工湿地可采用混凝土、砖、毛石等结构，采用混凝土和砖砌结构时池底需要设置不低于100mm厚的C15混凝土垫层。

人工湿地采用混凝土结构应按相应的建筑工程施工要求进行建造。采用砖砌筑时，基础部分一般采用一顺一丁排砖法，砌筑时应里外咬搓或留踏步搓，上下层错缝，严禁采用水冲灌缝的方法。地上砌墙部分一般也采用一顺一丁排砖法，砖柱不得采用先砌四周后填心的包心砌法。砌砖宜采用满铺、满挤操作法。多孔砖砌筑时，在此基础上另加一灌缝，保证竖向灰缝的饱满度不低于80%；水平灰缝厚度和竖向灰缝厚度一般10mm，但不应小于8mm，也小于等于12mm。

人工湿地常用填料有石灰石、矿渣、是、蛭石、沸石、砂石、高炉渣、页岩等。填料应预先洗净，按照设计确定的级配要求充填。填料安装后湿地孔隙率不宜低于0.3。

为保证人工湿地配水、集水的均匀性，集配水系统宜采用穿孔管、配（集）水管、配（集）水堰等方式。水平潜流人工湿地可采用穿孔花墙配水、并联管道多点布水或穿孔管布水等方式，配水孔宜斜向下45°交错布置，孔口直径不小于5mm。垂直流人工湿地宜采用穿孔管配水，穿孔管应均匀布置，穿孔管配水应设置在滤料层上部。人工湿地宜采用穿孔管集水，穿孔集水管应设置在末端底层填料层，集水孔口宜斜向下45°交错布置，孔口直径不小于10mm。

人工湿地建设时，应在底部和侧面进行防渗处理。砖砌或毛石砌筑后底部和侧壁用防水水泥砂浆防渗处理；混凝土底部和侧壁，按相应的建筑工程施工要求进行防渗。

2. 一体化污水处理设备的安装

一体化污水处理设备施工的流程：土方开挖→基地处理→基础浇筑→设备就位→土方回填。一体化污水处理设备的土建施工同钢筋混凝土结构施工，对于一体化污水处理设备的安装施工应注意以下几点：

（1）对于采用一体化污水处理设备的项目，设备提供商作为总承包商进行工程规划、设计、设备供应以及施工安装和调试。

（2）设备应由建设单位、施工单位、监理单位、供货商共同开箱检验，并填写设备开箱记录；设备的型号、参数应符合设计要求，设备外观良好、标识完好，设备的配件、备件及技术文件齐全。

（3）设备基础应落于原状土，如遇不良地质应采取砂石垫层换填处理，压实系数不应小于0.95。设备基础施工时，应按设计要求预留螺栓孔或预埋地脚螺栓，位置应准确，并进行可靠固定。预留螺栓孔、设备底座与基础间的灌浆应在设备找平、找正和隐蔽工程验收合格后进行，灌浆施工应连续进行，且灌浆密实。

（4）设备基础必须水平，并应在混凝土基础浇筑保养期结束后才能进行一体化污水处理设备吊装。

（5）设备吊装就位时必须按实际重量，选择相应的吊装设备，对照图纸安装就位，设备位置、方向和间距要准确。

（6）设备安装后必须基础连接固定（图9-6），全部设备安装完毕后，同时在罐体中注水，内存水量达到80%以上为宜，以防设备上浮，同时检查割管刀、接头阀门等有无渗水。

（7）土方回填应控制好粒径、土质、含水率等，对称分层回填、压实，整平地面。

3. 配套装置的安装

配套装置包括附属设备、电气设备、进出水管管线及电路等，其安装必须按照生产企业的安装流程进行，必要时应在工艺设计人员和厂家专业人员的指导下完成。

安装作业的基本顺序：处理设备水泵、管道、阀门、格栅安装→处理设备曝气管、压缩气管安装→处理设备控制柜、气泵安装→设备防雷接地施工→设备电源接入。

（1）格栅安装。格栅应安装稳固，栅面平整并垂直于井壁，与水平面的安装角度符合设计要求，安装中要考虑便于人工清渣。

（2）水泵安装。水泵安装前应对水泵进行检查，包括外观、运行调试以及制造

图9-6　一体化污水处理设备安装

商服务。

（3）风机安装。风机与基础连接稳固，弹性接头宜靠近鼓风机进、出口端，所有管道均应设置可靠支撑。泵和风机应采取降噪措施，尽可能较少噪音对人居环境的影响。

（4）曝气装置空气管安装。先应清除管内杂质，主管、分配管、曝气支管、曝气器安装位置应符合设计要求，安装牢固。

（5）沉淀池出水堰板安装。钢筋混凝土处理构筑物应在满水试验后进行，堰板与土建结构的连接应紧密牢固，堰板间连接应牢固。

（6）流量计安装。应避免安装在雨水淋浇，积水受淹，太阳曝晒的场所；流量计应安装在水平管道较低处或垂直向上处，不得安装在管道的最高点或垂直向下处；流量计入口和出口直管段长度应符合设计或产品安装技术要求。

（7）阀门安装。安装前应按设计文件核对其型号，并应按介质流向确定其安装方向。压力工艺管道应进行水压试验，排水、排泥工艺管道应进行闭水试验，试验应符合现行国家标准 GB 50268《给水排水管道工程施工及验收规范》的有关规定。

（8）设备连接管安装。施工次序应按先深后浅、先埋地后架空、先大后小、先无压后有压的原则进行；安装前应核对工艺管道的位置、标高、坡向、坡度等；应封闭安装中断或安装完毕的敞口处；安装完成后，应按相关规定和设计要求设置管道标识；设备连接管道支（吊）架应进行防腐处理；支（吊）架与管道接触部分应加装柔性材料。

（9）电气设备安装。①电气设备的外露可导电部分与保护导体应单独连接，连接应可靠且不得串联连接，连接导体的材质和截面积应符合设计要求。②配电柜、控制柜和配电箱（图 9－7）的金属箱体及基础型钢与保护导体可靠连接，开启门和箱体的接地端子间应用截面积不小于 4mm^2 的黄绿色绝缘铜芯软导线连接。③低压成套配电柜、控制柜和配电箱间线路的线间和线对地间绝缘电阻值应按规定进行测试，馈电线路不应小于 0.5MΩ，二次回路不应小于 1MΩ。④配电柜、控制柜和配电箱内配线应整齐，无铰线现象，导线连接紧密、不伤线芯、不断股，同一电器件端子上的导线连接不应多于 2 根。⑤落地式配电柜、控制柜和配电箱的基础应高于地坪，周围排水应畅通，其基座周围应采取封闭措施。⑥电动机等电动执行机构的外露可导电部分必须与保护导体进行可靠连接。⑦防水防潮电气设备的接线入口及接线盒等应做密封处理。⑧仪表线路应做相应防护，线路敷设完毕，应进行校线和标号，并应测量电缆电线的绝缘电阻；当测量电缆电线的绝缘电阻时，应将已连接上的仪表设备及部件断开。⑨电力电缆施工除应符合现行国家标准的有关规定外，尚应符合下列规定：水下设备电缆应采用整根电缆，电缆与设备不得发生摩擦及碰撞，敷设时不得损伤电缆外皮；电缆沿池壁铺设时，宜

图 9－7　配电箱

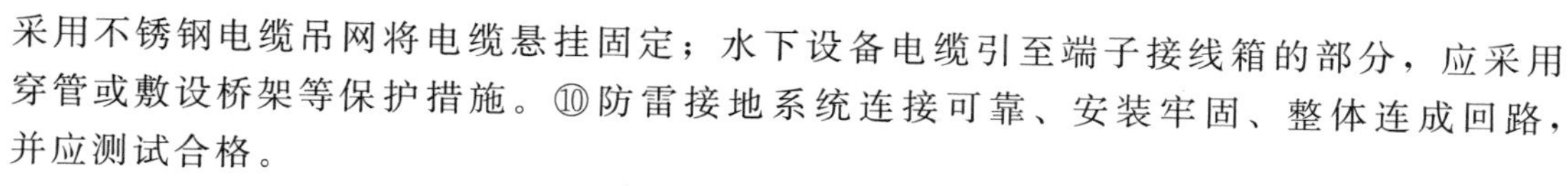

采用不锈钢电缆吊网将电缆悬挂固定；水下设备电缆引至端子接线箱的部分，应采用穿管或敷设桥架等保护措施。⑩防雷接地系统连接可靠、安装牢固、整体连成回路，并应测试合格。

4. 联动设备的调试

（1）应编制设备联动调试方案，包括调试人员和分工、调试步骤和各工艺单元控制点及应急预案等内容，并按规定进行报批。

（2）设备系统调试小组成员在严格的调试程序下进行操作，调试小组成员，由建设单位、施工单位、设备生产商、工艺设计人员和运营维护人员等组成。

（3）设备联动调试前，所有单机设备应运转正常。

（4）设备联动调试应带负荷运行，调试时间不应小于72h，设备应运行正常、性能指标符合设计文件要求。

（5）设备联动调试过程中应做好调试记录，对出现的问题和缺陷应进行责任归属分析，并要求参建单位及时整改。

（6）设备联动调试应连续、稳定，工艺过程应符合设计及设备技术条件的要求，运行指标应达到工艺要求。

9.2.5 缺陷责任期管理

在农村生活污水管道与污水处理设施或构筑物通过竣（交）工验收之日起，因承包人原因产生的质量缺陷，承包人应承担质量缺陷责任和保修义务。缺陷责任期一般为1年，最长不超过2年，具体由发承包双方在管理合同中约定。缺陷责任期届满，承包人仍应按合同约定的工程各部位保修年限承担保修义务。主体结构工程保修期为设计文件规定的该工程合理使用年限，电气管线、设备安装保修期一般为2年。在保修范围和保修期限内发生质量问题的，施工单位应当履行保修义务，并对造成的损失承担赔偿责任。

9.2.6 施工过程注意事项

1. 接户工程

（1）污水应全部接入管网，农户卫生间污水、厨房污水、洗涤和沐浴污水必须全面彻底接入，一水都不能缺。

（2）户内管道改造要实现污水和雨水的分流。污水接入污水管网，雨水接入其他排水设施或其他自然水体。特别是井水一般坐落在农户院内，洗涤水也应设管接入户外检查井。

（3）对于厨房污水、洗涤沐浴污水（灰水）和厕所污水（黑水）要实行分离收集。厕所污水必须通过化粪池后才可接入主管网，厨房污水和洗涤沐浴污水应直接接入检查井，不接入化粪池。

（4）对于“漏底”、未设置掏粪口或其他不符合规范要求的化粪池，要进行改造或废弃新建；农户没有化粪池的要新建化粪池，宜采用一体化预制式化粪池。

（5）为防止臭气回溢，须在卫生间、厨房出水立管设置S形存水弯。若不能满足最小离地距离，可在埋地横管设置P形存水弯。

(6) 室外接户管应规范，有的弯头、露管较多，须采取措施加以覆盖保护，以防日晒雨露、冻害，确保设计使用年限。

(7) 农家乐、饭店等餐饮废水必须经隔油池（器）预处理后再接入管网系统，有条件情况下农户厨房出水宜设置隔油池（器）预处理。

(8) 厨房污水、洗涤污水、化粪池排出污水在出户后须设置出户清扫井并安装过滤网（格栅）。

2. 管道工程

(1) 管道交汇处、转弯处、跌落处、管径改变处及直线管段相隔一定距离处应设置检查井，间距一般为 20～40m，最大间距不超过 40m，便于后期维护检修。

(2) 对于管道工程施工的混凝土路面，切割前要先放样，确保切割平直美观，切割宽度与管沟开挖宽度相匹配。管沟开挖根据土质条件考虑放坡系数，管沟底开挖宽度一般按照管外径两侧各增加 20～40cm。

(3) 管道沟槽开挖应顺直，深度和宽度按设计要求；沟槽内禁止带水施工；堆土距沟槽边缘的距离以及堆土高度应符合规范要求。

(4) 管道基础应铺设砂垫层，砂垫层敷设厚度应达到设计要求。

(5) 合理选择管材和管径，管材一般选用 U-PVC 管，管径 75～160mm，如管径不小于 200mm，管材一般选用双壁波纹管。

(6) 管径为 160mm、200mm、300mm，最小坡度分别为 5‰、4‰、3‰。

(7) 管道下管施工应按规范要求执行；管道铺设水平轴线、管底标高应符合允许偏差；管道接口周围间隙应均匀，转角折线与管道轴线角度偏差符合规范要求。

(8) 检查井一般应设流槽井，在必要的地方可设置一定数量的落底井；对未设置化粪池的，则必须采用流槽井。

(9) 塑料检查井井筒安装应垂直，安装完后应及时进行包封混凝土；实壁管与检查井连接处要安装水膨胀橡皮圈，并用防水砂浆做好防渗漏处理。

(10) 管道施工完后应做闭水试验。闭水试验在管道回填前进行，闭水试验前，应在试验段管道灌水浸泡 12h 后，观察检查井井身、管道及管道接口外露处有无渗漏。

(11) 管道回填材料质量应符合规范要求，并按设计要求分层、对称、夯实。

3. 终端工程

(1) 施工中应防止地面雨水汇流基坑；基坑边缘不允许堆放弃土、材料和施工器械，如遇土质较差时需采取加固措施；基坑边缘应设置安全防护措施。

(2) 基坑积水需及时排出，不允许带水施工。一体化终端设施施工时应检测坑基底承载力，防止终端设施发生倾斜。

(3) 钢筋绑扎应符合规范，钢筋尺寸需符合设计要求。

(4) 混凝土保护层厚度应达到设计规范要求。浇筑混凝土前，应先设置好预留组件，清除模板内或垫层上的杂物，混凝土浇筑应保证混凝土的均匀性和密实性。

(5) 混凝土污水处理设施需进行满水试验。

(6) 混凝土污水处理设施达到规定养护时间后，应及时进行土方回填，养护期内应注意基坑排水和安全防护。

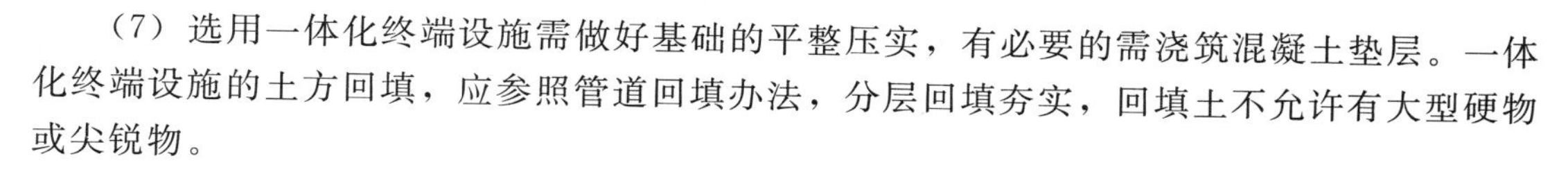

（7）选用一体化终端设施需做好基础的平整压实，有必要的需浇筑混凝土垫层。一体化终端设施的土方回填，应参照管道回填办法，分层回填夯实，回填土不允许有大型硬物或尖锐物。

9.3 施工进度控制

施工进度控制是从合同签订后，通过计划、实施、检查、纠偏等环节，使进度目标得以实现。农村污水处理设施建设的施工进度控制不仅要考虑施工进度本身的因素，还应考虑其他相关环节和相关部门自身因素对施工进度的影响，如施工过程中管道、站点位置和数量变化引起的变更，施工中与当地村民的协调等。

9.3.1 编制施工进度计划

编制施工进度计划是施工组织设计的重要组成部分，是控制施工进度和工程施工期限等各项施工活动的依据，进度计划是否合理，直接影响施工进度、成本和质量。

为编制出科学合理的施工进度计划，考虑农村生活污水设施建设中影响施工进度的因素，应掌握以下 6 个要点。

（1）根据施工设计图纸，计算所有农村污水收集管网和设施项目施工的工程量，并填入工程量汇总表。适当考虑由于管道、站点位置和数量发生的变更，引起工程量的变化对进度的影响。

（2）根据类似管网和设施建设的施工经验、现有的机械化设备和施工人员配备状况、污水处理设施的施工类型以及农村地理位置、现场施工条件等，考虑与村民协调时间，参考有关资料确定建设总工期，以确保满足合同工期。

（3）根据施工要求和当前的施工条件，结合物资的供应情况，以及施工准备工作情况，分期分批组织施工，尽可能做到平行流水施工，并明确每个施工阶段的开、竣工时间。

（4）一般情况下同一时间开工的项目不宜过多，以免人力、材料和机械过于分散。但对于施工难度较大、施工周期较长的项目，人力、材料和配套设备、机械应尽量优先安排，提高整个项目的施工进度。

（5）施工过程中尽量做到连续、均衡、有节奏，期间尽可能不中断。如施工中有需要与村民沟通，应提前与当地社区和村民进行协调，保证施工按进度计划正常进行。

（6）按照上述各条进行综合平衡，并及时检查，若与计划存在偏差，应及时调整。

9.3.2 施工进度计划实施

农村生活污水设施建设施工进度计划实施的过程中，由于存在干扰因素，如施工质量不合格出现的整改、返工等，会使得实际进度偏离进度计划，因此，编制实施性施工进度计划应充分考虑预测干扰因素、分析风险程度、采取有效预控措施。施工进度的控制分为施工前、施工中和施工后的进度控制。

（1）施工前进度控制。根据农村生活污水处理设施建设的特点，确定进度控制的工作内容、控制方法和具体措施，进行进度目标实现的风险分析以及尚待解决的问题，编制施工组织进度计划，对工程准备工作及各项任务做出时间上的安排，编制年度、季度、月度工程计划。

（2）施工中进度控制。农村污水处理设施建设进度控制过程中需要定期收集数据，做好现场施工记录，预测施工进度的发展和偏离程度；同时掌握施工过程持续时间的变化情况，如设计变更等引起施工内容的增减等，及时分析研究，与村民协调，采取调整措施；及时加强施工作业管理和调度，做好各项施工作业的技术培训与指导，提高劳动生产率，提高施工质量，节省施工成本。

（3）施工后进度控制。农村污水处理设施建设工程施工完成后进行工程资料整理、归类、编目和建档等，提出工程验收申请，做好设施运行的准备工作。

9.3.3　施工进度保证措施

农村生活污水处理设施建设施工进度控制的保证措施主要有组织措施、技术措施、经济措施和合同措施等。

1. 组织措施

（1）建立施工进度控制目标体系，明确工程现场组织机构中施工进度控制人员及其职责分工，加强管理考核，签订责任书，从组织和管理制度上来保证施工进度按计划完成。

（2）农村污水处理建设工程项目数量多，范围分散，可选择当地有工程施工经验的施工队伍来组织管理，从施工人员素质上来保证工程进度计划的实施。

（3）根据施工进度计划，各施工区负责人会同采购人员提前编制各施工材料、设备的需求计划，以保证材料、设备按时到场。

（4）建立工程施工进度报告制度及进度信息沟通网络。

（5）建立工程施工进度计划实施中的检查分析制度。

（6）建立施工进度协调会议制度，包括协调会议举行的时间、地点，协调会议的参加人员等。加强施工现场协调、检查、调度、反馈作用，对现场与协调问题的村庄，派专人负责协调推进工作，确保工期目标的实现。

（7）建立施工图纸审查、工程变更和设计变更管理制度。

2. 技术措施

（1）编制合理详细的农村生活污水处理设施建设的施工进度计划，实行动态管理，建立施工目标工期计划。

（2）根据施工进度计划，制订与工程相应的施工方案和施工技术措施，施工中随时跟踪进度实施情况，发现问题及时调整，以保证总施工进度计划目标的实现。

（3）建立施工技术交底制度。每个工种、每道工序施工前要组织进行各级技术交底。根据施工方案的作业面布置和施工班组的配置，将工程进度计划按作业面分解，制定各施工班组的作业进度计划，使各施工组都有明确的进度计划目标。

（4）做好管道工程施工测量放线技术，材料进场检验制度，实行并坚持过程“三检”制度（自检、互检、交接检）。

3. 经济措施

（1）及时办理工程施工预付款及工程施工进度款支付手续，保证资金正常运作，确保施工质量、安全和施工资源正常供应。

(2) 确保施工人员的工资实名制发放，保证施工人员安心工作。

(3) 对施工进度实行目标考核，建立施工进度目标奖励基金，对施工进度目标的实现情况实行奖惩，对工期提前给予奖励，对应急赶工给予优厚的赶工费用。

(4) 建立奖惩制度、样板制度，对施工质量优秀的班组、管理人员给予一定的经济奖励，对工程延误给予经济惩罚，收取误期损失赔偿金。

4. 合同措施

(1) 全面履行工程承包合同，加大合同执行力度，及时监督施工队伍，严格控制施工质量，接受建设监理的监督。

(2) 加强合同管理，协调合同工期与施工进度计划之间的关系，保证合同中施工进度目标的实现。

(3) 建立合同跟踪管理的工作程序和工作制度，对合同实施情况进行跟踪检查。

(4) 加强合同风险管理，在合同中应充分考虑风险因素及其对施工进度的影响，以及相应的处理方法。

(5) 加强合同归档管理，保证工程档案的真实性、完整性。

9.3.4 加快施工进度措施

农村生活污水处理设施建设施工的特点是村庄分散、地域分布广阔、任务重、工期紧张、不确定的因素多，因此加快施工进度在调整过程中应重点考虑以下内容：

1. 加快工程进度要有科学合理的施工计划

在按照施工组织计划实施过程中，运用系统的理念，优化施工方案，加快施工进度；做好施工现场的平面布置和劳动管理，安排好主管网施工时间、辅助工程的相互衔接和配合，合理组织施工流水、交叉作业。

2. 加快工程进度需要有效科学的管理

影响农村污水治理建设的施工进度因素是复杂多变的，不可能准确预测到施工过程的一切变化，也不可能一次安排好未来施工活动的全部细节。因此应做到“长计划，短安排”，根据总的进度控制进行有效管理。

3. 加快工程进度增加必要的投入措施

(1) 综合检查施工设备是否配套，性能和运行状态是否稳定。

(2) 综合规划材料、构配件的运输通道，保证材料运输的畅通，加大材料、构配件的储备，保证施工过程中的供应。

(3) 适当加大人力、物力和施工设备的投入，充分利用现场施工工作空间，尽量缩短主管网的施工工期。

(4) 现场作业及管理人员采取轮班制，合理延长每天作业时间，在取得主管部门的许可下适当进行非关键部位夜间施工，达到缩短工期的目的。

(5) 在施工前优选劳务队，合理的配备施工管理人员，达到施工中默契的配合，同时引进奖励机制，调动工作人员的积极性。

(6) 公司财务对工程实行专款专用，必要时考虑垫付资金，保证工程用款，确保工程顺利进行。

4. 加快工程进度应注意几个原则

（1）保证工程质量的原则，工程项目实施过程中，质量必须满足设计和合同条款要求，当进度与质量发生矛盾时，进度服从质量；当成本与质量发生矛盾时，成本服从质量。

（2）保证施工安全的原则，特别强调“百年大计，安全第一”。考虑劳力作业均衡，确保作业者安全。当质量与安全发生矛盾时，质量服从安全。

（3）技术经济合理的原则，做到技术上可行、经济上合理。

（4）满足基本建设程序的原则，不能未经审批、未经验收（如隐蔽工程等）擅自进入下道工序施工。

9.4　施工成本控制

施工项目成本是指工程施工单位在以施工项目作为成本核算对象的施工过程中，所产生的全部生产费用的总和，包括所消耗的材料、构配件、周转材料的摊销或租赁费，施工机械的台班费或租赁费，支付给工人的工资、奖金以及进行施工组织和管理所发生的全部费用支出。农村生活污水处理设施建设的施工成本控制目标是以工程项目为对象，根据施工单位的总体目标和工程项目的具体要求，合理使用资源，降低项目成本，提高经济效益。

农村生活污水处理设施建设项目的施工成本控制难度主要有以下两个方面：

（1）农村生活污水处理设施点多面广、较为分散，且相隔距离远，需投入的管理人员及施工班组较多，材料、构配件、设备等运输比较分散，管理不能集中，只要有一处施工遇到阻碍，就会影响整个施工的进度和统筹，因此不仅影响施工进度，还会提高施工成本。

（2）施工中产生的设计变更较多，也会提高施工成本。设计阶段现场踏勘与实际施工时的变化普遍存在，虽然有协调各方签字确认，但是实际过程中，为了最大限度地满足村民利益，减少或避免矛盾的产生，还是需要调整。

9.4.1　施工成本计划的编制

施工成本计划是根据项目施工的具体情况制订的施工成本控制方案。考虑农村污水治理工程的特殊性，编制程序如下。

1. 收集和整理资料

收集、整理资料是编制成本计划的必要步骤，是编制成本计划的依据。收集的资料有农村生活污水处理设施建设的工程承包合同、施工图预算、施工组织设计、施工机械设备使用情况、原材料消耗、管材和设备供应、施工人员工资等资料。

2. 估算计划成本，即确定目标成本

根据设计、施工等计划，按照工程项目应投入的材料、劳动力、机械设备等，结合各种因素的变化和准备采取的各种措施，进行反复测算、修订、平衡后，估算生产费用支出的总水平，进而提出整个工程项目的成本计划控制指标，加以整理分析，最终确定目标成本。

3. 编制成本计划草案

成本计划指标批准后，项目负责人应组织相关人员进行讨论，在总结前期成本计划完成情况的基础上，结合本期计划指标，找出完成本期计划有利和不利因素，提出挖掘潜力、克服不利因素的具体措施，编制成本计划草案。

4. 综合平衡，编制正式的成本计划

在各职能部门上报了成本计划和费用预算后，项目经理部首先应结合各项技术经济措施，检查各计划和费用预算是否合理可行，并进行综合平衡，经反复讨论多次综合平衡，最后确定的成本计划指标，即可作为编制成本计划的依据，项目经理部正式编制的成本计划，上报后可正式下达执行。

9.4.2 施工成本的动态控制

1. 施工项目成本动态控制的主要依据

（1）工程承包合同。成本控制以工程承包合同为依据，从预算收入和实际成本两方面着手，挖掘增收节支的潜力来降低施工成本，以获得最大的经济效益。

（2）进度报告。进度报告提供了施工期内工程实际完成量以及施工成本实际支付情况，通过两者比较，找出差别，分析原因，采取改进措施。

（3）施工成本计划。根据下达的承包基数组织制定成本计划，进行施工项目成本预测。

（4）工程变更。施工中一旦出现工程变更，计划工程量、计划工期和计划成本都将发生变化，施工项目经理就要随时掌握变更情况，包括已发生工程量、将要发生工程量、工期是否拖延、支付情况等重要信息，判断变更以及变更可能带来的索赔等，进行计算分析。

2. 施工成本目标控制的方法

施工成本在理论上的控制方法主要有制度控制、定额控制、指标控制、价值工程和赢得值法（Earned Value Management，EVM）等，其他还有根据成本目标实施过程中控制的方法，如采用施工图预算控制成本支出，实行“以收定支”或“量入为出”控制施工成本。

3. 动态控制施工成本的步骤

（1）按照成本控制的要求，收集施工成本的实际值；项目负责人组织成本员、预算员、材料员进行预算成本控制、费用结算工作，进行成本账目、经济数据核对。

（2）定期对施工成本的计划值和实际值进行比较。

（3）通过施工成本计划值和实际值的比较，如发现成本的偏差，则必须采取相应的措施进行纠偏，对施工组织设计及施工方案（措施）的经济性提出参考意见，控制在施工过程中其他费用的投入。

9.4.3 施工成本控制措施

（1）建立工程成本控制体系，保证成本控制措施的落实。成立项目经理为领导的控制成本组，建立成本目标责任制，将成本目标层层分解，责任到人。

（2）建立完善控制工程成本制度，保证成本控制工作有章可循。

（3）实行“项目法”施工，精简机构，提高效率。挑选具有丰富的工程管理经验的管理人员、精通业务的技术人员及技术熟练的技工组成工程项目部，建立一支机构精练、高效多能、能打敢拼的施工队伍，从而降低现场管理费。

(4) 实行目标管理和项目承包制，让“成本否决制”贯穿施工的各个层面。通过承包有效地降低管理费、施工人工费等费用，从而达到控制工程成本的目的。

(5) 严格材料管理制度，强化物资供应管理，提倡节约，杜绝浪费。材料消耗控制是决定工程成本主要因素，必须杜绝浪费。施工前由专业工程师以各分项工程为单元，给承包班下达材料消耗定额，根据施工进度限额领料。自行采购的材料，主要材料采取招标办法，在保证产品质量的前提下，择优选廉。

(6) 优化施工组织设计，强化网络计划管理，保证施工过程有序、可控、高效。随着施工的逐步展开，将根据工程进度，不断优化施工组织设计，及时调整施工方案，强化网络计划管理手段，整个施工过程处于一种可控状态。尽量减少雨、夜施工，以保证工程质量，降低工程成本。

(7) 配备先进精良的施工机具、仪器仪表，确保工程施工优质高效。为保证工程优质高效地进行，必须配备了数量充足、性能先进、状态良好的运输工具、施工机具及仪器仪表，充分发挥先进设备的作用，努力提高施工质量及工作效率，降低工程成本。

(8) 制订合理、可行的运输方案，努力降低运输成本。地方料、自购物资在同质同价的情况下就近采购。

(9) 根据当地地理地形、气候条件等特点，合理安排施工。在安排施工时本着统一与灵活相结合的原则。

(10) 控制工程变更。在施工过程中，由于村民的特殊诉求，经常更改管道、站点位置，产生变更，涉及的费用增减必须经相关单位负责人共同签字，同时应尽可能提前与村民协调实现这类变更，便于减少损失。

(11) 制定质量计划，加强质量管理，避免返工现象，确保一次成优。

(12) 对于污水处理设施的试运行，要积极培训上岗人员，合理按照试运行程序，力争缩短试运行周期，以降低试运行成本。

(13) 工程承包项目必须建立各种规章制度和信息系统。建立各类规章制度、报告制度，完善各类信息系统和监督体系，以保障信息畅通。在项目实施过程中合同文本、变更文本等包括费用和数据资料进行归档，做到有据可查。

(14) 搞好“三个配合”，减少和降低不必要的开支。施工中搞好三个配合：①与建设单位、设计及现场监理的配合，隐蔽工程及时验收，及时隐蔽；②施工中与处理好地方政府的协作关系；③与其他施工单位之间的配合，保证工程的顺利进行。

9.5　施工合同管理

施工合同分为施工总承包合同和分包合同。施工总承包合同的发包单位是建设单位或取得建设项目总承包资格的项目总承包单位，合同中一般称为建设单位，施工总承包合同的承包方是承建单位，分包合同的承包方是作业单位。农村生活污水处理设施建设承包单位的合同管理主要有建设项目合同评审、合同谈判与签约、合同实施计划编制、合同实施控制管理、项目合同执行后的评价等。

9.5.1 施工合同管理要求

(1) 健全农村生活污水处理设施建设施工项目部的施工合同管理制度。

(2) 对合同管理人员、项目经理及其相关人员进行合同法律知识培训，提高相关人员的法律意识。

(3) 合同签约时首先要核实对方的法人资格，了解对方的信誉及其他有关情况和资料；认真依照法律程序审核合同、签订合同，避免出现无效合同的条款；做好施工合同的签证、公证工作，并在规定时间内交合同管理机关备案。

(4) 履行合同时要经常检查合同及有关法规的执行情况，并进行统计分析，如统计合同份数、合同金额、纠纷处理，分析违约原因、变更和索赔情况、合同履约率等，以便及时发现问题、解决问题。

(5) 施工合同、来往函件、附件、变更记录、工程洽商资料、补充协议等由专人整理保管，随时备查；工程结算后，归档整理全部合同文件。

9.5.2 合同变更管理

合同变更是指合同成立以后和履行完毕前由双方当事人依法对合同的内容进行修改，包括合同价款、工程内容、工程数量、质量要求和标准、实施的程序等改变都属于合同变更。

农村生活污水处理设施建设最常见的合同变更有两种：第一种是涉及农村生活污水处理设施建设的合同条款变更；第二种是生活污水管道工程和设施建设的工程变更，即工程的质量、数量、性质、功能、施工方案的变化。农村生活污水处理设施建设主要涉及较多的是工程变更，包括设计变更、施工方案变更、进度计划变更和新增工程等。

农村生活污水处理设施建设施工单位对合同的变更管理主要包括变更协商、变更处理程序、制定并落实变更措施、修改与变更相关的资料以及结果检查等工作。

1. 变更产生的原因

(1) 农村生活污水处理设施项目的建设单位由于某些原因要求变更的。

(2) 施工单位在施工过程中，遇到未预料到的情况导致管道位置变化引起管材的数量增减或处理设施点位置变化等需要进行调整的变更。

(3) 由于项目合同实施中出现问题，必须调整合同目标或修改合同条款的。

(4) 由于设计等方面的原因产生的设计变更。

(5) 由于其他原因产生的合同变更。

2. 合同变更实施的注意事项

农村生活污水处理设施建设施工中的合同变更应注意以下几点：

(1) 根据国家九部委颁布的《标准施工招标文件》规定：在履行合同过程中，改变合同中工程的基线、位置、标高和尺寸；改变合同中任何一项工作的质量或其他特性；改变合同中任何一项工作的施工时间都需要进行合同变更。

(2) 工程施工中没有监理单位的变更指示，施工单位不得擅自变更。

(3) 在履行合同过程中，施工单位通过监理单位向建设单位提供图纸、技术要求以及其他方面的合理化书面建议，监理单位与建设单位协商后如被采纳的，由监理单位发出变更指示。

(4) 变更指示应说明变更的目的、范围、变更内容以及变更的工程量及其进度和技术要求，并附有关图纸和文件。

(5) 由于其他因素引起变更而影响到工期，施工单位应提交调整工期的详细资料给监理单位。

9.5.3　设计变更

设计变更是指对已批准的初步设计文件、技术设计文件或施工图设计文件所进行的修改、完善、优化等活动。农村生活污水处理设施建设的设计变更通常是设计单位和建设单位以图纸或设计变更通知单的形式发出。

1. 设计变更产生的原因

(1) 施工单位在施工过程中，遇到一些原设计未预料到的情况，如管道位置绕行、站点位置的变化等需要进行设计变更的。

(2) 农村生活污水处理设施建设项目开工后，由于某些原因，建设单位提出要求某些部位需要变更的，征得设计单位的同意后出设计变更手续。

(3) 施工过程中，由于施工技术、材料供应等原因需要改变某些具体设计等引起的设计变更，经相关参建单位签字同意可按程序办理设计变更手续。

2. 设计变更实施的注意事项

农村生活污水处理设施建设的设计变更实施后，由监理工程师签署实施意见。但应注意以下几点：

(1) 由于施工不当或施工错误造成的，由施工单位自付设计变更费用，如对工期、质量造成影响的，施工单位还应进行承担相关索赔费用。

(2) 由于设计部门的设计错误或缺陷造成的变更费用，包括勘察不到位，设计图纸与施工现场严重不符，污水处理设施技术参数不明确或不完整，设计工程量遗漏或计算错误等产生的费用，设计单位应按合同约定，承担相应费用。

(3) 由于工程监理机构责任造成损失的，监理机构应承担相应的费用。

(4) 设计变更应作为原施工图纸的组成部分内容，所发生的费用计算应和原计算方法保持一致，并按国家有关法律法规对原费用进行调整。

(5) 由于合理化建议提出设计变更或设计变更删减的内容，按以上程序进行费用调整。

(6) 由设计变更造成的工期延误，若经过监理工程师口头同意的，事后应按有关规定补办手续。未经监理工程师认可并签发的书面设计变更一律不予认可。

9.5.4　工程现场签证

工程现场签证是指施工中出现与施工合同未约定的、对施工图纸和设计变更所确定的工程内容以外，但实际施工中确实产生费用的施工内容而进行的签证。工程签证作为一种补充协议，在施工单位履行施工合同过程中发挥重要作用。工程现场签证包括现场价款签证和工期签证。

1. 工程现场签证原则

(1) 准确计算原则：工程量签证要尽可能做到详细、准确计算工程量。

(2) 实事求是原则：按实际发生工程量签认，不得弄虚作假。

(3) 及时处理原则：现场签证应及时处理，防止签证日期与实际情况发生的日期产生不符的现象而引起不必要的纠纷。

(4) 避免重复原则：如签证单上的内容与原合同内容、设计图纸内容等有重复，不再计算签证费用。

(5) 现场跟踪原则：在签证费用发生前，若金额较大，由项目经理与现场监理人员及其他相关人员共同到现场察看确定。

(6) 授权适度原则：签证责任人、签证权限以及签证方式必须在施工合同中予以明确。

2. 工程现场签证注意事项

(1) 及时办理现场签证。凡涉及经济费用支出的停工、窝工、用工签证等，在第一时间必须按要求完善书面手续，报监理单位审核。

(2) 及时向主管部门汇报办理情况。

(3) 不适合以签证形式出现的如议价项目、材料价格等，应在合同中约定，合同中没约定的，应由相关人员以补充协议的形式约定。

9.6 安全文明施工管理

施工安全管理应贯彻落实"安全第一、预防为主、综合治理"的基本方针，坚持"管生产必须管安全、管质量必须管安全、管业务必须管安全"的原则，做到"党政同责、一岗双责"，建立、健全施工安全生产管理保证体系、施工安全生产责任制和群防群治制度，防止伤亡和其他安全生产事故的发生。

9.6.1 施工安全管理措施

1. 建立施工安全生产管理组织机构

农村生活污水处理设施建设的施工安全管理是整个建设工程的重中之重，应严格根据工程特点，成立安全生产管理组织机构和领导小组，由项目经理为组长，书记及技术负责人为副组长，各施工区负责人下设置专职安全管理人员，各施工区施工员为施工区内兼职安全管理人员。

2. 建立安全生产管理保证体系

施工单位应当按照有关规定编制施工安全技术措施或专项施工方案，建立施工安全管理保证体系，健全安全施工责任制度，按照合同约定履行安全职责，明确责任和义务，以合同定目标、以目标定责任，将安全责任分解到人，把好安全质量关。

(1) 建立安全教育保证体系。

施工前，施工单位相关人员要详细了解施工现场情况，充分做好施工前的准备工作，熟悉施工要领，制定工地安全管理条例。

坚持全员的安全教育，制定安全教育与培训计划，并进行新工人三级教育、特种工人培训教育和班前教育技术交底，进行各级年审、教育、培训均必须考试合格、签发合格证后持证上岗，对于未安全教育的工人，不予上岗。

项目经理负责管理安全奖励基金，根据安全文明大检查结果和日常巡检记录，定期组织安全评比考核，对安全现场突出班组、个人进行表扬和奖励，对安全工作差的进行批评、教育、处罚。

（2）做好安全技术交底。

每个部位工序施工前，均由质检部门、技术部门组织对各施工管理人员及施工工人进行安全技术交底，并提出安全技术要求及安全注意事项。

（3）制定安全检查制度。

施工单位应制定安全检查制度，认真检查各种机械设备的使用和维修情况，经常要检查现场的临时设施、材料、构配件等的质量，对易损的施工用具如钢丝绳、钢筋等必要时做强度或承载试验，经常性检查电气设备或电线的绝缘性能，消除危险源。通过不同层次、不同级别的各种检查对整体安全管理进行有效监控和考核，查出的安全隐患必须定措施、时间、整改人员，并做好记录，保证现场的施工安全。

（4）积极贯彻执行消防法规、规章和消防技术规范。

建立并执行消防管理工作检查制度，特别是在进行管材切割、电气安装等危险作业时，注意防火安全。

3. 健全安全施工责任制度

健全安全施工责任制度有以下几方面的内容：

（1）项目经理部安全管理负责人与各分包单位负责人签订安全生产责任书，使安全生产工作层层负责，责任落实到人。

（2）安全员在安全经理的领导下，负责日常安全生产检查、监督、管理工作；深入施工现场，对作业层、段进行检查；认真贯彻执行国家各项安全生产方针、政策、规定和制度，掌握安全动态，并经常向安全经理汇报工作；组织学习安全操作规程和制度，配合做好安全培训、教育工作；发生重大安全事故，应迅速抢救伤员和国家财产，组织保护现场，参加事故调查分析。

（3）施工区负责人、施工员对所管辖工程的安全生产负直接责任。组织实施安全技术措施；不违章指挥，制止冒险作业，对施工工人进行安全技术交底，对施工现场搭设脚手架和安装电气、机械设备等安全防护装置，应组织验收，合格后方能使用；组织工人学习安全操作规程，教育工人不违章作业；对安全生产工作要经常检查，消除事故隐患；发生工伤事故立即上报。

（4）班组长要遵守安全生产规章制度，带领本班组安全作业，认真执行安全交底，有权拒绝违章指挥；班前开好安全生产会，对所使用的机具、设备、防护用具和施工作业环境应进行安全检查；组织班组工人学习安全生产操作规程；经常检查安全生产情况，发生工伤事故要立即上报，并保护好现场。

（5）项目部各职能部门，都应在各自业务范围内，对实现安全生产的要求负责。各部门要求如下：①工程部门要合理组织生产，贯彻安全规章制度和施工组织设计（施工方案）；加强现场平面管理，建立安全生产，文明生产的秩序。②技术部要严格按照国家有关安全技术规程、标准编制设计、施工、工艺等技术文件，提出相应的安全技术措施；编制安全技术规程；负责安全设备、仪表等技术鉴定和安全技术科研项目的研究工作。③物资部对一切机电设备，必须配齐安全防护保险装置，加强机电设备的经常检查、维修、保养，确保安全运转；培训操作人员。对实现安全技术措施所需材料，保证供应；对安全带、安全网等要定期检查，不合格的要报废更新。④安保部负责将安全教育纳入全员培训计划，组织职工的安全技术训练。要配合安全部门做好新工人、调换岗位工人、特殊工种工人的培训、考核、发证工作；贯彻劳逸结合，严格控制加班加点。⑤综合办公室负责对职工的定期健康检查；现场劳动卫生工作；监测有毒有害作业场所的尘毒浓度；提出职业病预防和改善卫生条件的措施。

4. 制定安全事故应急救援预案

了解农村生活污水处理设施建设施工附近的医院、派出所、消防部门、电力部门等电话、地址，以便发现情况及时联系。检查备用急救物品以及各种安全防护用具等。加强现场安全事故应急处理的培训教育。

安全生产的应急救援预案程序如下：

（1）成立应急组织机构和抢险及应急预案领导小组。应急组织机构下设通信联络组、技术支持组、消防保卫组、抢险抢修组、医疗救护组、后勤保障组。抢险及应急预案领导小组由项目经理任组长，生产经理、总工程师任副组长和各部门负责人及其相关人员组成。

（2）编制应急事故上报流程。值班人员在接到紧急情况报告后必须在5min内将情况报告应急指挥机构指挥长和副指挥长，指挥长组织讨论后在最短的时间内发出如何进行现场处置的指令，分派人员车辆等到现场进行抢救、警戒、疏散和保护现场等，同时由办公室在30min内报告公司、监理、建设单位及相关单位。

（3）配备应急救援物资储备。为保证突发性事件发生时所用的设备及物资在使用时充足，配备物品及设备等应急救援物资。储备物资的调用必须由应急救援小组下令后方可领用。储备物资的定期检查、更新、补充、调整工作由物资部负责，安全部监督。储备物资、设备的使用培训工作由安全部组织，工程部配合进行培训。所有的储备物资及应急抢险储备金不得挪为他用。

（4）应急演练和善后处理。为了在出现险情时处理迅速，项目部对预设险情进行实地演练，并填写应急演练记录表，记录演练内容、人员分工、方案、处理程序等。抢险救援结束后，由监理单位主持、建设单位、设计、咨询等相关单位参加的恢复生产会，对生产安全事故发生的原因进行分析，确定下部恢复生产应采取的安全、文明、质量等施工措施和管理措施。恢复生产主要有以下几个方面：①做好事故处理和善后工作，对受害人或受害单位进行领导慰问或团体慰问。②确保恢复生产所需资金投入畅通、及时到位。③及时调用后备人员和机械设备，补充到该工区，进行生产恢复，尽快达到生产正常。④抢险结束和生产恢复后，对应急预案的整个过程进行评审、分析和总结，找出预案中存在的不足，并进行评审及修订，使以后的应急预案更加成熟，遇到紧急情况等能处理及时，将安全、财产损失降低到最底限。

9.6.2 现场施工安全管理内容

1. 施工前的管理要求

施工前，按规定向建设单位索取施工现场相关的地下管线设施及毗邻建筑资料，并经现场核对后，方可施工。对各种机械、车辆的操作人员进行机械技术和安全要求交底，操作人员必须持证上岗，施工机械应经验收合格；操作时应遵守安全操作规程，杜绝违章操作，违章指挥，并做好记录。清除地面障碍物，做好施工场地排水工作。

2. 施工过程中的管理要求

施工过程中，遇有燃气、供电、供水、供热、通信等地下管线时，应暂停施工并通知相关单位，按专业部门提出的要求对管线进行保护后，方可继续施工。基坑周边1m范围内不得堆载，堆载的高度不应超过规定要求。基坑内清土人员应避开挖掘机臂，边缘和基底清土时，定专人监护坑壁边的变化，发现异常情况及时汇报。基坑上边缘需设置安全围护，围护采用市政施工专业围护，围护上方贴反光条，悬挂警示牌，底部设置挡脚板。

(1) 钢筋工程施工中注意事项。钢筋工程的设备必须专人管理。钢筋机械必须按要求接地或接零，执行“三相五线”制遵照“机一闸一箱一保护”制度。机械设备的分电箱严禁装设插座。所有机械设备专人管理专人使用。钢筋配料及制作、断料等工作应在地面进行，吊运钢筋要注意附近的障碍物和架空电线等。吊装钢筋时，基坑内严禁站人，必须待钢筋下至距坑底50cm以下时才可靠近。

(2) 混凝土浇筑施工中注意事项。雨雪天要注意防滑，及时清除钢筋上、模板内的冰雪冻块。严禁上下抛掷物品。混凝土浇筑应设置适当的工作面，严禁直接站在模板或支撑上操作。使用振动棒应穿胶鞋，湿手严禁接触开关，电源线不应破皮，输电必须安装漏电开关，电源线不得有接头。振动器移位时，不能硬拉线，防止割破或拉断电线而造成触电事故。

(3) 设备吊装作业施工中注意事项。作业前，进行技术交底；作业中，未经技术负责人批准，不得随意更改。参加起重吊装的人员应经过严格培训，取得培训合格证后，方可上岗。作业前，应检查起重吊装所使用的起重机械、吊索等，确保其完好，符合安全要求。起重作业人员必须穿防滑鞋、戴安全帽。吊装作业区四周应设置明显标志，严禁非操作人员入内。附近如有高压线路时，必须保持安全距离，见表9-3。

(4) 焊割作业安全技术措施。电焊机壳应接地或接零；二次接线焊接电缆的绝缘应良好，焊工出汗或在潮湿地点焊接时，在作业地点应用绝缘垫板与管子进行隔离绝缘；焊工应穿戴齐全防护用品，如工作服、帽、面罩、手套等，且应保持干燥；焊接作业区5m内不得有易燃、易爆物品等。

表9-3　　起重机与架空线路边线的最小安全距离

方向	电压/kV						
安全距离/m	<1	10	35	110	220	330	500
沿垂直方向	1.5	3.0	4.0	5.0	6.0	7.0	8.5
沿水平方向	1.5	2.0	3.5	4.0	6.0	7.0	8.5

3. 安全用电中注意事项

(1) 所用施工人员掌握安全用电的基本知识和所用设备性能，用电人员各自保护好设备的负荷线、地线和开关，发现问题及时找电工解决，严禁非专业电气操作人员乱动电器设备。

（2）一级配电箱四周设防护栏，上锁并由专人负责，其他人员不得随便进入，变压器安设位置、接地电阻符合规范要求。

（3）所有电器设备及其金属外壳或构架均要按规定设置可靠的接零及接地保护。

（4）施工现场架设的临时电线，有专人负责维护，做到经常检查。

（5）现场的临时电闸箱有专人管理，并加锁。

4. 道路交通安全管理

（1）成立以项目经理为组长的交通安全管理组，配合交通管理部门对施工范围及其影响路段进行施工期间全过程轮班管理指挥，定期向有关部门汇报交通疏导和施工情况，并组织学习交通安全管理知识。

（2）制定切实可行的交通导行措施，组织专人负责交通协管。

（3）交通安全管理组下设交通疏导、巡查小组，全天候巡视，配穿统一的反光衣、对讲机和指挥棒。

（4）施工区域设立警示标牌，顶部安装警示灯并在交通线路上布设减速、前方施工等标志标牌。

（5）在施工场地进出车辆时，安排专职交通指挥员，在路口疏导车辆、行人交通。

（6）施工前，组织施工作业人员进行技术交底和安全教育。

（7）施工期间，所有人员均佩戴安全帽，穿反光背心，在围挡前方、后方处设立施工缓行标志，围挡采用防撞水马，并有专人指挥交通。

（8）施工机械停放在施工围挡内，不得停放在围挡外、道路边，以免造成交通堵塞。

5. 施工安全防护

（1）施工机具安全防护。

1）弯曲机使用时弯曲半径内不得站人，切断机操作人员手不得备靠近刀口。

2）焊钳绝缘良好，外壳做接零保护，一次线小于5m，二次线小于30m，双线到位，防护罩齐全。

3）手持电动工具使用移动开关箱，漏保灵敏，电源线长度不大于5m。

4）安装砂轮前，必须检查有无裂纹，使用时，须待砂轮机的转速稳定后再用，一般先空转几次以试机，操作者必须站在机旁，严禁正对砂轮，防止发生危险。砂轮机必须装设防护罩，操作人员必须戴防护眼镜。

（2）防坠落措施。

1）从事高处作业人员要定期体检，凡患高（低）血压、心脏病、贫血病、癫痫病、精神病及其他不适于高处作业疾病的人员，严禁从事高处作业。

2）高处作业施工人员必须佩戴安全带。

3）施工人员进入施工现场必须戴好安全帽。

4）基坑上边缘需设置安全围护，围护采用市政施工专业围护，围护上方贴反光条，悬挂警示牌，底部设置挡脚板。

6. 消防安全管理

(1) 成立消防管理领导小组。

以项目经理为组长，项目副经理和安全负责人为副组长，各施工工区消防管理负责人为小组成员的消防管理机构，负责项目驻地和施工现场消防工作的组织与协调。

(2) 建立防火责任制。

项目经理部与建设单位签订《防火安全责任书》，与各施工工区防火负责人签订防火责任书，施工单位防火负责人与外施工队签订防火责任书，使防火工作层层负责，责任落实到人。

(3) 建立健全消防管理制度。

1) 每月召开一次"施工现场消防管理"工作例会，总结前一阶段消防工作的情况，布置下一阶段的消防工作。

2) 建立并执行消防工作检查制度。

3) 制订消防工作总体方案，并根据不同季节和工程进度，制订出分阶段的防火预案及灭火方案。

4) 每月定期对施工人员及操作者进行安全防火知识教育。

5) 每季度组织一次防火演习，使工程经理部具备一定的自救能力，一旦发生火情，在消防车到达现场之前，可以进行有效的自救。

(4) 消防管理要求。

1) 现场应设置防火标志牌、防火制度、防火计划及119火警电话等醒目标志，并明确划出发生火警时逃生线路及集合地点。

2) 根据施工现场的具体情况设置足够数量的消防器材，并做到布局合理，经常维护和保养，在冷季节应采取防冻保温措施，保证消防器材灵敏有效。

3) 消防器具架处设有明显标志，并配备足够的水龙带，在现场或料场发生火情时，可迅速接水灭火。严禁占用消防通道。消火栓周围3m以内，也不得存放任何物品。

4) 进行明火作业时需办理用火证，并有专人监护。使用电气设备和易燃、易爆物品，严格落实防火措施，指定防火负责人，配备灭火器材，确保施工安全。

5) 施工现场内禁止易燃支搭，现场及结构内不得随便搭设更衣室、小工棚、小仓库。施工中，对所用木料加强管理。

9.6.3　文明施工要求

(1) 施工单位应严格遵守国家及地方政府颁发的安全施工、文明施工等规范规定。设立项目工地文明施工管理小组负责对整个工地的文明施工进行直接和全方位的指挥、对违反有关文明施工规定的个人、班组进行处理和处罚。

(2) 施工现场应树立安全警示牌、作业区域警示牌，设立项目公示牌、导行指示牌及宣传横幅，制定施工导示、运行期的项目简介等。路口的围挡应设置夜间照明，尽快恢复施工路面，便于居民出行，及时消除安全隐患。作业房内工具排列整齐，各项规章制度、技术安全措施、作业流程框图张贴上墙、清晰明了。

(3) 与各施工班组签订文明施工责任书，明确双方职责与任务，坚决消除工地"脏、乱、差”的陋习。

（4）施工人员保持服装整齐不得光膀作业。作业面干扰时相互谦让礼貌用语。杜绝乱写乱画“工地文化”，保持施工场地的整洁有序。

（5）施工单位在现场土方开挖中如发现管道、电缆、文物及其他埋设物应及时报告，不得擅自处理。

9.7 绿色施工管理

绿色施工是指工程建设中，在保证质量、安全等基本要求的前提下，通过科学管理和技术进步，最大限度地节约资源与减少对环境负面影响的施工活动，实现“四节一生态环境”（节能、节地、节水、节材和生态环境保护）。实施绿色施工，应对施工策划、材料采购、现场施工、工程验收等各阶段进行控制，加强对整个施工过程的管理和监督。

9.7.1 绿色施工管理内容

绿色施工管理主要包括组织管理、规划管理、实施管理、评价管理和人员安全与健康管理等5个方面内容。

1. 组织管理

（1）建立绿色施工管理体系，并制定相应的管理制度与目标。

（2）项目经理为绿色施工第一责任人，负责绿色施工的组织实施及目标实现，并指定绿色施工管理人员和监督人员。

2. 规划管理

（1）编制绿色施工方案。该方案应在施工组织设计中独立成章，并按有关规定进行审批。

（2）绿色施工方案应包括以下内容：①环境保护措施，制定环境管理计划及应急救援预案，采取有效措施，降低环境负荷，保护地下设施和文物等资源。②节材措施，在保证工程安全与质量的前提下，制定节材措施。如进行施工方案的节材优化，建筑垃圾减量化，尽量利用可循环材料等。③节水措施，根据工程所在地的水资源状况，制定节水措施。④节能措施，进行施工节能策划，确定目标，制定节能措施。⑤节地与施工用地保护措施，制定临时用地指标、施工总平面布置规划及临时用地节地措施等。

3. 实施管理

（1）绿色施工应对整个施工过程实施动态管理，加强对施工策划、施工准备、材料采购、现场施工、工程验收等各阶段的管理和监督。

（2）结合农污设施项目特点，有针对性地宣传绿色施工方案，营造绿色施工氛围。

（3）定期对职工进行绿色施工知识培训，增强职工绿色施工意识。

4. 评价管理

（1）对照本导则的指标体系，结合工程特点，对绿色施工的效果及采用的新技术、新设备、新材料与新工艺，进行自评估。

（2）成立专家评估小组，对绿色施工方案、实施过程至项目竣工，进行综合评估。

5. 人员安全与健康管理

(1) 制定施工防尘、防毒、防辐射等职业危害的措施，保障施工人员的长期职业健康。

(2) 合理布置施工场地，保护生活及办公区不受施工活动的有害影响。施工现场建立卫生急救、保健防疫制度，在安全事故和疾病疫情出现时提供及时救助。

(3) 提供卫生、健康的工作与生活环境，加强对施工人员的住宿、膳食、饮用水等生活与环境卫生等管理，明显改善施工人员的生活条件。

9.7.2 环境保护措施

1. 总体要求

(1) 施工单位应采取合理施工方法，尽量减少对村民正常生活的干扰。

(2) 施工应遵守国家有关环境保护的法律规定，采取有效措施控制施工现场的各种粉尘、废气、固体废弃物以及噪声、振动对环境的污染。

(3) 在施工中产生的弃土和余泥渣土应及时清运，并做到运输中不散落。

(4) 施工采用切割道路产生振动噪声时，作业时间应安排合理。

(5) 管道施工时，应制定专人负责洒水降尘制度，对施工中的水泥、砂石等要集中堆放，并应予遮盖，减少扬尘，减少对周围环境污染。

(6) 施工人员的生活污水、生活垃圾应集中处理，不得直接排入附近的水体造成污染。

2. 施工环境保护

(1) 施工现场扬尘控制。

商品混凝土供应商的选择：所有混凝土均采用商品混凝土，由施工单位牵头，组织建设单位、监理单位、检测单位考察选定综合实力强的供应商。

散状颗粒物的防尘措施：回填土、中粗砂等易产生扬尘的堆放材料进场后，临时用密目网或者苫布进行覆盖，控制一次进场量，边用边进，减少散发面积。场区内可能引起扬尘的材料及建筑垃圾搬运应有降尘措施，如覆盖、洒水等。

混凝土路面破除防尘措施：及时洒水降尘，破除废弃混凝土及时清运。

钢筋连接：尽量减少焊接产生废气对大气的污染。

洒水防尘：常温施工期间，设置水车每天派专人于现场洒水，洒水车前设置钻孔的水管，保证洒水均匀。

车辆运输防尘：保证运土车、垃圾运输车、混凝土搅拌运输车辆运行状况完好，表面清洁。挖土期间，在车辆出现场前，派专人清洗泥土车轮胎，防止车辆带土和扬尘。

(2) 废气排量控制。

现场禁止燃烧废弃物。与运输单位签署生态环境协议，使用满足本地区尾气排放标准的运输车辆，不达标的车辆不允许进入施工现场。项目部自用车辆均应配置排放达标车辆。

所有机械设备由专业公司负责提供，废气排放符合国家年检要求，有专人负责保养、维修，定期检查，确保完好。

（3）噪声与振动控制。

①加强降噪意识的宣传，采用有力措施控制人为的施工噪声，严格管理，最大限度地减少噪音扰民。②施工中合理安排作业时间，禁止夜间作业，严格按照白天、夜间施工噪声控制标准控制作业。③现场设立材料存储区域，应先封闭四周，材料尽可能在存储区进行切割等加工。④管线施工区应进行围挡封闭，降低施工产生的噪音。⑤进出场物资材料装卸要轻拿轻放。

（4）光污染控制。

尽量避免或减少施工过程中的光污染。夜间室外照明灯加设灯罩，透光方向集中在施工范围。电焊作业采取遮挡措施，避免电焊弧光外泄。

（5）水污染控制。

①雨水：经过集水井沉淀后排入附近的雨水收集井。②污水排放：办公区设置水冲式厕所。在厕所附近设置化粪池，定期交由市政环卫部门清掏。③设置隔油池：在工地食堂附近设置二级隔油池。每天清扫、清洗，油污随生活垃圾一同收入生活垃圾桶，定期交由市政环卫部门处理。④排水沟设置：现场道路和材料堆放场周边设排水沟。⑤油料的储存：储油场地应做隔水层设计，其储存、使用和保管要专人负责，防止油料的跑、冒、滴、漏污染环境。

（6）水土保持和土壤保护。

①对现场非硬化部位场地进行绿化、砂石覆盖。②现场设置封闭式垃圾站，对垃圾进行分类收集。③保护地表环境，因施工造成的裸土，及时覆盖砂石或种植速生草种，以减少土壤侵蚀。对暂不施工部位裸土须用密目网或蓝布覆盖，防止扬尘；因施工造成易发生水土流失的情况，应采取设置截排水系统、植被覆盖等措施，减少土壤流失量。④对有害废弃物如电池、墨盒、油漆等应回收后按要求规范处置，避免污染土壤和地下水。

（7）文物保护。

①施工现场发现文物，应立即上报当地文物保护部门。②立即停工保护现场，防止任何人员移动或损坏任何该类物品。③按照建设单位和文物保护部门的指令，积极协助处理。④文物保护部门处理完成后，需接到建设单位和文物保护部门通知后再组织重新开工。

9.7.3 职业健康与卫生防疫

1. 职业健康

（1）施工现场应在易产生职业病危害的作业岗位和设备、场所设置警示标识或警示说明。

（2）特种作业人员必须持证上岗，按规定着装，并佩戴相应的个人劳动防护用品。劳动防护用品的配备应符合 GB 11651《劳动防护用品选用规则》的规定。

（3）高温作业时，施工现场配备防暑降温用品，合理安排作息时间。

2. 卫生防疫

（1）严格执行日常体温监测制度。

施工现场、办公区等人员出入口及人员密集场所设立体温检测岗位进行体温测量，对施工现场所有人员进行分批次、分区域、分时段健康管理，建立全员体温检测制度，加强对人员健康状况的监测预警。一旦发现有发热、乏力、干咳等症状的人员，项目部负责人应第一时间向有关部门报告，立即启动应急处置方案。

（2）严格执行日常消毒制度。

消毒防护组的专职消毒员应每天对生活区和办公区的宿舍、办公室、厕所、盥洗间等重点区域进行不少于两次的消毒，并做好记录。保持室内环境清洁、通风良好。

（3）垃圾、废弃物管理制度。

对生活垃圾、污染口罩等废弃物进行集中管理、分类存放、定时消毒，生活垃圾应存放在封闭式容器中，及时清运，与建筑垃圾应分别运输和处置。要在办公区、生活区设置独立的封闭式存放口罩等防护用品垃圾桶。

（4）厕所清扫负责制。

厕所应设专人负责，增加清扫频率，每天定时消毒并做好记录。严禁使用无冲水设施和无隔断的厕所。观察区、隔离区厕所要单独设置，不得混用。

（5）防疫物资安全管理和个人防护严格管理。

正确使用和储存消毒液、消毒设备、酒精等防疫物资，防止意外吞食中毒或引发火灾。要严格落实个人安全防护、疫情个人防护措施，严格控制施工作业时间，防止过度疲劳。

9.7.4 施工节材与材料资源利用

（1）严格控制各项材料的下料尺寸，综合下料，施工员对各班组的下料单实行复检制度。施工现场实行限额领料，统计分析实际施工材料消耗量与预算材料的消耗量，有针对性地制定并实施关键点控制措施，提高节材率；混凝土实际使用量不宜高于图纸预算量。

（2）认真熟悉图纸和规范，严格控制钢筋成品与半成品的加工质量控制，明确工艺流程，控制下料尺寸偏差，综合下料。

（3）在模板的制作过程中采取集中制作，分类码放的方式，严禁随意切割整板。废旧模板综合再利用，利用废旧模板制作阳角成品板、钢筋护板以及分类垃圾桶等。

（4）混凝土施工过程中严格控制各分项质量，在确保工程质量的同时减小材料浪费。严禁出现因为截面尺寸过大而造成混凝土的浪费。杜绝因模板支撑体系变形过大或坍塌造成的混凝土浪费。

（5）现场管材与检查井应按图纸工程量领取，使用过程中注意保护管材。橡胶圈、拍圈、管件接头等配件按规范要求使用，现场使用完毕的剩余材料及时回收。

（6）选用耐用、维护与拆卸方便的周转材料和机具。模板应以节约自然资源为原则，推广使用定型钢模、钢框竹模、竹胶板。施工现场建立可回收再利用物资清单，制定并实施可回收废料的回收管理办法。如木材的二次加工等。对周转材料进行保养维护，维护其质量状态，延长其使用寿命。按照材料存放要求进行材料装卸和临时保管，避免因现场存放条件不合理而导致浪费。

9.7.5 施工节水与水资源利用

（1）施工中采用先进的节水施工工艺，提高用水效率。

（2）实行用水计量管理，严格控制施工阶段的用水量。生活区安装水表，及时收集施工现场的用水资料，建立用水节水统计台账，并进行分析、对比，提高节水率。

（3）现场设置雨水收集装置和污水处理系统，促进水的循环利用，现场喷洒路面、绿化浇灌、洗车等不使用市政自来水。

（4）现场搅拌用水、养护用水应采取有效的节水措施，严禁无节水措施浇水养护混凝土。

（5）施工现场供水管网应根据用水量设计布置，管径合理、管路简捷，采取有效措施减少管网和用水器具的漏损。

（6）施工现场办公区的生活用水采用节水系统和节水器具，项目临时用水应使用节水型产品，安装计量装置，采取针对性的节水措施。在水源处应设置明显的节约用水标识。

（7）闭水试验、净化槽安装用水应回收利用。

9.7.6 施工节能与能源利用

（1）能源节约教育，施工前对于所有的工人进行节能教育，树立节约能源的意识，养成良好的习惯。并在电源控制出，贴出“节约用电”“人走灯灭”等标志，在厕所部位设置声控感应灯等达到节约用电的目的。

（2）制定合理施工能耗指标，提高施工能源利用率。

（3）优先使用国家、行业推荐的节能、高效、低噪音的施工设备和机具，如选用变频技术的节能施工设备等。

（4）施工现场分别设定生产、生活、办公和施工设备的用电控制指标，定期进行计量、核算、对比分析，并有预防与纠正措施。

（5）在施工组织设计中，合理安排施工顺序、工作面，以减少作业区域的机具数量，相邻作业区充分利用共有的机具资源。安排施工工艺时，应优先考虑耗用电能的或其他能耗较少的施工工艺。避免设备额定功率远大于使用功率或超负荷使用设备的现象。

（6）设立耗能监督小组：项目部设应立临时用水、临时用电管理小组，除日常的维护外，还应负责监督过程中的使用，发现浪费水电人员、单位则予以处罚。

（7）选择利用效率高的能源：食堂使用液化天然气，其余均使用电能。

（8）混凝土配合比设计时采用用粉煤灰代替水泥使用，减少了水泥的使用量，降低了资源消耗。

（9）建立施工机械设备管理制度，开展用电、用油计量，完善设备档案，及时做好维修保养工作，使机械设备保持低耗、高效的状态。

（10）合理安排工序，提高各种机械的使用率和满载率，降低各种设备的单位耗能。

9.7.7 施工节地与土地资源保护

（1）根据施工规模及现场条件等因素合理确定临时设施。临时加工厂、现场作业棚及材料堆场、办公生活设施等的占地指标。临时设施的占地面积应按用地指标所需的最低面积设计，平面布置合理、紧凑，在满足环境、职业健康与安全及文明施工要求的前提下尽可能减少废弃地和死角。

（2）对深基坑施工方案进行优化，减少土方开挖和回填量，最大限度地减少对土地的扰动，保护周边自然生态环境。

（3）红线外临时占地应尽量使用荒地、废地，少占用农田和耕地。工程完工后，及时对红线外占地恢复原地形、地貌，使施工活动对周边环境的影响降至最低。

（4）利用和保护施工用地范围内原有绿色植被。对于施工周期较长的现场，按建筑永久绿化的要求，安排场地新建绿化。

10 项目施工监理

农村生活污水处理设施建设施工监理是指具备相应资质的监理单位受建设单位委托，在其授权范围内代表建设单位对工程施工质量、进度、造价、安全等进行控制，并对工程合同和信息进行管理，以及协调参建各方关系的一系列监督管理活动。监理单位力求通过目标规划、动态控制、组织协调、合同管理、风险管理和信息管理等措施，与各参建单位共同实现项目建设目标。

施工监理人员应遵循公平、独立、自主原则，权责一致的原则，总监理工程师负责制的原则，严格监理、热情服务的原则，综合效益的原则，预防为主的原则，实事求是的原则。

10.1 施工监理准备

10.1.1 监理组织

监理组织是农污项目监理工作的基础和前提。由于农村生活污水处理设施项目具有范围大、分布广、现场条件复杂、管理难度大、不确定性因素多等特点，为减少建设单位协调的工作量，使设计、施工有效衔接，该类项目建设大多采用工程总承包模式（图 10－1），即勘察＋设计＋施工＋采购模式，由一家工程监理单位实施施工监理。

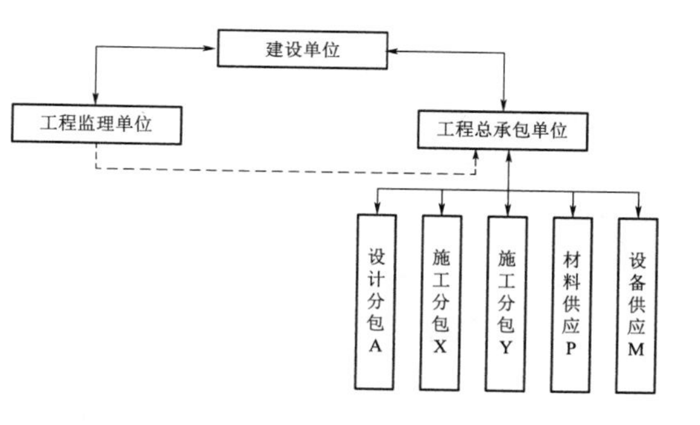

图 10－1 建设工程施工总承包模式

10.1.2 监理实施的程序

农村生活污水处理设施建设监理实施的一般程序是组建项目监理机构、收集建设工程有关资料、编制监理规划及监理实施细则、规范化地开展监理工作、参与工程竣工验收、向建设单位提交建设工程监理文件资料和监理工作总结。

1. 组建监理机构

监理单位根据农村生活污水处理设施的规模、性质及监理要求，选派称职的总监理工程师主持该项目的监理工作。并在建设工程监理合同中予以明确。总监理工程师应根据监理大纲和签订的工程监理合同组建项目监理机构，并在监理规划和具体实施计划执行中根据实际情况及时调整。

2. 收集建设工程监理有关资料

项目监理机构收集建设工程有关资料，作为开展监理工作的依据。

(1) 反映工程项目特征的资料。包括工程项目的批文，项目建议书，可行性研究报告，规划部门关于规划红线范围和设计条件的通知，土地管理部门关于准予用地的批文，批准的工程项目可行性研究报告或设计任务书，工程项目地形图，政府部门针对农村生活污水处理设施建设的有关文件、通知，工程勘察成果文件、设计图纸及有关说明等。

(2) 反映当地工程建设政策、法规的资料。

(3) 反映工程所在地区经济状况等建设条件的资料。主要有气象资料，工程地质及水文地质资料，与供水、供电、供热、供燃气、电信有关的可提供的容（用）量、价格等资料，建筑材料及构件、成品半成品的生产、供应情况、运输方式等资料。

3. 编制监理规划及监理实施细则

监理规划是农污项目监理机构全面开展农村生活污水处理设施建设工程监理工作的指导性文件。监理实施细则是在监理规划的基础上，根据有关规定、监理工作需要针对某一专业工程监理工作而编制的操作性文件。

4. 规范化开展监理工作

项目监理机构应按照建设工程监理合同约定，依据监理规划及监理实施细则规范化地开展农村生活污水设施建设监理工作。农村生活污水处理设施建设监理工作的规范化体现在以下几个方面：

(1) 工作的时序性。工作的时序性是指分布于各个区域（镇、街道）的监理工作都应按一定的逻辑顺序展开，使各区域（镇、街道）监理工作能有效开展，而不至于造成无序和混乱。

(2) 职责分工的严密性。农村生活污水处理设施建设工程监理工作是由不同专业、不同区域（镇、街道）、不同层次的监理人员和专家群体共同组成，他们之间严密的职责分工是协调进行建设工程监理工作的前提和实现建设工程监理目标的重要保证。

(3) 工作目标的确定性。在职责分工的基础上，各项监理工作的具体目标都应确定，并限定完成时限，从而对监理工作及其效果进行检查和考核。

5. 参与工程竣工验收

农村生活污水处理设施建设工程施工完成后，项目监理机构应在正式验收前组织工程竣工预验收。预验收的范围应覆盖合同内所有需要完成的污水处理设施。在预验收中发现的问题，应及时与施工单位沟通，提出整改要求和整改时限。项目监理人员应参加由建设单位组织的工程竣工验收，签署监理意见。

6. 提交工程监理档案

建设工程监理工作完成后，项目监理机构应向建设单位提交完整的工程监理档案。

7. 提交监理工作总结

农村生活污水处理设施建设工程的监理工作完成后，项目监理机构应及时从

两个方面进行监理工作总结，一方面向建设单位提交监理工作总结，另一方面也需向工程监理单位提交监理工作总结。总结内容主要包括：建设工程监理合同履行情况，监理任务完成情况，质量、投资、进度、安全环保控制情况，监理工作效果，建设工程监理工作的成效和经验，监理工作中发现的问题、处理情况及改进建议。

10.1.3 项目监理机构设立

1. 设立项目监理机构的基本要求

项目监理机构要根据农村生活污水处理设施的分布、建设数量及施工计划进行设立，并遵循适应、精简、高效的原则。设立的监理机构应有利于监理工作目标控制和合同管理，有利于监理人员职责划分和分工协作，便于监理的科学决策和信息沟通。

考虑农村生活污水处理设施项目的特点，监理机构人员配置一般根据项目的分布范围、数量多少，由 1 名总监理工程师、2～3 名总监代表、若干名专业监理工程师和监理员组成，且专业配套及数量应满足实际需求。

2. 项目监理机构设立的步骤

工程监理单位在组建项目监理机构时，一般按下列步骤进行：

（1）确定项目监理机构目标。项目监理机构的目标是通过对各区域（镇、街道）各个设施的管道和设备安装施工过程全过程、全方位、全天候实施监理，对现场存在的问题督促施工单位予以纠正，通过有效的监理手段，使项目的质量、投资、进度、安全、环保等目标得以实现。

（2）确定监理工作内容。根据确定的监理目标和农村生活污水处理设施建设工程监理合同中约定的监理任务，明确监理工作内容，并进行分类。监理工作的分工应便于监理目标控制，并综合考虑工程总承包的管理模式、污水处理设施的分布区域和分布范围、合同工期要求、工程复杂程度、施工单位班组的配备情况、阶段性进度计划，还应考虑工程监理单位自身组织管理水平、监理人员数量、技术业务特点等。

3. 项目监理机构组织结构设计

（1）选择组织结构形式。由于农村生活污水处理设施建设工程的规模、性质等的不同，应选择适宜的组织结构形式设计项目监理机构组织结构，以适应监理工作需要。农村生活污水处理设施建设工程组织结构形式选择的基本原则应有利于工程现场管理，有利于监理人员调配，有利于决策指挥，有利于信息沟通。

（2）合理确定管理层次与管理跨度。管理层次是指组织的最高管理者到最基层实际工作人员之间等级层次的数量。管理层次可分为 3 个层次，即决策层、中间控制层和操作层。

（3）划分项目监理机构部门。组织中各部门的合理划分对发挥组织效用是十分重要的。如果部门划分不合理，会造成控制、协调困难，也会造成人浮于事，浪费人力、物力、财力。管理部门的划分要根据组织目标与各区域的污水处理设施的范围确定，形成既有相互分工又有相互配合的组织机构。

4. 制定工作流程和信息流程

为了使农村生活污水处理设施项目监理工作科学、有序，应按监理工作的客观规律、农村生活污水处理设施的年度实施计划、总体施工进度计划、月（季）度进度计划、设计文件等相关规范和文件制定工作流程和信息流程，规范化地开展监理工作。

10.1.4 项目监理机构组织形式

项目监理机构作为工程监理单位派驻施工现场履行工程监理合同的组织机构，根据建设工程监理合同约定的服务内容、服务期限，以及工程特点、规模、技术复杂程度、环境等因素设立，同时明确项目监理机构中各类人员的基本职责。常用的项目监理机构组织形式有：直线制、职能制、直线职能制、矩阵制等。农村生活污水处理设施项目因涉及的镇、街道、社区、自然村较多，实施体量大、工程投资金额多，协调量大，宜采用矩阵式组织结构形式，但在实施过程中应对人员进行合理分工、明确责任，最大限度地避免推诿现象。

矩阵制组织形式是由纵横两套管理系统组成的矩阵组织结构，一套是纵向职能系统，另一套是横向子项目系统，如图 10－2 所示。图 10－2 中虚线所绘的交叉点上，表示了两者协同以共同解决问题。如子项目 1 的质量验收是由子项目 1 监理组和质量控制组共同进行的。矩阵制组织形式的优点是加强了各职能部门的横向联系，具有较大的机动性和适应性，将上下左右集权与分权实行最优结合，有利于解决复杂问题，有利于监理人员业务能力的培养。缺点是纵横向协调工作量大，处理不当会造成扯皮现象，产生矛盾。

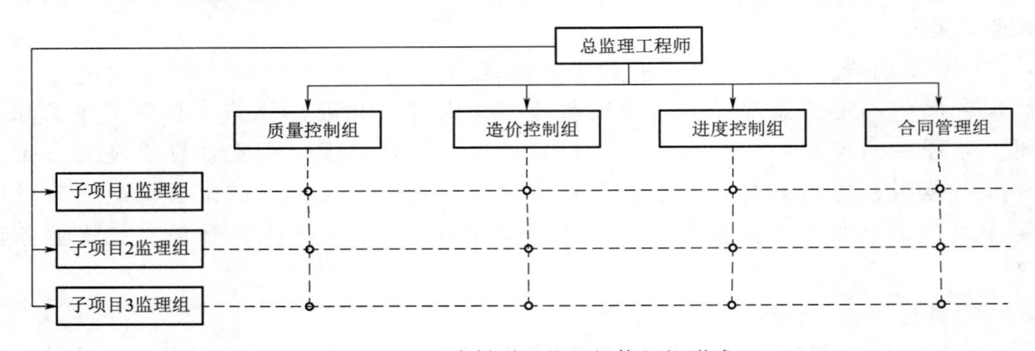

图 10－2 矩阵制项目监理机构组织形式

10.1.5 监理施工前准备

1. 熟悉合同文件

监理机构成立后，监理人员应熟悉合同文件，认真分析项目特点，掌握控制重点和难点。对合同文件中存在的差错、遗漏或含糊不清等问题，应查证清楚，并提出合理的建议及处理方法。

2. 参与确定管线路由

农村生活污水处理设施项目管线路由是管道施工的第一步，也是确定管道线路走向的关键，要根据农村的实际情况合理选择管线路由。现场确定管线路由前，应预先通知当地街道及社区负责人到现场，根据居民的分布情况、当地地形地貌，以不破坏现有设施、尽可能不干扰居民正常生活为前提，征求当地镇、街道、社区的意见和建议，路由确定后，由镇（街道）、社区、设计、监理等单位的代表签字确认，作为后续施工的依据。

3. 熟悉合同图纸

在熟悉合同图纸的过程中，监理工程师应仔细进行下列项目的审核，如发现问题应及时书面上报建设单位，并联系设计单位解决。

（1）合同图纸签认手续是否齐全，是否经过相关图审机构审查。

（2）设计文件是否完整，是否与图纸目录相符。

（3）原材料、成品半成品和污水处理设备的选用与现行规定的相符性。

（4）合同图纸中指定使用的规程、规范、标准图册的有效性。

（5）合同图纸规定采用的施工工艺与现行规范、规程的符合性。

（6）设计是否有特殊工艺和材料要求等。

4. 熟悉技术文件

监理工程师应熟悉下列项目的文件及对应的规范，以便后期监理工作的顺利开展。

（1）设计文件和主要工程内容。

（2）检测项目与检测频率。

（3）施工工艺和技术措施。

（4）监理验收和审批程序。

（5）工程量计量方法等。

5. 熟悉施工现场

（1）现场条件是否与图纸内容一致。

（2）料源情况是否与现场条件吻合。

（3）现场障碍物的探挖情况。

（4）控制桩点设置和保护情况等。

6. 编写监理规划及监理实施细则

（1）监理规划的内容。工程概况，监理工作的范围、内容、目标，监理工作依据，监理组织形式，人员配备及进退场计划，监理人员岗位职责，监理工作制度，工程质量控制，工程造价控制，工程进度控制，安全生产管理的监理工作，合同与信息管理，组织协调，监理工作设施。

（2）监理规划的编制与报批程序。①在委托监理服务合同规定的期限内，总监理工程师应组织专业监理工程师编制项目监理工作规划。②监理规划编制的总体原则是内容全面、目标明确、重点突出、措施得力、程序合理、制度健全、分工明确、职责清楚、控制有力，既有创新精神，又具有较强的项目现实指导作用和可操作性，严禁照抄规范。③监理规划由总监理工程师组织编制，并经监理单位技术负责人签字认可后，报建设单位。监理规划是整个项目监理工作的总纲，及时下发本项目监理人员贯彻执行。④在实施建设工程监理过程中，实际情况或条件发生变化而需要调整监理规划时，应由总监理工程师组织专业监理工程师修订，并经监理单位技术负责人批准后报建设单位。

（3）监理实施细则的编制与审批。①农村生活污水处理设施建设项目一般数量多、分布广，但各处理设施的设计大同小异、通用性较强，应编制详细的监理实施细则，监理实施细则应覆盖各个分项工程和检验批。②监理实施细则包括：专业工程特点、监理工作流程、监理工作要点、监理工作方法及措施等。③监理实施细则应由专业监理工程师编制，经总监理工程师审查同意后执行，并报建设单位备案。监理实施细则应下发施工项目部和相应监理人员。

7. 参加图纸会审和设计交底

（1）组织。图纸会审和设计交底由建设单位主持，设计代表、施工项目经理和技术负责人、总监理工程师和有关专业监理工程师等参加。

（2）主要内容。①设计代表介绍设计意图、水文、地质条件、主体结构、主要设计指标、采用的设计规范、施工要求、施工注意事项等。②设计代表回答或澄清施工单位代表和监理工程师所提出的问题。③整理图纸会审和设计交底会议纪要，设计代表、建设单位代表、施工单位代表、总监理工程师予以签认。符合设计变更要求的，应按设计变更手续办理。

8. 审批施工组织设计

（1）施工组织设计的主要内容。工程概况，施工部署及施工方案，施工平面布置图，总体施工进度计划，质量目标，主要经济技术指标，资源配置，劳动力组织，安全、文明施工和环境保护，施工节约技术措施等。

（2）施工组织设计审批要点。①编制内容和内部审查手续是否齐全，包括审查意见、签字等。②施工组织与部署是否合理，针对农村生活污水处理设施建设项目的分布状况，审查投入的项目管理人员、技术人员、安全管理人员及施工班组是否符合进度计划要求。③施工方法和技术措施是否合理，尤其针对较深沟槽开挖的技术、埋置较深设施的基坑开挖技术等涉及安全风险的施工安全应对措施。④质量标准是否满足合同要求。⑤施工设备是否符合施工工艺要求。⑥进度计划是否满足合同要求，施工安排是否连续、均衡，进度安排与资源配置是否协调。

（3）施工组织设计审批程序。施工单位应向监理工程师提交施工组织设计，监理工程师在收到后的规定期限内，应对施工组织设计进行审查，并提出初审意见。审批未通过的，施工单位应根据审查意见予以完善，直至符合监理工程师要求。经总监理工程师审批的施工组织设计，应报建设单位批准。当监理工程师在施工监理过程中发现批准的施工组织设计已经与工程情况严重不符或不适合时，施工单位应按照监理工程师的要求及时予以调整，并按上述程序报批。

9. 基准点复测

（1）参与设计交桩。工程开工前，规划部门或建设单位应向施工单位和监理单位进行现场交桩，并提供基准点（导线点和水准点）的详细资料。

（2）基准点复测。施工单位在接到交桩资料后，应组织测量人员对基准点进行复测、加密，并进行闭合，闭合偏差应符合相关规定。复测完毕后，书面将复测原始记录、计算结果、精度评定、测量人员资质证明、测量仪器检定证书等资料上报监理工程师审批。

（3）监理复核。监理工程师应对施工单位上报的复测报告进行复核。复核结果满足设

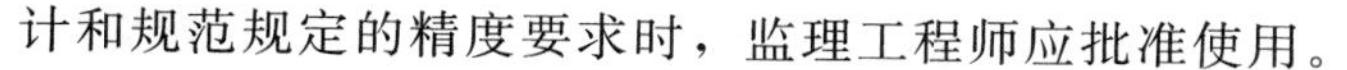

计和规范规定的精度要求时，监理工程师应批准使用。

（4）基准点的使用和保护。经监理工程师批准使用的基准点作为施工单位测量定线的依据，施工单位应对其进行妥善保护，保证在施工期间不受扰动。监理工程师对基准点批准使用的结论，并不免除施工单位应尽的义务和承担的责任。

10. 质量检验评定划分

总体工程开工以前，监理工程师应敦促施工单位进行工程单位划分，详细列明单位工程、分部工程、分项工程、检验批及涵盖关系，报监理审批。经监理工程师批准的工程单位划分，作为申报和审批开工申请、进行质量评定和信息统计的依据。

单位划分未经监理审批的，不得开工。经监理批准的工程单位划分，须报建设单位备案。

11. 施工监理交底

交底由总监理工程师主持，施工单位项目经理、技术负责人、施工负责人、质量负责人、安全文明施工负责人、计量负责人、统计负责人、试验检测负责人和有关监理人员参加。

施工监理交底主要阐述合同文件赋予建设单位、施工单位和监理单位的权利和义务，并详细介绍监理工作内容、程序和方法。

12. 检查施工单位质保体系

（1）施工单位质保体系的审批要点。①各类人员的资质、资历和数量是否满足工程需要。②质量保证体系各职能部门职能划分和工作流程是否明确。③质量保证体系总负责人是否明确，并在质量问题上具有否决权。④工地养护室是否满足工程要求。⑤仪器设备配备是否满足工程需要。

（2）施工单位质保体系的核查。①施工单位应按照合同文件的规定，在总体工程开工前，建立项目质量保证体系，并将质保体系建立、运行和约束的有关文件，书面报告监理工程师。②在收到上述报告之后，总监应及时组织监理工程师对施工单位质量保证体系逐项进行现场核查。③质量保证体系未经监理工程师核查合格的，不得开工。④检查施工单位安全文明施工保证体系。

13. 检查材料和机械设备

（1）应根据批准的工程进度计划，审查进场的机械设备的数量、型号、规格是否符合投标承诺，与批准的施工方案是否适应。未经监理工程师同意，施工单位不得擅自更换或退场。

（2）督促施工单位根据批准的工程进度计划和施工方案，确定材料供应厂家、进场计划、检验计划和存放场地，并按照规定的频率对使用的材料进行见证取样送检。

14. 核查开工条件

（1）开工前，监理工程师核查施工单位申报的总体工程开工申请。

（2）在收到施工单位提交的总体工程开工申请后，总监应组织各专业监理工程师核查开工条件，核查内容主要有：①政府主管部门规定的开工手续和资质证明是否具备。②施工组织设计和总体工程进度计划是否得到批准。③基准点测量复核是否得到监理工程师批准。④质量保证体系是否经监理工程师检查合格。⑤工、料、机准备是否满足开工需要。

⑥临时设施是否达到开工条件。⑦进场设备和人员是否和标书一致，且满足现场需要。⑧安全文明施工体系是否经总监理工程师批准。⑨环保措施是否到位。

(3) 经过核查，如施工单位基本具备了工程总体开工条件则上报建设单位，并做好召开第一次工地会议的准备工作。

15. 参加第一次工地会议

参加由建设单位主持召开的第一次工地会议，参加人员有建设单位代表、设计单位代表、项目经理、技术负责人、专职安全管理人员、总监理工程师、有关监理工程师等。

第一工地会议主要内容：①建设单位、施工单位和监理单位分别介绍各自驻现场的组织机构、人员及其分工。②建设单位根据委托监理合同宣布对总监理工程师的授权。③建设单位介绍工程开工准备情况。④施工单位介绍施工准备情况。⑤建设单位和总监理工程师对施工准备情况提出意见和要求。⑥总监理工程师介绍监理规划的主要内容。⑦商定监理例会制度等。

16. 签发工程开工令

总监理工程师应根据施工单位和建设单位双方关于工程开工的准备情况，选择合适的时机发布工程开工令。工程开工令的发布，要尽可能及时。因为从发布工程开工令之日算起，加上合同工期后即为工程竣工日期。如果开工令发布拖延，就等于推迟了竣工时间，甚至可能引起施工单位的索赔。

10.2 质量控制监理

施工阶段的质量控制是施工监理的核心任务。农村生活污水处理设施建设工程施工监理质量控制的主要工作包括：检查施工单位的质保体系运转状况、检查施工工艺是否符合技术标准的要求、检查原材料、成品半成品等是否符合质量要求和批准的质量标准；按照规定频率要求对各工序进行检查验收；及时处理施工过程中产生的质量缺陷和质量事故；及时向建设单位报告工程质量状况等。

10.2.1 质量控制监理的依据和工作程序

1. 质量监理的依据

(1) 工程合同文件。

(2) 工程勘察设计文件。

(3) 有关质量管理方面的法律法规、部门规章与规范性文件。

(4) 质量标准与技术规范（规程）。

(5) 工程质量问题及质量事故处理制度等相关文件。

2. 质量监理的工作程序

为确保农村生活污水处理设施建设质量目标的实现，应根据 GB 50319《建设工程监理规范》有关规定在建设工程监理合同约定范围内，遵循动态控制原理，坚持预防为主的原则，制定和实施相应的监理措施，采用旁站、巡视和平行检验等方式对建设工程实施监理。具体工程质量控制监理流程可参考图 10-3 实施。

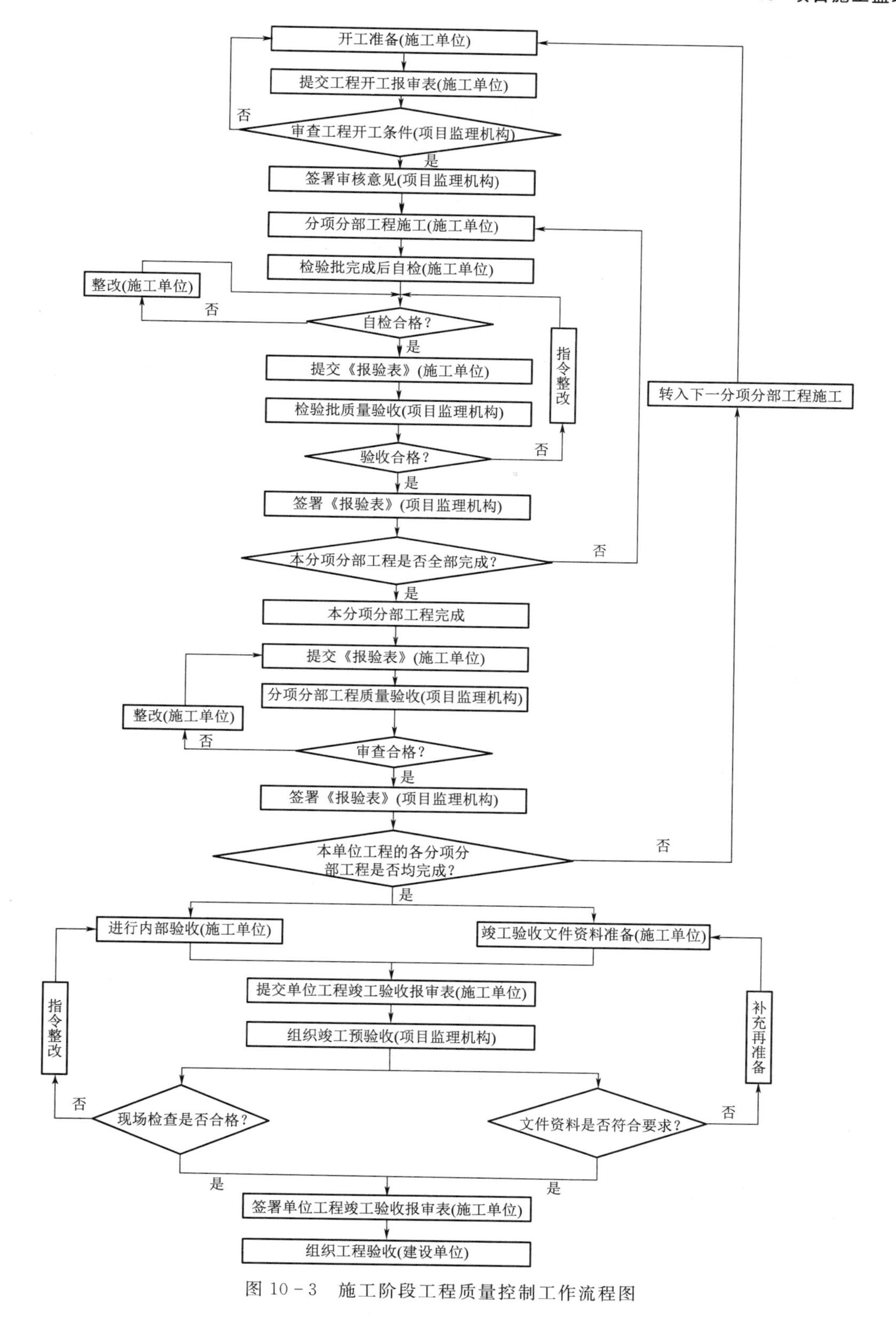

图 10-3 施工阶段工程质量控制工作流程图

10.2.2　质量监理控制点

施工过程体现在一系列的作业活动中，作业活动的效果直接影响到施工质量。因此，监理工程师质量控制主要体现在对作业过程质量的控制。监理工程师事先设置一些质量控制点，即为了保证作业过程质量而确定的重点控制对象、关键部位或薄弱环节，在施工中着重控制。设置质量控制点是质量控制最有效的措施之一。

在拟定监理规划时，应根据工程特点，视其重要程度、复杂程度和质量标准及要求，全面合理选择质量控制点。质量控制点也是监理工作的重点，其涉及面较广，可能是结构复杂的某一工程项目，也可能是技术要求高、施工难度大的某结构的构件或分项、分部工程，也可能是施工中的某一关键环节或者是某一具体操作工序、材料、机械、施工顺序、技术参数等。

1. 质量控制点的设置原则

(1) 对形成工程质量起控制作用的内容或工序。

(2) 施工中质量不稳定或不合格率较高的内容或工序。

(3) 对下道工序的施工质量有重要影响的内容或工序。

(4) 在采用新材料、新工艺的情况下，施工单位对施工质量没有把握的内容或工序。

(5) 对施工安全和使用功能上有特殊要求的内容或工序。

2. 质量控制点设置的位置

(1) 人的行为：在某些工序或操作重点应控制人的行为，避免人的失误造成安全和质量事故。如与人的生理、心理、技术、思想等素质有关的高空作业、危险作业等，做好事前交底，可防止失误和违章违规。

(2) 物的状态：在某些工序或操作中，应以物的状态作为控制的重点。如钢结构的焊接变形、深基坑工程的动态变形等。

(3) 技术参数：有些技术参数与质量密切相关，如混凝土的水灰比、外加剂的掺量等。

(4) 常见的质量通病：如对渗、漏、泛、堵、壳、裂、锈等常见的质量通病应事先研究应对措施。

(5) 施工顺序：有些工序或操作，必须严格控制相互之间的先后顺序。施工顺序先后是有一定的科学依据的，逆序有可能造成质量事故。

(6) 技术间歇：有些工序之间技术间歇时间性很强，如分层浇筑混凝土必须在下层混凝土尚未初凝前将上层混凝土浇筑完毕等。

(7) 新材料、新技术、新工艺的应用：虽然已通过鉴定、试验，但施工单位缺乏经验，如果是初次进行施工时，必须做重点控制。

(8) 质量不稳定、不合格率较高的工程产品：通过质量数据的统计，表明质量波动以及不合格率较高的产品或工艺。

(9) 施工工法：施工工法中对质量产生重大影响的问题，如大模板施工中模板的稳定和组装问题等。

10.2.3 质量控制监理的内容

1. 工序质量验收

工序质量的事中控制，是在工程施工过程中对工程质量最基础工作的控制。因而在施工过程中做好对工序质量的严格控制，就把好了对工程质量最基础的控制关。在GB 50300《建筑工程施工质量验收统一标准》制定时，强调对施工过程的质量控制，并作为“指导思想”提出了“验收分离、强化验收、完善手段、过程控制”。把质量控制的重点放在对施工过程的控制，这是确保工程质量的关键，打破了传统上把质量控制重点放到事后的竣工验收环节。工程质量应在施工过程中控制好，为此，须着重做好以下三点：

（1）做好工序的验收。工序施工除把好原材料、成品半成品、设备的质量关外，还需要把好施工工艺和工序验收关。工序验收要严格按照主控项目和一般项目逐项进行检查验收，要教育施工单位实事求是地做好自检；同时，专业监理工程师也要实事求是地做好平行检验工作。所有自检和平行检验资料都应记录在案，便于检查和存档。对关键工序的施工质量还应按照相关规定，实施全过程现场跟班的监督活动。

（2）做好工序间的配合和验收交接。前一道工序未经验收合格不得进入下一道工序。这既是工序间的关联问题，又是工序间验收交接问题。没有这种关联和交接，就不可能确保工序的施工质量。

（3）做好隐蔽工程的检查和验收。隐蔽工程是指前道工序施工完成后会被后道工序所包埋，则前道工序属于隐蔽工程。如钢筋混凝土工程中的钢筋工程、预埋件安装、管道安装、沟槽回填、混凝土浇筑等。对隐蔽工程需严格检查验收，并办理相应签字认可手续，便于后期分项、分部工程验收和工程竣工验收时有据可查。

2. 工程变更的审查

GB 50319《建设工程监理规范》规定：设计单位对原设计存在的缺陷提出的工程变更，应编制设计变更文件；建设单位或施工单位提出的工程变更，应提交总监理工程师，由总监理工程师组织专业监理工程师审查。审查同意后，由建设单位转交原设计单位编制设计变更文件。当工程变更涉及安全、环保等内容时，应按规定经有关部门审定。

严格控制工程变更，其目的在于严格控制工程造价，使工程决算价不超过工程预算价，以防出现超量超标的“钓鱼工程”。不少地方推行限额设计，有些地方政府规定因工程变更所增加的费用不得超过总投资额的10%，否则，要重新向原主管部门申请报批。

3. 工程质量问题和质量事故的处理

凡工程质量未满足设计图纸、验收规范、施工承包合同、环境保护、法律法规等规定要求，则该工程质量定为不合格。住建部《关于做好房屋建筑和市政基础设施工程质量事故报告和调查处理工作的通知》（建质〔2010〕111号）要求：但凡工程质量不合格的，必须进行返修、加固或报废处理。

（1）工程质量问题的原因。① 违背建设程序，如边设计、边施工、无图施工等。② 违反法规行为，如无证设计、无证施工，越级设计、越级施工，超常的低价中标，非法分包、转包、挂靠，擅自修改设计等。③ 地质勘察失真，未能认真进行地质勘察或勘察钻孔深度、间距、范围不符合规定要求，地质报告不详细、不准确、不能全面反映实际的地基情况等。④ 设计差错，如盲目套用图纸，采用不正确的结构方案、计算简图，设备安装设置不当等。⑤ 施工与管理不到位，不按图施工或擅自修改设计，不按有关施工规范和操作规程施工，施工管理紊乱，盲目施工、违章作业等。⑥ 使用不合格的原材料、成品半成品及设备。⑦ 自然环境因素影响，如温度、湿度、暴风雨、洪水、雷电、日晒等。

（2）常用的工程质量问题的处理方式。① 当工程质量问题处在萌芽状态时，应及时制止，并要求施工单位立即更换不合格材料、成品半成品、设备或不称职人员，或立即改变不正确的施工方法和操作工艺。② 当质量问题已出现时，应立即向施工单位发出《监理工程师通知单》，要求对工程质量问题进行整改，并向监理机构填报《监理通知回复单》。③ 当某工序或分项工程验收时出现不合格，监理工程师应向施工单位发出要求整改的通知，并对整改结果进行重新验收；否则，不允许进行下道工序或分项工程的施工。

由于工程项目在施工过程中影响质量的因素较多，也易于产生系统因素变异，所以也不可避免地会出现工程质量事故。工程质量事故分析与处理的主要目的是：正确分析事故，创造正常的施工条件；保证建筑物、构筑物的安全使用，减少事故损失；总结经验教训，预防事故重复发生；了解结构实际工作状态，为正确选择结构计算简图、构造设计，修订规范、规程和有关技术措施提供依据。

10.2.4　质量控制监理的手段

1. 审核技术文件、报告和报表

审核技术文件是对工程质量进行全面监督、检查与控制的重要手段，其审核内容有下列 10 个方面。

（1）审查进入施工现场的分包单位的资质证明文件，控制分包单位的质量。

（2）审批施工单位的开工申请书，检查、核实与控制其施工准备工作质量。

（3）审批施工单位提交的施工方案、质量计划、施工组织设计或施工计划，控制工程施工质量具有可靠的技术措施保障。

（4）审批施工单位提交的有关材料、半成品和成品半成品质量证明文件（出厂合格证、质量检验或试验报告等），确保工程质量有可靠的物质基础。

（5）审核施工单位提交的反映工序施工质量的动态统计资料或管理图表。

（6）审核施工单位提交的有关工序产品质量的证明文件（检验记录及试验报告）、工序交接检查（自检）、隐蔽工程检查、分部分项工程质量检查报告等文件、资料，以确保和控制施工过程的质量。

（7）审批有关工程变更，修改设计图纸等，确保设计及施工图纸的质量。

（8）审核有关应用新技术、新工艺、新材料、新结构等的技术鉴定书，审批其应用申请报告，确保新技术应用的质量。

（9）审批有关工程质量事故或质量问题的处理报告，确保质量事故或质量问题处理的质量。

（10）审核与签署现场有关质量技术签证、文件等。

2. 指令文件与一般管理文件

指令文件是监理工程师运用指令控制权的具体形式。所谓指令文件是表达监理工程师对施工单位提出指示或命令的书面文件，属强制性执行的文件。指令文件主要规定了监理工程师从全局利益和目标出发，在对某项施工作业或管理问题，经过充分调研、沟通和决策之后，要求施工单位必须严格按其意图和主张实施的工作。对此，施工单位负有全面正确执行指令的责任，监理工程师负有监督指令实施效果的责任，它是一种非常慎用而严肃的管理手段。监理工程师的各项指令须是书面的或有文件记载的方为有效，并作为技术文件资料存档。如因时间紧迫，未能做出正式的书面指令，也可以用口头指令的方式下达给施工单位，但随即应按合同规定，及时补充书面文件对口头指令予以确认。

指令文件一般均以监理工程师通知的方式下达，在监理指令中，开工指令、工程暂停指令及工程恢复施工指令也属指令文件。

3. 规定质量监控工作程序

规定双方必须遵守质量监控工作程序，并按程序进行工作，这也是进行质量监控的必要手段。例如，未提交监理工程师审查、批准开工申请单的不得开工，未经监理工程师签署质量验收单并予以质量确认的不得进行下道工序，工程材料未经监理工程师批准的不得在工程上使用等。

此外，还应具体规定交接复验工作程序，设备、半成品、成品半成品材料进场检验工作程序，隐蔽工程验收、工序交接验收工作程序，检验批、分项、分部工程质量验收工作程序等。通过程序化管理，使监理工程师的质量控制工作进一步落实，做到科学、规范的管理和控制。

4. 利用支付控制

利用支付控制是一种重要的质量控制手段，也是建设单位或合同中赋予监理工程师的支付控制权。从根本上讲，监理对合同条件的管理主要是采用经济手段和法律手段。因此，质量监理是以计量支付控制权为保障手段的。支付控制权要求对施工单位支付任何工程款项，均须由总监理工程师审核签认的支付证明书。

否则，没有总监理工程师签署的支付证书，建设单位不得向施工单位支付工程款。工程款支付的条件之一就是工程质量要达到规定的要求和标准。如果施工单位的工程质量达不到规定的要求和标准，监理工程师有权采取拒绝签署支付证书的手段，停止对施工单位支付部分或全部工程款，由此造成的损失由施工单位承担。显然，这是十分有效的控制和约束手段。

10.2.5 质量控制监理的方式

对于重要的和对工程质量有重大影响的工序和工程部位，还应在现场进行施工过程的旁站监督与控制，确保使用材料及工艺过程质量。工序施工中的跟踪监督、检查与控制。主要是监督、检查在工序施工过程中，人员、施工机械设备、材料、施工方法及工艺或操作以及施工环境条件等是否均处于良好的状态，是否符合保证工程质量的要求，若发现有问题立即督促施工单位纠正。

1. 巡视

（1）巡视的内容。巡视是项目监理机构对农村生活污水处理设施项目施工现场进行的定期或不定期的检查活动，应包括下列主要内容：①施工单位是否按工程设计文件、工程建设标准和批准的施工组织设计、施工方案施工，不得擅自修改工程设计，不得偷工减料。②施工现场使用的原材料、成品半成品和设备是否合格，合格的方能投入使用。③施工现场管理人员，特别是项目经理、项目副经理、技术负责人、各区域（镇、街道）、社区现场施工负责人是否在岗，并对其履职情况做好检查和记录。④检查施工单位特种作业人员是否持证上岗。

（2）巡视检查要点。①检查原材料。施工现场管材、检查井、水泥、钢筋、碎石等材料堆放是否符合施工组织设计（方案）要求；其规格、型号等是否符合设计要求；是否已见证取样，并检测合格；是否已按程序报验并允许使用；有无使用不合格材料，有无使用质量合格证明欠缺的材料等。②检查施工人员。施工现场管理人员，尤其是质量员和安全员等关键岗位人员是否到岗，能否确保各项管理制度和质量保证体系是否落实；特种作业人员是否持证上岗，人证是否相符，是否进行了技术交底并有记录；现场施工人员是否按照规定佩戴安全防护用品。③检查基坑土方开挖工程。土方开挖前的准备工作是否到位，开挖条件是否具备；土方开挖顺序、方法是否与设计要求一致；挖土是否分层、分区进行，分层高度和开挖面放坡的坡度是否符合要求，垫层混凝土的浇筑是否及时；基坑坑边和支撑上的堆载量是否在允许范围，是否存在安全隐患；挖土机械有无碰撞或损伤基坑围护和支撑结构现象；是否限时开挖，尽快形成围护支撑，尽量缩短围护结构无支撑暴露时间；挖土机械工作是否有专人指挥，有无违章、冒险作业现象等。④检查砌体工程。基层清理是否干净，是否按要求用细石混凝土或水泥砂浆进行了找平；是否有“碎砖”集中使用和外观质量不合格的块材使用现象。⑤检查钢筋工程。钢筋有无锈蚀，被隔离剂或者淤泥污染等现象；垫块规格、尺寸是否符合要求，强度能否满足施工需要，有无用木块等代替水泥砂浆（或混凝土）垫块的现象；钢筋搭接长度、位置、连接方式是否符合设计要求，搭接区段钢筋是否按要求加密，有无主筋被截断、箍筋漏放等现象。⑥检查模板工程。模板安装和拆除是否符合施工组织设计（方案）的要求，支模前隐蔽内容是否验收合格；模板表面是否清理干净、有无变形损坏，是否已涂刷隔离剂，模板拼缝是否严密，安装是否牢固；拆模是否事先按程序和要求向项目监理机构报审并签认，拆模有无违章冒险行为；模板捆扎、吊运、堆放是否符合要求。⑦检查混凝土工程。现浇混凝土结构构件的保护是否符合要求；构件拆模后构件的尺寸偏差是否在允许范围内，有无质量缺陷，缺陷修补处理是否符合要求；现浇构件的养护措施是否有效、可行、及时；采用商品混凝土时，是否留置标养试块和同条件试块，抽查氯离子含量是否合格。⑧检查安装工程。重点检查是否按规范、规程、设计图纸、图集和批准的施工组织设计（方案）施工，是否有专人负责，施工是否正常等。⑨检查施工环境。施工环境和外界条件是否对工程质量、安全等造成不利影响，施工单位是否已采取相应措施；各种基准控制点和基坑自身监测点的设置、保护是否正常，有无被压（损）现象；季节性天气中，工地是否采取了相应的季节性施工措施，比如冬季和雨季施工措施等。

2. 旁站

旁站是指项目监理机构对工程的关键部位或关键工序的施工质量进行的监督活动。项目监理机构应根据农村生活污水处理设施建设工程特点和施工单位报送的施工组织设计，安排监理人员进行旁站，并应做好旁站记录。

（1）旁站工作程序。①开工前，项目监理机构应根据工程特点和施工单位报送的施工

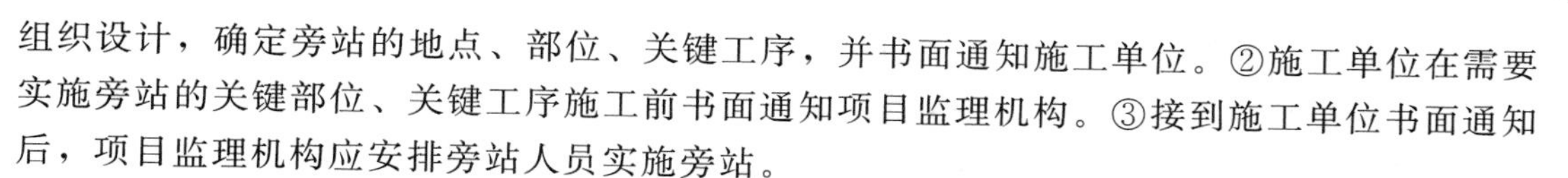

组织设计，确定旁站的地点、部位、关键工序，并书面通知施工单位。②施工单位在需要实施旁站的关键部位、关键工序施工前书面通知项目监理机构。③接到施工单位书面通知后，项目监理机构应安排旁站人员实施旁站。

（2）旁站工作要点。①编制监理实施细则时，应明确旁站的部位和要求。②旁站人员应做好旁站记录，旁站记录每旁站一次均有一份记录，当天完成资料整理，旁站人员应在旁站记录上签字。

（3）旁站重点部位。农村生活污水处理设施建设工程一般需要旁站的部位包括沟槽及站点的土方开挖、管道与检查井的连接、砂回填、闭水试验、土方分层回填、路面修复、站点混凝土浇筑及设备调试等。对施工过程中出现的问题或发现施工单位有违反工程建设强制性标准行为的应及时要求施工单位整改；发现施工活动已经或者可能危及工程质量，可能产生严重后果的，应当及时向专业监理工程师或总监理工程师报告，由总监理工程师下达工程暂停令，责令施工单位整改。

（4）旁站记录要求。旁站记录内容应真实、准确、内容详细、完整，并与监理日志相吻合。对旁站的关键部位、关键工序，应按照时间或工序形成完整的记录。同时应进行拍照或摄影，记录实际施工过程。工程竣工验收后，项目监理机构应将旁站记录存档备查。

3. 见证取样

见证取样是建设工程监理质量控制的重要手段，是工程建设过程的重要环节，而在工程质量监理活动中，检测样品的抽取是见证取样的首要步骤，检测用试样的真实性和代表性，直接影响到检测结果及最终的判定结论。

见证取样应在建设单位或监理单位有一定资格的见证人员的见证下，对进入施工现场的原材料和成品半产品等，由施工单位的取样人员在现场取样或制作试样，并送到有资质的检测机构进行检测，见证人员和取样人员对试样的真实性和代表性负责。

见证取样主要工作要点如下：

（1）实行见证员制度。每名见证员只参与一个授权的工程项目，见证工作完成后，凭建设单位确认意见核销。见证单位应将唯一性标识、《唯一性标识申领及交接登记表》保存在工程施工现场。对试样的封样和送检过程进行监督，对检测取样的全过程进行旁站监控。送检的检测样品应当使用唯一性识别标识，由见证单位保存和使用。做好取样后的把关工作，确保合格的材料用于过程实体。见证人员应按照《检测样品唯一性识别标识用户手册》的要求做好唯一性标识的张贴和嵌入工作，且在24h之内将检测样品信息录入检测样品管理系统。督促检查施工单位按要求建立和管理养护室。

（2）见证取样和送检的程序。在工程开工前，建设单位或该工程监理单位应向施工单位、工程质量监督部门和工程检测单位递交“见证单位和见证人员授权书”。授权书应写明见证人员单位、姓名、见证员号等基本信息，通常每一个工程项目的见证人员不得少于2人。见证人员应旁站见证取样人员取样送检的全过程，督促取样人员按有关技术标准（规范）的规定，从施工现场的检测对象中抽取、制作试样，采取有效措施保护好样品并送至检测机构。见证人员应对所见证的取样及送检、现场试块的制作及养护、现场抽测等做好见证记录，并分类建立台账，相关记录应归入施工技术档案。委托送检时，应出示《见证人员证书》，对所见证的取样，应在检测机构的检测委托单上签字。对检测机构到施工现场的抽样

或者现场检测，见证人员应在检测机构现场抽样记录或现场检测原始记录上签字。

（3）检测结果不合格处理。建筑材料、建筑构配件、设备器具检测结果不合格的，监理工程师签发《监理工程师通知单》，书面通知施工单位限期将不合格品撤出施工现场。施工单位在监理人员的见证下完成不合格品撤离后，应由项目经理签发《监理工程师通知回复单》，书面回复有关的处理情况，并附有证明的材料，监理工程师对回复内容及有关证明材料进行确认。现场实体监督检测时应当留取检测时的影像资料，监理单位应当对整个检测过程进行见证，并在检测原始记录上签字。

4. 平行检验

项目监理机构利用一定的检查或检测手段，在施工单位自检的基础上，按照一定的比例独立进行检查或检测的活动。即监理机构依据现行标准、规范和设计文件对被检验项目自行做出判断的检查验收。“平行检验”是监理机构最重要的质量控制手段之一。农村生活污水处理设施建设最终的工程质量是在项目全过程质量控制中逐步形成的，施工单位和监理机构对隐蔽工程、检验批、分项、分部、单位工程质量的验收也是在质量控制过程中逐步进行的。

农村生活污水处理设施建设项目监理平行检验的范围及主要内容包括：成品半成品（包括 HDPE 管材、PVC 管材、混凝土管材等）外观、尺寸，管道的标高、纵坡，塑料检查井、检查井座的厚度及混凝土强度回弹检测等。

10.2.6　工程竣工验收阶段的质量控制监理

1. 竣工资料审查

审核工程竣工的资料包括：施工单位的竣工资料，监理机构的监理档案，建设单位的建设前期档案，勘察、设计单位的工程档案。审查的目的：为工程正式竣工验收时有一份完整的工程建设档案；为工程竣工验收备案时有一份完整的档案；为满足城建档案馆要求存档的档案。为此，项目监理机构在监理的过程中要督促施工单位、建设单位和监理机构本身按 GB/T 50328《建设工程文件归档规范》和当地政府规定的要求执行，否则，会因档案管理不规范而造成档案不完整，直接影响工程竣工验收、竣工备案和档案进馆存档的时间。

2. 竣工预验收

（1）预验收条件。施工单位已完成工程设计和合同约定的各项内容，并对完工工程的质量进行了自检，合格后提出了竣工验收报告；有完整的技术档案和施工管理资料；有工程使用的主要建筑材料、建筑配件和设备的进场试验报告；有勘察、设计、施工、监理等单位分别签署的质量合格文件；有规划、消防、生态环境等单位分别出具的认可文件或准许使用文件；建设行政主管部门及其委托的工程质量监督机构等有关部门责令整改的问题已全部整改完毕；建设单位已按合同约定支付工程款；有施工单位签署的工程保修书。

（2）重视预验收的作用。预验收的目的，是确保质量评估报告的正确性，此外对于验收不合格的内容可以利用预验收至正式验收这一时间区段进行整改。

3. 竣工验收

（1）工程竣工预验收合格后，施工单位将经总监理工程师签署意见的工程竣工报告提交建设单位提交。

(2)工程竣工验收由建设单位组织，监理单位参加工程竣工验收会议并汇报合同履行情况，接受验收组对工程的全面评价。

10.3 进度控制监理

在工程建设过程中存在着诸多影响进度的因素，这些因素往往来自不同的部门和不同的时期，它们对建设工程进度产生着复杂的影响。因此，监理人员必须事先对影响建设工程进度的各种因素进行调查分析，预测它们对建设工程进度的影响程度，确定合理的进度控制目标，编制可行的进度计划，使工程建设工作始终按计划进行。

10.3.1 进度控制监理主要任务

监理的进度控制工作贯穿施工的全过程，从施工单位投标、施工直到工程竣工为止。

1. 施工准备阶段进度控制

该阶段进度监理的主要任务是审查施工单位的施工组织设计和施工总进度计划，是否能够按期完工，是项目主要目标之一，监理工程师应判断设计单位的出图计划与施工组织及方案是否连续、协调和可靠，是否能够保证目标工期能够实现。

监理对施工计划的审查应进行进度目标的分解，并在施工过程中分阶段控制。合理的施工进度计划，应考虑各种不利因素对工程进度带来的影响，保证工程实施的连续性和均衡性，使人员、材料、设备、资金等方面资源能得到充分的利用。

突出关键线路，坚持抓关键线路作为最基本的工作方法，作为组织管理的基本点，并以此作为牵制各项工作的重心。运用进度控制软件识别关键线路，确定关键工作，提高进度控制水平，优化资源配置。

2. 施工阶段进度监理

工程开工后，监理工程师应检查进度计划实施，由于各方面的原因，任何工程进度计划都不可能一成不变，监理应对进度计划的实施进行动态跟踪，监督协调进度计划的实施，必要时要求施工单位对进度计划进行调整与修订，及时采取相应的措施纠偏。

监理工程师要加强对工程延期的管理，由于设计单位出图不及时、现场设施管线及站点位置改变而引起工程量变化、设计变更等原因，提请建设单位加强与设计、施工等单位的沟通协调，采取调整施工组织，改善施工方法等方式，保证总工期目标的实现。

10.3.2 进度控制监理程序

项目监理机构应按下列程序进行工程进度控制：

(1)总监理工程师审批工程施工单位报送的施工总进度计划。

(2)总监理工程师审批工程施工单位编制的年、季、月度进度计划。

(3)专业监理工程师应对进度计划实施情况进行检查和分析，发现实际进度滞后时，书面通知施工单位采取纠偏措施并监督落实。

工程进度控制流程和进度计划审批流程如图10-4和图10-5所示。

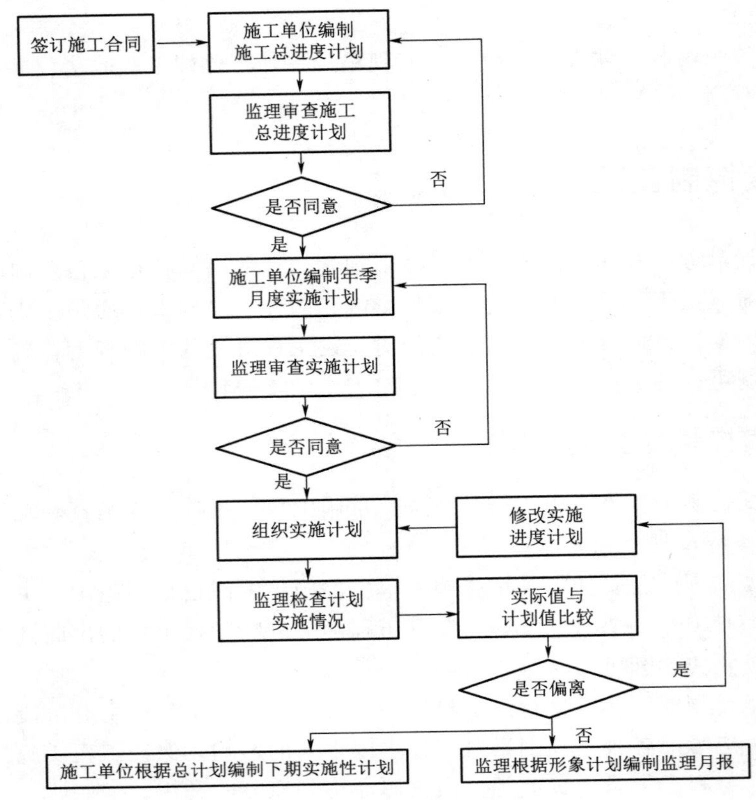

图 10-4 进度控制总流程

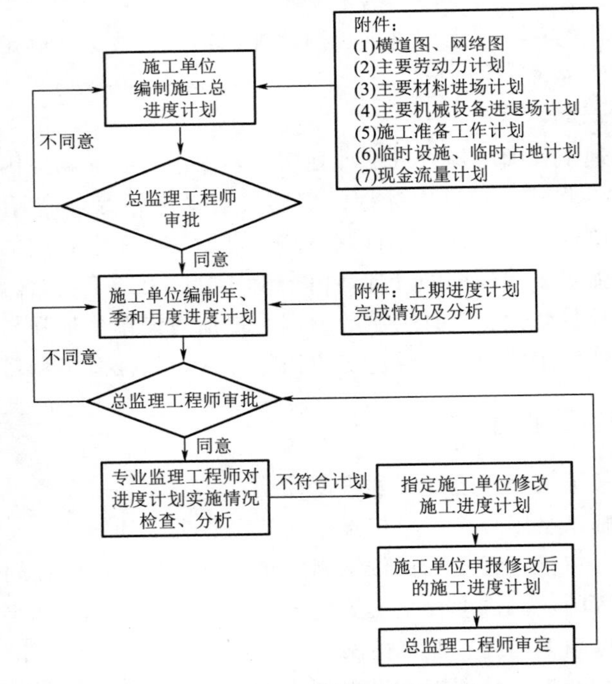

图 10-5 进度计划审批流程

10.3.3 进度控制监理工作内容

建设工程施工进度监理工作从审核施工单位提交的施工进度计划开始，直至建设工程期满为止，其主要工作内容如下。

1. 编制施工进度控制监理细则

施工进度控制监理细则是在建设工程监理规划的指导下，由监理工程师负责编制的具有实施性和操作性的监理文件。其主要内容包括：

（1）施工进度控制目标分解图。

（2）施工进度控制的主要工作内容和深度。

（3）进度控制人员的职责分工。

（4）与进度控制有关各项工作的时间安排及工作流程。

（5）进度控制的方法（包括进度检查周期、数据采集方式、进度报表格式、统计分析方法等）。

（6）进度控制的具体措施。

（7）施工进度控制目标实现的风险分析。

（8）尚待解决的有关问题。

2. 审核施工进度计划

为保证建设工程的施工任务按期完成，监理工程师必须审核施工单位提交的施工进度计划。施工进度计划审核的内容主要有：

（1）各设施点的进度计划是否符合工程项目的总目标和分目标，是否符合施工合同中开工、竣工日期的规定。

（2）施工总进度计划中的各分部计划是否相匹配，分期施工的农村生活污水处理设施管道施工、阶段性污水处理设施订货，其施工进度和污水处理设施到货是否相协调。

（3）施工顺序的安排是否符合施工工艺的要求。

（4）劳动力、材料、成品半成品、设备及施工机具、水、电等生产要素的供应计划是否能保证施工进度计划的实现，供应是否均衡，需求高峰期是否有足够能力实现计划供应。

（5）总包、分包单位分别编制的工程施工进度计划之间是否相协调，专业分工与计划衔接是否明确合理。

（6）对于建设单位负责提供的施工条件（包括资金、施工图纸、施工场地、采供的物资等），在施工进度计划中安排是否明确、合理，是否因建设单位违约而导致工程延期和费用索赔。

（7）如果监理工程师在审查施工进度计划的过程中发现问题，应及时向施工单位提出书面修改意见（也称整改通知书），并要求施工单位修改。其中重大问题应及时向建设单位汇报。

3. 按年、季、月编制进度计划

农村生活污水处理设施项目由于数量较多、分布范围广，一般都是分阶段实施，因此，施工单位应根据出图进度，人员、材料、机械的投入情况以及当地的天气情况，对照

年度计划分别编制季度、月度计划，将施工任务落实到每个阶段。

4. 督促施工进度计划的实施

作为农村生活污水处理设施建设工程施工进度监理的经常性工作，监理工程师要及时检查施工单位报送的施工进度报表和分析资料，进行必要的现场实地检查，核实所报送的已完项目的时间及批次。在对工程实际进度资料进行整理的基础上，监理工程师应将其与计划进度相比较，以判断实际进度是否出现偏差。如果出现进度偏差，应进一步分析此偏差对进度控制目标的影响程度及产生的原因，以便研究对策，提出纠偏意见。

5. 组织现场协调会

监理工程师定期组织召开现场协调会议，以解决工程施工过程中相互协调配合的问题。在协调会上通报工程项目建设的重大事项，分析沟通不畅的原因，解决各单位之间的协调配合问题。

6. 审批工程延期

由于施工单位自身的原因导致的工程延误，监理工程师有权要求施工单位采取有效措施加快施工进度。监理工程师对修改后的施工进度计划的确认，并不是对工程延期的批准，只是要求施工单位在合理的状态下施工。因此，监理工程师对进度计划的确认，并不能免除施工单位的责任。

由于施工单位以外的原因导致的工程延期，施工单位有权提出延长工期的申请。监理工程师应根据合同规定，审批工程延期时间。经监理工程师核实批准的工程延期时间，应纳入合同工期，作为合同工期的一部分。

7. 向建设单位提供进度报告

监理工程师应随时整理进度资料，做好工程进度记录，定期向建设单位提交工程进度报告。

8. 督促施工单位整理技术资料

监理工程师应根据工程进展情况，督促施工单位及时整理有关技术资料。

9. 签署工程竣工报验单，提交质量评估报告

当单位工程达到竣工验收条件后，施工单位在自行预验的基础上提交工程竣工报验单，申请竣工验收。监理工程师在对竣工资料及工程实体进行全面检查、验收合格后，签署工程竣工报验单，并向建设单位提出质量评估报告。

10. 整理工程进度资料

在工程完工以后，监理工程师应将工程进度资料收集完整，进行归类、编目和建档，以便为今后其他类似工程项目的进度控制提供参考。

10.3.4　进度控制监理措施

为了实施进度控制，监理工程师必须根据建设工程的具体情况，认真制定进度监理措施，以确保建设工程进度控制目标的实现。进度监理的措施包括。

（1）建立进度计划审核制度和进度计划实施中的检查分析制度。

（2）建立进度协调会议制度，包括协调会议举行的时间、地点，协调会议的参加人

员等。

(3) 建立信息沟通渠道。

(4) 审查施工单位提交的进度计划，使施工单位能在合理的状态下施工。

(5) 编制进度监理实施细则，指导监理人员实施进度控制。

(6) 采用网络计划技术及其他科学适用的计划方法，并结合电子计算机的应用，对建设工程进度进行实时检查。

(7) 及时签发工程款支付证书。

(8) 加强合同管理，梳理合同工期与进度计划之间的关系，保证合同中进度目标的实现。

(9) 严格审核各方提出的工程变更和设计变更。

(10) 公正地处理索赔。

10.4 造价控制监理

造价控制的任务是把工程造价控制在批准的投资限额以内，随时纠正发生的偏差，以保证项目投资管理目标的实现，以求在建设工程中能合理使用人力、物力、财力。

10.4.1 造价控制监理主要任务

农村生活污水处理设施建设工程影响项目造价的主要因素包括管道直径、数量的变化、站点位置的变化、市场材料价格的波动以及现场出现不良地质条件等发生不可避免的变更等，因此在项目实施过程中造价控制监理的主要任务就是有效控制这些因素。具体体现在：

(1) 协助建设单位编制工程项目各阶段资金使用计划，并控制其执行。

(2) 协助建设单位进行合同策划，帮助建设单位确定有利于工程造价控制的发包方案、合同形式和合同条款，参与招标过程和合同谈判。

(3) 加强工程变更管理，及时对工程变更进行评估，协助建设单位进行变更决策；严格控制施工单位提出的变更要求。

(4) 在项目实施过程中，进行工程造价计划值与实际值的比较，动态跟踪项目成本的发生情况，并每月、季提交各种工程造价控制报表。

(5) 按照合同约定严格进行计量审核工作，对施工完成并确认质量合格的污水处理设施进行计量，审核施工单位提出的工程付款申请，按合同约定的付款比例确认支付金额，并报建设单位确认。总监理工程师根据建设单位审批意见，向施工单位签发工程款支付证书。

(6) 对完成工程量进行偏差分析。监理工程师应依据完成工程量统计表，对实际完成量与计划完成量进行比较分析，发现偏差的，应提出调整建议，并向建设单位报告。

10.4.2 造价控制监理程序

造价控制监理工作流程如图 10-6 所示，工程变更监理工作流程如图 10-7 所示。

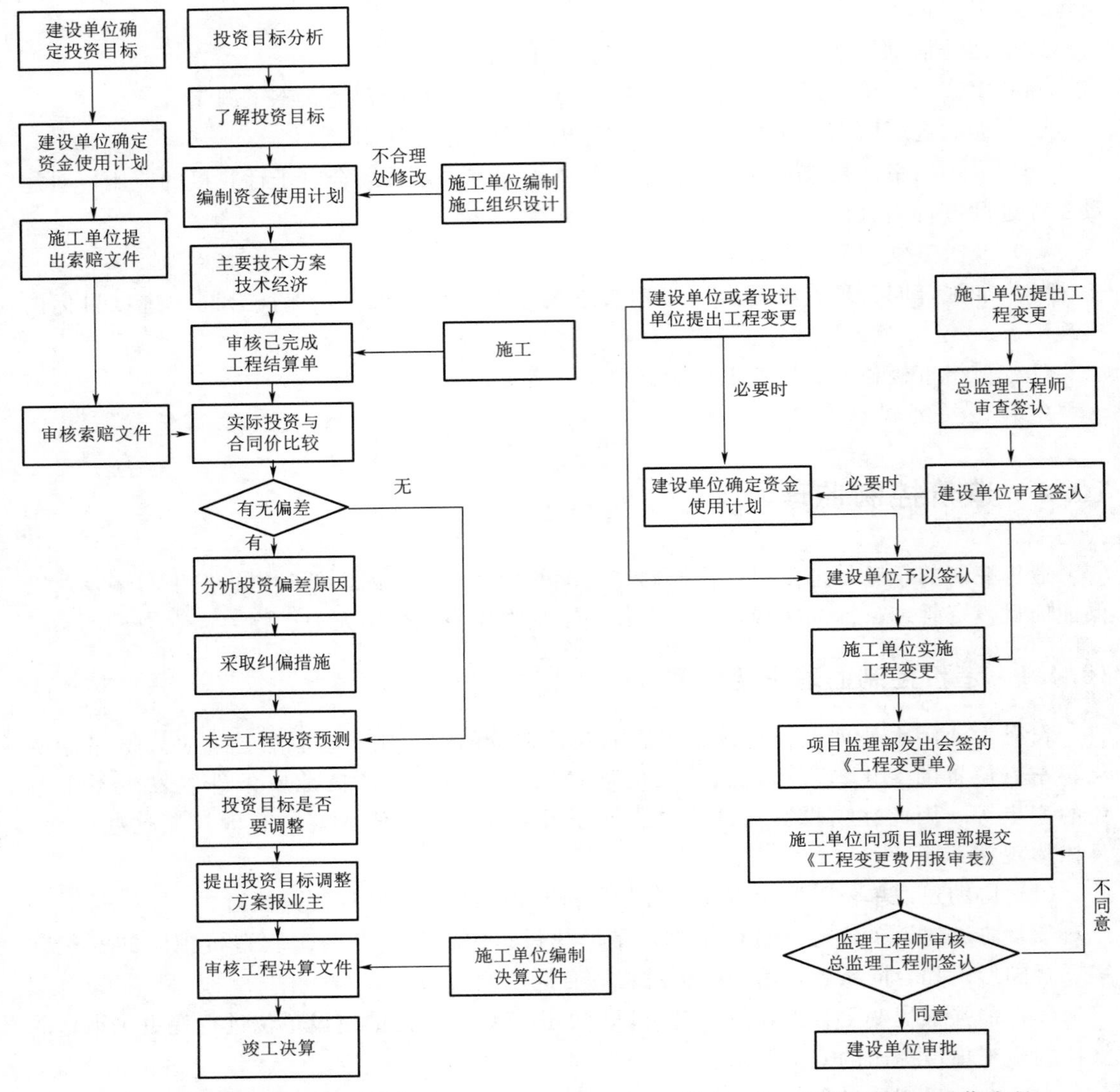

图 10－6 造价控制监理工作流程　　　　图 10－7 工程变更监理工作流程

10.4.3 造价控制监理主要工作内容

造价控制贯穿于监理工作的各个环节。工程监理单位依据法律法规、工程建设标准、勘察设计文件及合同，在施工阶段对建设工程进行造价控制。同时，工程监理单位还应根据建设工程监理合同的约定，在工程勘察、设计、保修等阶段为建设单位提供相关服务工作。

1. 施工阶段造价控制的主要工作

(1) 对合格工程量进行工程计量和付款签证。①专业监理工程师对施工单位在工程款支付报审表中提交的工程量和支付金额进行复核，确定实际完成的工程量，提出到期应支付给施工单位的金额，并提出相应的支持性材料。②总监理工程师对专业监理工程师的审查意见进行审核，签认后报建设单位审批。③总监理工程师根据建设单位的审批意见，向施工单位签发工程款支付证书。

（2）处理施工单位提出的工程变更费用。①总监理工程师组织专业监理工程师对工程变更费用及工期影响做出评估。②总监理工程师组织建设单位、施工单位等共同协商确定工程变更费用及工期变化，会签工程变更单。③项目监理机构可在工程变更实施前与建设单位、施工单位等协商确定工程变更的计价原则、计价方法或价款。④建设单位与施工单位未能就工程变更费用达成协议时，项目监理机构可提出一个暂定价格并经建设单位同意，作为临时支付工程款的依据。工程变更款项最终结算时，应以建设单位与施工单位达成的协议为依据。

（3）处理费用索赔。①项目监理机构应及时收集、整理有关工程费用的原始资料，为处理费用索赔提供证据。②审查费用索赔报审表。需要施工单位进一步提交详细资料时，应在施工合同约定的期限内发出通知。③与建设单位和施工单位协商一致后，在施工合同约定的期限内签发费用索赔报审表，并报建设单位。④当施工单位的费用索赔要求与工程延期要求相关联时，项目监理机构可提出费用索赔和工程延期的综合处理意见，并应与建设单位和施工单位协商。⑤因施工单位原因造成建设单位损失，建设单位提出索赔时，项目监理机构应与建设单位和施工单位协商处理。

（4）审核竣工结算。①专业监理工程师审查施工单位提交的竣工结算款支付申请，提出审查意见。②总监理工程师对专业监理工程师的审查意见进行审核，签认后报建设单位审批，同时抄送施工单位，并就工程竣工结算事宜与建设单位、施工单位协商；达成一致意见的，根据建设单位审批意见向施工单位签发竣工结算款支付证书；不能达成一致意见的应按施工合同约定处理。

2. 工程保修阶段

（1）对建设单位或使用单位提出的工程质量缺陷，工程监理单位应安排监理人员进行检查和记录，并应要求施工单位予以修复，同时应监督实施，合格后应予以签认。

（2）工程监理单位应对工程质量缺陷原因进行调查，并应与建设单位、施工单位协商确定责任归属。对非施工单位原因造成的工程质量缺陷，应核实施工单位申报的修复工程费用，并签发工程款支付证书。

10.4.4 造价控制监理措施

农村生活污水处理设施建设工程由于投资大、数量多、覆盖范围大、涉及的部门多、社会关注度高、各方面的诉求多。因此，作为造价控制是一个复杂的环节。由于采用工程总承包模式，项目的造价控制就需要设计、施工、监理等单位共同配合。设计阶段造价控制的依据是设计概算，造价控制的目标是施工图设计和施工图预算不超过涉及概算，但由于本项目的特殊性，分布的范围广，各区域（街道）不可预见的因素多，管网路由经过家家户户，村民的诉求不一，站点位置占用农田，协调难度大，因此，管网路由的调整、数量增减、站点位置的调整会导致管网及电力设施工程量增加等，给项目的造价控制造成很大的困难。

造价控制的具体措施如下：

（1）编制本阶段造价控制工作计划和详细的工作流程图。

（2）在项目监理机构中落实造价控制专业人员，明确任务分工和职能分工。

（3）督促施工单位编制资金使用计划，确定、分解造价控制目标。

（4）在施工过程中进行投资跟踪控制，定期进行投资实际支出值与计划目标值的比较；发现偏差，要求施工单位分析产生偏差的原因，并采取纠偏措施。

（5）对工程施工过程中的投资支出做好分析与预测，经常或定期向建设单位提交项目造价控制及其存在问题的报告。

（6）进行工程计量，复核工程付款账单，签发工程款支付证书。

（7）对设计变更进行技术经济比较，严格控制设计变更。协商确定工程变更的价款，审核竣工结算。

（8）寻找通过设计挖潜节约造价的可能性。

（9）审核施工单位编制的施工组织设计，对主要施工方案进行技术经济分析。

（10）做好工程施工记录，保存各种文件图纸，特别是注有实际施工变更情况的图纸注意积累素材，为正确处理可能发生的索赔提供依据。参与处理索赔事宜。

10.5　安全文明和环境保护监理

农村生活污水处理设施建设项目安全文明及环境保护监理是指工程监理单位在实施过程中，对建设工程安全生产和环境保护实施的监督检查。其包含了建设工程施工过程中进行监督安全生产和环境保护的全部管理活动，即通过对生产要素的过程控制，对施工过程中人的不安全行为、物的不安全状态和可能造成的环境影响加以控制，达到消除和控制事故隐患，保护环境的目的。

10.5.1　安全文明施工监理主要任务

1. 施工准备阶段的主要任务

安全控制的主要工作对工程合同进行认真的风险分析，协助建设单位完善与工程施工单位签订的合同条款，避免因合同条款不细致不严密而导致的建设单位风险。必须明确界定工程施工单位的责任，对可能出现的安全风险，应在合同条款中给予明确规定。

（1）认真贯彻“安全第一、预防为主、综合治理”的方针，督促施工单位执行国家现行的安全生产的法律、法规和政府行政主管部门的安全生产规章和标准。

（2）督促施工单位落实安全生产的组织保证体系，建立健全的安全生产责任制和群防群治制度、施工现场生产安全事故的报告及处理制度；督促施工单位严格按照工程建设强制性标准和专项安全施工方案组织施工，及时制止违规施工作业。

（3）审核施工单位编制的施工组织设计、安全专项施工方案、高危作业施工方案中的安全措施。审核施工方案时，应进行风险评估与预测。

（4）要求施工单位对安全施工重点环节编制安全应急救援预案，监理工程师应严格审查安全应急救援预案的可行性，监督施工单位组织安全预案的应急演练，演练结果要留有记录。

（5）检查施工单位配备的专职安全员，负责项目的安全生产管理，监督安全施工强制性标准的贯彻落实。

（6）督促施工单位为从事危险作业的职工办理意外伤害保险。

（7）督促施工单位，制定安全管理制度和各工种安全技术操作规程，落实各级、各部门安全生产责任制，对各项目部安全生产实行奖惩激励考核。

（8）检查施工人员的三级安全教育培训以及职工调换工种或使用新工具、新设备前进行岗位安全教育和安全操作培训情况。

（9）监督施工单位贯彻各项有关安全生产、文明施工要求推行标准化管理，科学地组织施工现场开展各项安全生产活动，建立健全安全生产会议制度、安全检查制度、安全生产责任制度。

2. 施工过程中的主要任务

（1）督促、检查施工单位对工人进行安全生产教育及分部分项工程的安全技术交底。

（2）复核施工单位施工机械、安全设施的验收手续。未经安全监理工程师签署认可的，不得投入使用。

（3）审查电工、焊工、起重机械工及指挥人员等特种作业人员资格。

（4）督促施工单位进行安全自查工作，定期、不定期地组织安全综合检查，提出处理意见并限期整改。

（5）对沟槽开挖、设备基础土方开挖、基坑边缘土方堆放、设备吊装及混凝土路面恢复等关键工序实施巡视检查，对隐蔽工程和危大工程实施现场旁站监理，做好监理记录，建立危大工程安全监理台账。

（6）一旦发生安全事故，项目总监、安全监理工程师将在第一时间亲临现场，了解具体情况，参与（指挥）施救，并及时向建设单位、监理公司和政府有关主管部门报告。

（7）督促施工单位做好冬季防寒、雨季防潮、文明施工、卫生防疫等工作。

10.5.2 安全文明施工监理工作程序

项目监理机构应当结合危大工程专项施工方案编制安全监理实施细则，并对危大工程施工组织实施专项巡视检查。

（1）项目总监理工程师在编制项目监理规划时明确开展现场安全监理工作的组织机构、安全监理人员职责和权限、安全监理工作程序和工作制度。

（2）项目开工之前，监理组织召开施工准备阶段安全交底会议，使各参建方了解安全监理人员关于安全监理方面的程序和意见，了解在施工过程中，安全监理人员要履行的职责、权限范围等。

（3）安全监理工程师根据工程建设的实际情况、施工单位编制的施工方案，在工程开工前编制《安全文明监理实施细则》，监理细则应明确施工现场的重大危险源及其控制措施。

（4）工程施工前，安全监理工程师要审查施工单位编制的安全施工方案或安全措施，并检查各项措施的落实情况。对超过一定规模的危大分部分项工程的施工方案，应报当地主管部门认可的专家组进行论证，专家组论证通过后方可实施。方案实施过程中和完成后，应邀请专家组组长或专家组组长指定的专家级成员到场指导和验收。

（5）安全监理工程师填写安全监理日志，监理日志中记录安全监理工作内容及交接注意事项（包括安全监理工作，施工现场安全状况、隐患处理意见等内容）。日志中涉及书面整改的需记录相关情况。项目总监应每周不少于一次进行安全检查，并签署安全监理日志。

（6）项目监理机构应编制《安全监理工作月报》。经安全监理工程师和总监理工程师签署意见后，作为监理工作月报的附件报建设单位、工程受监安监站。

（7）安全监理人员在日常巡视检查中发现的重大安全隐患及时向总监理工程师汇报。同时使用照相或摄像的手段如实记录施工现场安全生产情况，作为签发《监理通知单》的依据之一。

（8）定期召开的监理例会，要把施工安全工作作为一项主要的议事内容，对所发现的安全施工隐患，应在会上确定整改措施和责任人员。并视情况召开安全工作现场会或专题会。

（9）对施工现场发生的安全事故和人员伤亡事故，项目监理机构按相关规定程序进行报告和处理。

10.5.3 现场安全文明施工监理控制要点

（1）检查施工现场的安全标志，主要各施工部位的两侧或路口、进出口等，是否设置了明显的警示标志并进行封闭，沟槽开挖段及站点基坑开挖等危险区域是否设置了安全围护及安全标志，各种标志的制作和悬挂符合相关规定。

（2）施工现场各路段、出入口和施工、车行及人行通道应平整通畅。

（3）施工现场应按施工总平面图设置各项临时设施，成品、半成品和机具设备应分类整齐堆放（存放）不得超高，不得侵占场内道路及安全防护设施，易燃易爆物品应专人管理存放，确保安全。

（4）施工场地建立清扫制度，做到收工、料尽、场清，车辆进出施工现场应有防泥措施和车辆冲洗平台，建筑垃圾要归堆并及时清理，施工污水沉淀后再排放。

（5）临时用电控制。①督促施工单位对临近高压线采取安全防护措施，防护材料应用绝缘材料搭设，并悬挂警告标志牌。②施工现场采用 TN－S 系统、实施三级配电、两级保护，重复接地极、保护接地极应采用角钢、钢管或圆钢，不得采用螺纹钢，接地线应用绿、黄双色线。③漏电保护器的动作时间和动作电流须符合安全要求，不得使用多根熔丝相绞代替一根熔丝，严禁用其他金属丝代替熔丝。

（6）施工机械控制。①施工现场的机械设备必须由专人管理，按要求进行定期检查、维修和保养，并建立相应的档案，使用前必须经过验收检查，凡不合格的设备不得投入使用。②各类挖掘机、装载机、小型夯实等机械的安全限位保险装置安全有效，机械性能、润滑系统保持良好状态，及时维修、保养。③操作人员、指挥人员必须持有效证件，指挥信号应明确。④各种施工机械应具备验收合格手续，并做好记录。

10.5.4 环境保护监理要点

环境保护监理是对施工过程中现场的环境的影响情况进行检查，并对污染防治和生态保护的情况进行检查，确保各项环保措施落到实处。环境保护监理是工程监理的重要组成部分，但由于工作内容不仅仅限于工程本身，还涉及环保技术，因此具有特殊性和相对独立性。

环境保护监理的主要任务一方面是根据《中华人民共和国环境保护法》及相关法律、法规，对工程建设过程中污染环境、破坏生态的行为进行监督管理；另一方面对建设项目配套的环保工程进行施工监理，监督环保“三同时”的实施。农村生活污水处理设施建设环境保护监理主要包括：

（1）施工单位应采取措施保持施工现场平整、物料摆放整齐。及时消除安全隐患，树立安全警示牌、作业区域警示牌，路口围挡设置夜间照明，尽快恢复施工路面，便于居民出行。文明施工措施到位，设立项目公示牌、导行指示牌及宣传横幅，制定施工导示、运行期的项目简介等。

（2）施工单位应采取合理措施保护施工现场环境，并尽量减少对群众正常生活的干扰。以“少扰民、快推进”为施工推进的指导原则，每个站点施工前，均做到“全体动员、作业面详细划分、作业区域提前公示”，施工过程中“分区、分片、多班组轮换作业”，现场施工规范有序、杜绝扬尘，最大限度地提高作业效率、减少对群众生活负面影响。

10.6 合同管理

合同管理是对工程建设项目合同的签订、履行、变更和解除进行监督检查，对合同争议纠纷进行处理和解决，以保证合同依法订立和全面履行。

10.6.1 合同管理主要任务

合同管理是一个融法律、经济于一体的综合性工作，其目的是保证工程项目实施过程中依法全面履行，确保顺利实现工程项目各项建设目标。

在招投标阶段，合同管理任务是订立一个详尽完善的施工承包合同，为保证工程项目的实施提供法律保证。在项目实施过程中，合同管理的任务是依据条款，全面履行合同条款，协调合同双方的纠纷、争议，对合同的履行、合同变更和解除等进行监督检查。处理变更、索赔、延期、分包、违约责任等等履行合同条款的事宜。

为保证合同的全面履行，监理应建立健全项目合同的管理制度，要做好合同分析，仔细分析合同条款的内涵，以求对合同做出正确的解释，明确合同的法律依据。要建立完整的合同数据档案和合同网络，随时掌握各项合同条款实施的情况和存在的问题，加强对合同实施的监督、检查。对施工单位、建设单位各方面履约情况做出评价，纠正各种不符合合同条款内容的各种做法、文字、文件等，以保证合同的全面履行。

10.6.2 合同管理主要方法

合同管理的主要方法包括合同实施监督、合同跟踪、合同执行情况的评价、合同问题处理措施的选择和合同实施后评价。

1. 合同实施监督

（1）合同管理人员审查合同变更，并记录在案，与项目其他管理人员一起落实合同实施中出现的问题。

（2）会同有关管理人员检查、监督各施工单位、供应商的合同实施情况，对照合同要求的数量、质量、技术标准和工程进度，发现问题并及时采取对策措施。

（3）合同管理人员参与争议的协商和解决，并对解决结果进行合同和法律方面的审查、分析和评价。

2. 合同跟踪

农村生活污水处理设施建设工程的合同跟踪，是依据各类合同和合同变更等文件，对照施工过程中的各种实际数据或状态，分析合同实施状态与合同目标的偏离程度。

由于农污项目点多面广，大部分终端设施相距较远，无法流水作业，施工班组多，加之多个设施平行作业，需投入的人员机具较多，尤其对施工工人的需求量大。若工期紧张，则同时投入的施工工人更多，因此，合同跟踪是合同管理的一项重要工作。

3. 合同执行情况的评价

在合同跟踪的基础上，对合同执行差异的原因进行分析，并分析合同差异的责任，最后对合同实施趋向进行预测，从而对合同的执行情况做出综合评价和判断。

4. 合同问题处理措施的选择

出现合同问题或发现合同执行的差异及原因后，应及时采取措施解决这些问题。通常可以采取的措施有技术措施、组织和管理措施、经济措施、合同措施。合同管理人员会同其他管理人员共同采取处理措施，尽早解决问题，减少对合同目标的干扰。

5. 合同实施后评价

合同执行后对合同签订、执行过程中的利弊得失、经验教训进行评价，为以后工程合同管理提供借鉴。

10.6.3　合同管理主要措施

合同管理的目标：全面履约、优质服务。认真落实施工承包合同和监理服务合同，在公正的立场上，充分发挥监理的管理协调作用，协调建设单位、施工单位及各协作部门关系。合同管理主要从以下方面采取措施：

1. 协助订立施工承包合同

监理中标后，协助建设单位准备或审查施工承包合同的各项内容，力求使合同全面、完整，并符合国家法律、法规的规定，防止或因合同条款的含糊不清或内容欠缺而带来的履行困难及索赔、延期的发生，充分理解合同内容，以便在履行中做出正确的解释。

2. 工程变更

对工程上任何形式、质量、数量和内容上的变动，监理工程师应根据合同有关规定进行审核，并报建设单位审批后发布工程变更令，在与建设单位和施工单位协调商量后，确定变更工程的单价和费率。明确变更的程序、权限，及时与建设单位审批正当的工程变更，保障合同的顺利执行和进度、投资的有效控制。

3. 工程索赔

监理工程师对施工单位提出的费用索赔申请，将依据合同规定的程序进行审查，确认

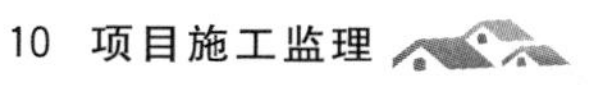

施工单位所提出的申请是否符合规定，证据是否充足，计算方法和依据是否正确，有关监理人员做好资料收集、记录工作。在审批工程索赔过程中、公正行事，严格审查索赔的申请，对索赔的依据、事实情况进行仔细的分析，事件发生时，发挥监理工程师的控制作用，采取必要措施，减轻损失，保护建设单位的利益。

4. 工程延期

监理工作中应尽量避免延期事件的发生，确实发生时，要准确作好记录，搜集有关资料，采取合理措施避免事件的扩大。

对于施工单位提出的工程延期申请，要依据合同文件认真审核，延期事件的责任、延期事件的真实性、延期事件是否处于工期计划的关键线路上，延期事件的工期损失等，并根据工期计划的可调性进行审批。

5. 工程分包

对施工单位提出的分包申请，监理工程师进行审查的主要内容包括：分包人的投标及情况、工程项目及内容，工程数量及金额、工程工期、施工单位与分包人的合同责任。

在执行过程中，监理工程师通过施工单位对分包工程进行管理。只有经建设单位同意，施工单位才能进行分包。对于不符合合同规定的分包，了解情况后及时报告建设单位，并提出监理意见，供建设单位决策。

6. 保险

对施工单位的保险种类、范围、时间、有效期、保险单及保险收据进行检查，以确保各种保险的落实。

7. 争端和仲裁

当工程发生争议时，监理工程师根据合同规定的期限，进行争议事件的全面调查、取证，并对争议做出书面决定，通知建设单位和施工单位。若建设单位和施工单位不同意监理工程师作出的决定，可提交有关部门仲裁。

8. 违约及违约处理

（1）施工单位违约及处理。监理工程师对施工单位违约，将依据下列事实进行确认，并根据合同规定进行处理：①无力偿还债务或陷入破产，或主要财产被接管或主要资产被抵押或停业整顿等，因而放弃合同。无正当理由不开工或拖延工期。②无视监理工程师的警告，一贯公然忽视履行合同规定的责任和义务。③未经监理工程师和建设单位同意，随意分包工程或将整个工程分包出去。④无力履行合同或对工程质量、工期可能造成重大影响。监理工程师在提供详尽材料后，向建设单位提出提前中止合同的建议，供建设单位决策。对于部分违约的现象，督促施工单位立即改正，经常性检查合同的执行情况，对发现的重大问题及时告知建设单位，必要时征得建设单位同意，采用经济措施，确保合同的全面履行。

（2）建设单位的违约及处理。监理工程师对建设单位违约进行确认并按合同规定进行处理：①如果出现建设单位提供的技术资料存在错误、建设单位变更设计文件、建设单位变更工程量、建设单位未按约定及时提供建筑材料和设备、建设单位未提供必要的工作条件致使施工单位无法正常作业等情况，建设单位应当承担不履行、不适当履行或迟延履行违约责任，施工人可以停建、缓建，及时通知建设单位并向建设单位索赔损失。②在工程初期，征地拆迁工作严重影响工程施工，施工单位可以向建设单位索赔损失。③建设单位未按照约定支付价款的，施工单位可以催告建设单位在合理期限内支付价款。建设单位逾期不支付的，除按照建设工程的性质不宜折价、拍卖的以外，施工单位可以与建设单位协议将该工程折价，也可以申请人民法院将该工程依法拍卖。建设工程的价款就该工程折价或者拍卖的价款优先受偿。

9. 合同管理的监理要点

（1）合同管理控制方法和手段。合同管理是监理的主要工作之一，它和技术管理体制互为补充，构成了监理工作不可分割的两大部分，监理工程师根据合同文件的规定，通过一定的组织系统，按规定的监理程序，运用各种有效的手段和方式，对施工单位的技术经济活动进行监督与管理，以使工程进度、造价符合合同要求。它包括的内容较多，有上面提到的进度计划控制、工程变更、计量支付、延期与索赔的处理，分包的管理、工地会议等，合同管理的基础是计划与进度控制，核心是计量与支付，而分包、工程变更、延期和索赔是管理中的难点。

要做好合同管理，建设单位与施工单位应切实履行合同中规定的各自职责；监理应按程序办事，熟悉合同，准确理解合同；注重证据资料收集，一切凭数据说话。

（2）严格控制和管理好分包。对分包单位管理的目的是发扬专业化分包队伍的优势，有效地促进工程质量，采取措施防止出现合同纠纷和带来质量、进度上的负面影响。

对分包的管理，监理工程师要加强分包单位资格审查，严格审批开工申请手续，利用检查和工地会议了解情况；核实分包人的队伍组成和技术管理人员情况；对较大的分包项目，应指定专门的监理工程师监管；跨越时间较长的分包合同，应对其进行中期审查；经常检查，发现问题严肃处理。

10.7　信息管理

信息管理是施工监理的重要内容之一，在工程施工和监理过程中的各种记录、记载、资料等，形成了监理过程的全部信息，这些信息将是工程的交付、质量评价、安全鉴定、竣工验收、运行维护、缺陷修复以及可能涉及的争议的仲裁、法律诉讼等的重要依据，同时也是建设档案的不可分割的组成部分。因此，监理工程师必须重视信息管理。项目监理机构应利用计算机系统对工程质量、进度、造价三大控制过程中产生的原始信息通过收集、传递、处理和存储实施动态管理，向总监、公司和建设单位快速、准确地提供各种有用的信息，更好地为决策提供服务。

由于农村生活污水处理设施建设工程范围大、分布广、体量大、投入的监理人员多，做好信息收集工作是监理部开展日常工作的基础，是总监及各专业监理工程师控制质量、进度、投资及安全生态环境等目标的重要基础数据。对信息的管理应做到真实、可靠、及时、准确，并及时沟通和反馈。

10.7.1　信息（档案）管理主要任务

监理工程师作为项目管理参与者，承担信息管理的任务，收集项目实施情况的信息，完成各种信息的收集和整理，信息管理的任务包括：

（1）组织项目基本情况信息的收集并系统化，编制项目手册。

（2）项目报告及各种资料的格式、内容、数据结构要求。

（3）按照项目实施、项目组织、项目管理工作过程建立项目管理系统流程，在实际工作中保证系统正常运行，并控制信息流。

（4）文件档案管理，信息管理是人们沟通的桥梁，有效的项目管理可以提高整个项目管理系统的运行效率。

10.7.2 信息（档案）管理工作内容

（1）项目监理机构将设专人负责监理资料的收集、整理和归档工作，对项目监理机构的资料管理工作由总监理工程师指定专人具体负责，监理资料在各阶段工作结束后应及时整理、归档。

（2）监理资料及时整理、真实完整、分类有序。在设计阶段，对勘察、测绘、设计单位的工程文件的形成、积累和立卷归档进行监督、检查；在施工阶段，对施工单位的工程文件的形成、积累、立卷归档进行监督、检查。

（3）按照委托监理合同的约定，接受建设单位的委托、监督、检查工程文件的形成积累和立卷归档工作。

（4）编制的监理文件的套数、提交内容、提交时间，按照现行建设工程档案编报规范和城建档案管理部门的要求，编制移交清单，双方签字、盖章后，及时移交建设单位，由建设单位收集和汇总后报送城建档案管理部门。监理公司档案部门需要的监理档案，按照GB 50319《建设工程监理规范》的要求，及时由项目监理机构提供。

10.7.3 信息（档案）管理工作方法

（1）工程监理的工作主要是对工程进行控制管理，正确的控制管理是建立在真实可靠信息的基础上，因此信息管理是监理工作的一个重要环节。监理的信息涉及面广，技术含量高，并在施工过程中不断变化，只有及时掌握准确、完整的信息，才能对工程进行最优控制和合理决策，保证施工顺利进行。

（2）结合农村生活污水处理设施建设工程特点，建立工程的信息管理体系，并委派专人负责各类信息的收集、整理、传递和保存，做好各类会议记录或纪要，做到及时、准确、真实、完整。

（3）运用先进的计算机及相关软件系统，对信息进行分类管理，减少手工作业，提高工作效率，使监理资料分类有序，真实齐全，全面辅助监理工程师对项目的投资、进度、质量进行控制。

（4）根据新颁布的国家标准GB 50319《建设工程监理规范》和GB/T 50328《建设工程文件归档规范》的规定，对工程形成的相关档案进行归类整理。

监理档案大致可分为：质量、进度、造价控制；安全文明管理、合同信息管理、工程管理及相关文件。监理信息的收集，是监理信息管理的基础工作。信息管理工作的质量好坏，很大程度上取决于原始资料的准确性、真实性和完整性。

10.7.4　信息（档案）管理措施

（1）依托公司数据库系统健全项目监理机构监理信息系统。

（2）建立项目监理机构计算机辅助管理系统，通过计算机与互联网，使用文字图像处理软件、项目管理软件，对信息资料收集整理并进行分析传递，将与工程项目有关的各类信息集中存储于计算机之中，进行高效、准确的加工处理。为更好地进行工程质量控制、进度控制、造价控制及合同管理等提供可靠的信息支持。

（3）建立信息前馈和反馈控制，过程处理责任到人，有文字记录，对处理结果有回馈意见。

（4）建立行之有效的信息流通方式，建立良好的各参建单位之间、工程各阶段之间，信息处理的上下级关系、横向关系、内外部关系的沟通机制和联络方法。

（5）强化项目监理机构内部信息沟通机制，重要经济信息各专业监理工程师必须随时向总监汇报，必要时，总监及时与建设单位沟通。

10.8　组织协调

组织协调的目的是以满足建设单位既定的质量、进度、造价控制目标为出发点，协助建设单位协调场外相关单位（如构配件加工、材料供应、设计、检测、质监站等参建单位）的配合工作，并重点协调场内施工单位及各专业分包单位开展高效工作。

农村生活污水处理设施建设工程的协调工作量比较大，由于范围广、数量多，社会关注度高，涉及的部门多，除了各参建单位的协调外，还需要与主管部门、街道、社区、自然村组以及村民的协调。

建设工程监理目标的实现，需要监理工程师扎实的专业知识和对建设工程监理程序的有效执行。此外，还需要监理工程师有较强的组织协调能力。监理单位良好的组织协调，旨在实现参建各方有机配合，协同一致，形成合力，保障建设工程监理目标的达成。

10.8.1　组织协调内容

项目监理机构组织协调内容可分为系统内部（项目监理机构）协调和系统外部协调两大类，系统外部协调又分为系统近外层协调和系统远外层协调。近外层和远外层的主要区别是，建设单位与近外层关联单位之间有合同关系，与远外层关联单位之间没有合同关系。

1. 监理人员之间相互关系的协调

（1）项目监理机构内部人际关系的协调。项目监理机构是由工程监理人员组成的工作体系，工作效率在很大程度上取决于人际关系的协调程度。总监理工程师应首先协调好人际关系，激励项目监理机构人员。

1）在人员安排上要量才录用。要根据项目监理机构中每个人的专长进行安排，做到人尽其才。工程监理人员的搭配要注意能力互补和性格互补，人员配置尽可能少而精，避免出现人浮于事。

2）在工作委任上要职责分明。对项目监理机构中的每一个岗位，都要明确岗位目标和责任，应通过职位分析，使管理职能不重不漏，做到事事有人管，人人有专责。

3）在绩效评价上要实事求是。要发扬民主作风，实事求是地评价工程监理人员工作绩效，使每个人热爱自己的工作，并对工作充满信心和希望。

4）在矛盾调解上要恰到好处。人员之间的矛盾总是存在的，一旦出现矛盾，就要进行调解，要多听取同事们的意见和建议，及时沟通，使工程监理人员始终处于团结、和谐、热情高涨的工作氛围之中。

（2）项目监理机构各管理部门之间相互关系的协调。项目监理机构是由若干部门（专业组）组成的工作体系，每个专业组都有自己的目标和任务。如果每个专业组都从建设工程整体利益出发，理解和履行自己的职责，则整个建设工程就会处于有序的良性状态，否则，整个系统便处于无序的紊乱状态，导致功能失调，效率下降。为此，应从以下几方面协调项目监理机构内部组织关系：①在目标分解的基础上设置组织机构，根据工程特点及建设工程监理合同约定的工作内容，设置相应的管理部门。②明确规定每个部门的目标、职责和权限，以规章制度形式作出明确规定。③约定各个部门在工作中的相互关系。工程建设中的许多工作是由多个部门共同完成的，其中有主办、牵头和协作、配合之分，事先约定，可避免误事、脱节等现象发生。④建立信息沟通制度。如采用工作例会、业务碰头会，发送会议纪要、工作流程图、信息传递卡等来沟通信息，这样有利于从局部了解全局，服从并适应全局需要。⑤及时消除工作中的矛盾或冲突。坚持民主作风，注意从心理学、行为科学角度激励各个成员的工作积极性；实行公开信息政策，让大家了解建设工程实施情况、遇到的问题或危机；经常性地指导工作，与项目监理机构成员一起商讨遇到的问题，多倾听他们的意见、建议，鼓励大家同舟共济。

2. 项目监理机构与建设单位的协调

建设工程监理实践证明，项目监理机构与建设单位组织协调关系的好坏，在很大程度上决定了建设工程监理目标能否顺利实现。监理工程师应从以下几方面加强与建设单位的协调：

（1）监理工程师事先要充分理解建设工程总目标和建设单位的意图，并了解项目构思的基础、起因、出发点，否则，可能对具体项目施工的监理目标及任务理解有偏差，会给监理工作正常开展带来困难。

（2）做好农污项目建设监理宣传工作，增进建设单位对建设工程监理的理解，特别是对建设工程管理各方职责及监理程序的理解；帮助建设单位主动处理工程建设中的事务性工作，以自身规范化、标准化、制度化的工作去影响和促进双方工作的协调一致。

（3）尊重建设单位，让建设单位一起投入工程建设全过程。尽管有预定目标，但建设工程实施必须执行建设单位指令，使建设单位满意。作为独立的第三方，在维护建设单位利益的同时，不损害施工单位的利益。

3. 项目监理机构与施工单位的协调

监理工程师对工程质量、造价、进度目标的控制，以及履行建设工程安全生产管理的法定职责，都是通过施工单位的工作来实现的，因此，做好与施工单位的协调工作是监理工程师组织协调工作的重要内容。

(1) 与施工项目经理关系的协调。施工项目经理最希望监理工程师能够公平、通情达理，指令明确而不含糊，并且能及时答复所询问的问题。监理工程师既要懂得坚持原则，又善于理解施工项目经理的意见，工作方法灵活，为工程建设服务，随时解决问题。

(2) 施工进度和质量问题的协调。由于工程施工进度和质量的影响因素错综复杂，因而施工进度和质量问题的协调工作也十分复杂。监理工程师应采用科学的进度和质量控制方法，设计合理的奖罚机制及组织现场协调会议等协调工程施工进度和质量问题。

(3) 对施工单位违约行为的处理。在工程施工过程中，监理工程师对施工单位的某些违约行为进行处理是一件非常复杂的事情。当发现施工单位采用不适当的方法进行施工，或采用不符合质量要求的材料时，监理工程师除立即制止外，还需要采取相应的处理措施。遇到这种情况，监理工程师需要在其权限范围内采用恰当的方式及时作出处理。

(4) 施工合同争议的协调。对于工程施工合同争议，监理工程师优先采用协商解决方式，协调建设单位与施工单位的关系。协商不成时，由合同当事人申请调解，甚至申请仲裁或诉讼。遇到非常棘手的合同争议时，可暂时搁置争议，待时机成熟再予解决。

(5) 对分包单位的管理。监理工程师虽然不直接参与管理分包单位，但可对分包合同中的工程质量、进度进行直接跟踪监控，敦促总承包单位加强对分包单位的管理、调控和纠偏。分包单位在施工中发生的问题，由总承包单位负责协调处理。分包合同履行中发生的索赔问题，一般应由总承包单位提出，涉及总包合同中建设单位的义务和责任时，由总承包单位通过项目监理机构向建设单位提出索赔，由项目监理机构进行协调。

4. 项目监理机构与设计单位的协调

工程监理单位与设计单位都是受建设单位委托进行工作的，两者之间没有合同关系，因此，项目监理机构要与设计单位做好交流工作，需要建设单位的支持。

(1) 真诚尊重设计单位的意见，在设计交底和图纸会审时，要理解和掌握设计意图、技术要求、施工难点等，将标准过高、设计遗漏、图纸差错等问题解决在施工之前。进行结构工程验收、专业工程验收、竣工验收等工作，要约请设计代表参加。发生质量事故时，要认真听取设计单位的处理意见等。

(2) 施工中发现设计问题，应及时按工作程序通过建设单位向设计单位提出，以免造成更大的直接损失。监理单位掌握比原设计更先进的新技术、新工艺、新材料、新结构、新设备时，可主动通过建设单位与设计单位沟通。

(3) 注意信息传递的及时性和程序性，监理工作联系单、工程变更单等要按规定的程序进行传递。

5. 项目监理机构与政府部门及其他单位的协调

农污项目实施过程中，政府部门、金融组织、社会团体、新闻媒介等也会起一定的控制、监督、支持、帮助作用，如果这些关系协调不好，农污项目实施也往往受阻。

(1) 与政府部门的协调。包括与工程质量监督机构的交流和协调，建设工程合同备案，协助建设单位在征地、拆迁、移民等方面的工作争取得到政府有关部门的支持，现场消防设施的配置得到消防部门检查认可，现场环境污染防治得到生态环境部门认可等。

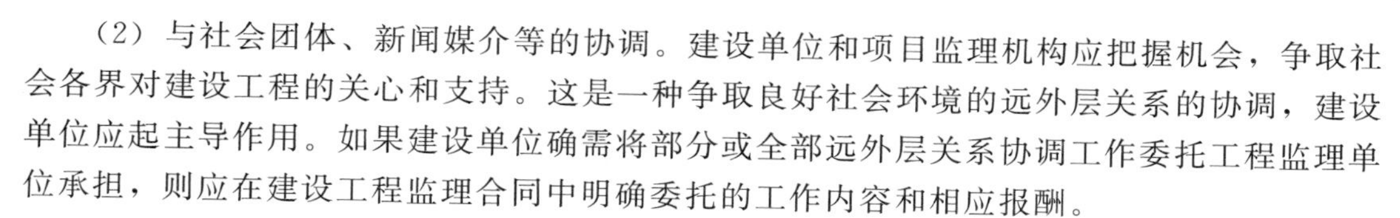

（2）与社会团体、新闻媒介等的协调。建设单位和项目监理机构应把握机会，争取社会各界对建设工程的关心和支持。这是一种争取良好社会环境的远外层关系的协调，建设单位应起主导作用。如果建设单位确需将部分或全部远外层关系协调工作委托工程监理单位承担，则应在建设工程监理合同中明确委托的工作内容和相应报酬。

10.8.2 组织协调方法

1. 会议协调法

会议协调法是建设工程监理中最常用的一种协调方法，包括第一次工地会议、监理例会、专题会议等。

（1）第一次工地会议。第一次工地会议是建设工程尚未全面展开、总监理工程师下达开工令前，建设单位、工程监理单位和施工单位对各自人员及分工、开工准备、监理例会的要求等情况进行沟通和协调的会议，也是检查开工前各项准备工作是否就绪并明确监理程序的会议。第一次工地会议应由建设单位主持，监理单位、设计单位、勘察单位、总承包单位相关人员参加，也可邀请分包单位代表参加。在第一次工地会议上，总监理工程师应介绍监理工作的目标、范围和内容、项目监理机构及人员职责分工、监理工作程序、方法和措施等。

（2）监理例会。监理例会是项目监理机构定期组织有关单位研究解决与监理相关问题的会议。监理例会应由总监理工程师或其授权的专业监理工程师主持召开，宜每周召开一次。参加人员包括：建设单位代表、设计单位代表、项目总监理工程师或总监理工程师代表、其他有关监理人员、施工项目经理、施工单位其他有关人员，必要时也可邀请其他单位代表参加。

监理例会主要内容应包括：①检查上次例会议定事项的落实情况，分析未完事项原因。②检查分析工程项目进度计划完成情况，提出下一阶段进度目标及其落实措施。③检查分析工程项目质量、施工安全管理状况，针对存在的问题提出改进措施。④检查工程量核定及工程款支付情况。⑤解决需要协调的有关事项。⑥其他有关事宜。

（3）专题会议。专题会议是由总监理工程师或其授权的专业监理工程师主持或参加的，为解决建设工程监理过程中的工程专项问题而不定期召开的会议。

2. 交谈协调法

在建设工程监理实践中，并不是所有问题都需要开会来解决，有时可采用“交谈”的方法进行协调。交谈包括面对面的交谈和电话、电子邮件等形式交谈。

无论是内部协调还是外部协调，交谈协调法的使用频率是相当高的。由于交谈本身没有合同效力，而且具有方便、及时等特性，因此，工程参建各方之间及项目监理机构内部都愿意采用这一方法进行协调。此外，相对于书面寻求协作而言，人们更难于拒绝面对面的请求。因此，采用交谈方式请求协作和帮助比采用书面方法实现的可能性要大。

3. 书面协调法

当会议或者交谈不方便或不需要时，或者需要精确地表达自己的意见时，就会采用书面协调的方法。书面协调法的特点是具有合同效力，一般用于以下几方面：

(1) 不需双方直接交流的书面报告、报表、指令和通知等。

(2) 需要以书面形式向各方提供详细信息和情况通报的报告、信函和备忘录等。

(3) 事后对会议记录、交谈内容或口头指令的书面确认。

10.9　保修阶段(缺陷责任期)监理

保修阶段(缺陷责任期)的监理是监理工作的组成部分，与施工阶段监理同等重要。做好保修阶段(缺陷责任期)监理工作，也是监理单位提高资信度，提升企业形象，创建监理品牌的重要方面。

10.9.1　保修阶段(缺陷责任期)监理基本程序

(1) 按国家有关法律、法规和部门规章执行保修阶段时效的规定，对工程现场定期进行巡视，设专人对工程缺陷修补及重建实施监理。

(2) 监理单位收到施工单位“终止缺陷责任申请”后，组织有关人员对保修阶段的工程质量修复进行检查，将结果汇总并报告建设单位。

(3) 确认保修阶段工作已达到合同规定标准后，监理单位向施工单位签发“工程缺陷责任终止证书”。

10.9.2　保修阶段(缺陷责任期)监理工作方法

(1) 工程进入保修阶段，施工单位已撤离现场，监理单位应根据工程特点在参加该项目施工监理工作的监理人员中选留必要的人员，实施保修阶段监理工作。

(2) 监理单位应与建设单位密切联系，关注工程使用状况是否正常，随时听取用户意见。施工单位配合指定一名联系人，并与监理单位保持协调沟通。

(3) 工程竣工验收时，监理单位督促施工单位向建设单位提交《质量保修书》，内容应包含具体保修项目、期限以及有关承诺。

(4) 组织施工单位对工程使用情况进行质量回访。尤其在台风、暴雨等极端气候变化后组织使用方及时进行检查，对发现的问题按单位工程进行登记。

(5) 在工程保修期即将到期的前1～2个月，由监理单位组织建设单位以及施工单位共同对工程进行全面检查。发现的问题及需要维修的内容按单位工程列表登记。

(6) 监理单位对用户反馈的意见、前述质量回访和检查中发现的质量缺陷问题，进行详细调查分析，并确定质量缺陷的事实和责任。对比较严重的质量缺陷问题，由监理单位组织建设单位、设计单位和施工单位共同研究确定该工程质量缺陷是否为正常使用条件下产生。

(7) 对于保修阶段发现的质量缺陷问题由施工队伍进行维修。施工单位若不能按监理单位要求及时进行维修，监理单位应书面通知建设单位，可由建设单位委托其他施工单位完成。其维修的费用根据责任划分，由责任方负责。

(8) 当合同约定的工程保修期监理业务过期后，由施工单位按施工合同和国家《建设工程质量管理条例》的规定对工程继续履行质量保修义务。

11　项目质量检测

建设工程质量检测是指工程质量检测机构接受委托，依据国家有关法律、法规、工程建设强制性标准，对涉及结构安全项目的抽样检测和对进入施工现场的建筑材料、成品与半成品进行的见证取样检测。

农村生活污水处理设施建设的质量检测是通过检查、测量、试验等方法对其建设工程施工中构成实体的特性进行检测，将检测结果与国家规定的标准、规范和流程进行比较，判断每一项的特性是否符合相关指标规定，对不符合指标的要坚决进行整改确保达到规定要求，而对符合指标的则可以进行下一项工作安排。

11.1　质量检测的要求及规定

11.1.1　质量检测机构的基本条件

根据《建设工程质量检测管理办法》中的规定，质量检测机构从事的质量检测业务基本条件是必须取得省级以上建设行政主管部门对其资质认可的资质证书和市场监督管理局的资质认定证书，并有专职检测人员。具体选择符合要求的检测项目可以通过核查证书附件所列的检测项目参数及其限制范围或说明来进行判断和选择。

检测机构从事《建设工程质量检测管理办法》规定以外的质量检测业务时，检测业务内容应当取得相应的计量认证证书。

11.1.2　工程质量检测的基本规定

（1）工程质量检测业务应由工程项目建设单位委托给具备相应资质的检测机构进行检测，并应与被委托的检测机构签订书面合同。建设单位不得将应当由一个检测机构完成的检测业务（不含专项检测）肢解成若干部分委托给几个检测机构。

（2）检测机构跨省、自治区、直辖市承担检测业务时，应当向工程所在地的省、自治区、直辖市人民政府建设主管部门备案。

（3）检测机构不得转包检测业务。不得涂改、倒卖、出租、出借或者以其他形式非法转让资质证书。

（4）检测机构不得与行政机关，法律、法规授权的具有管理公共事务职能的组织以及所检测工程项目相关的设计单位、施工单位有隶属关系或者其他利害关系。

（5）检测机构应当对其检测数据和检测报告的真实性和准确性负责。

（6）检测机构和检测人员不得推荐或者介绍建筑材料、构配件和设备。

（7）检测人员不得同时受聘于两个或者两个以上的检测机构。

（8）质量检测试样的取样应当严格执行有关工程建设标准和国家有关规定，在建设单位或者工程监理单位监督下现场取样。提供质量检测试样的单位和个人，应当对试样的真实性负责。

（9）检测机构应当将检测过程中发现的建设单位、监理单位、施工单位违反有关法律、法规和工程建设强制性标准的情况，以及涉及结构安全检测结果的不合格情况，及时报告工程所在地建设主管部门。

（10）检测机构完成检测业务后，应当及时出具检测报告。检测报告经检测人员签字、检测机构法定代表人或者其授权签字人签署，并加盖检测机构公章或者检测专用章后方可生效。检测报告经建设单位或者监理单位确认后，由施工单位归档。见证取样检测报告中应当注明见证人单位、姓名及见证号。

（11）任何单位和个人不得明示或者暗示检测机构出具虚假检测报告，不得篡改或者伪造检测报告。

（12）检测结果利害关系人对检测结果发生争议的，由双方共同委托认可的检测机构复检，复检结果由提出复检方报送当地建设主管部门备案。

11.1.3　委托送检

1. 签订委托检测合同

建设单位与被委托的检测机构应签订书面合同，其内容包括委托检测的内容、执行的标准、义务、责任以及争议仲裁等内容。

2. 委托送检的基本信息

在每次送检样品或委托进行现场检测时，委托者需对委托的具体检测项目填写委托单，委托单应填写以下信息：

（1）委托方的信息。如委托方的全称、地址、联系人、联系方式等。

（2）工程及参建各方信息。如工程质量监督注册号、工程名称（标段）、工程地址以及建设单位、监理单位、施工单位、设计单位、勘察单位、见证单位名称等。

（3）检测对象的信息。如检测样品的名称、型号、规格、等级、生产厂家、产品标准、代表数量、工程使用部位、样品数量等，或现场委托检测对象的实体构件名称（部位）、材料（构件）技术参数要求、生产厂家、成型（安装）日期等。

（4）委托检测的要求。如要求检测的项目、抽样规则、检测及判定的依据（标准、规范、设计文件要求）等。

3. 检测报告

检测机构完成检测业务后，应当及时出具检测报告。检测报告经检测人员签字、授权的签字人签发，并加盖检验检测机构专用章后方可生效。检测如不合格，需要及时进行反馈。

11.2　原材料、成品与半成品质量检测

11.2.1　原材料取样及检测

判定标准：规定检测结果需要满足的要求以保证其适用性的标准，包括且不限于产品

标准、验收标准、限值标准等。

方法标准：在适合指定目的的精密度范围内和给定环境下，全面描述试验活动以及得出结论的方式的标准。

原材料、成品与半成品应依据判定标准中规定的方法取样及检测，在判定标准中无明确规定的应按客户约定或产品标准选择相应的取样及检测方法。

1. 水泥

依据 GB 175《通用硅酸盐水泥》进行检测。

物理指标：胶砂强度、比表面积、标准稠度用水量、凝结时间、安定性、密度。

化学指标：烧失量、碱含量、三氧化硫、氧化镁、氯离子含量、游离氧化钙。

取样方法：依据 GB/T 12573《水泥取样方法》进行取样。

取样频次：依据 CJJ 1《城镇道路工程施工与质量验收规范》，按同一生产厂家、同一品牌、同一等级、同一批次连续进场的水泥，袋装水泥不超过 200 t 为一批；散装水泥不超过 500 t 为一批，每批抽样 1 次。水泥出厂超过 3 个月（快硬硅酸盐水泥超过 1 个月）时，应进行复验，复验合格后方可使用。

取样数量：①袋装水泥取样：随机选择不少于 20 袋水泥，采用袋装水泥取样器取样，将取样管沿对角线方向插入水泥包装袋中，用大拇指按住气孔，小心抽出取样管，取样样品总量≥12kg。②散装水泥取样：通过转动取样器内管控制开关，在适当位置插入水泥一定深度，关闭后小心取出，取样品总量≥12kg。从不同部位取样，充分混合均匀，将样品装入干燥、洁净，不易破损的且不影响水泥性能的密闭容器中，封存样要加封条。

2. 建设用砂

依据 GB/T 14684《建设用砂》或 JGJ 52《普通混凝土用砂、石质量及检验方法标准》进行检测。

常规检测参数为：颗粒级配、含泥量、泥块含量、表观密度、堆积密度、氯离子含量、坚固性、轻物质、碱集料反应、云母含量等。

取样频次：依据 JGJ 52《普通混凝土用砂、石质量及检验方法标准》取样，①采用大型工具（如火车、货船或汽车）运输的，应以 400m^3 或 600t 为一验收批。②采用小型工具（如拖拉机等）运输的，应以 200m^3 或 300t 为一验收批。③不足上述量者，应按一验收批进行验收。④当砂的质量比较稳定、进料量又较大时，可以 1000t 为一验收批。

按同一产地、同一批次 300～600t 取样 1 组，不足 300t 仍取样 1 组。

取样数量：按进场批次和抽样检测方案确定的参数确定。

取样方法：①从料堆上取样时，取样部位应均匀分布。取样前应先将取样部位表层铲除，然后由各部位抽取大致相等的砂 8 份，石 16 份，组成各自一组样品。②从皮带运输机上采取样时，应在皮带运输机机尾的出料处用接料器定时抽取砂 4 份、石 8 份组成各自一组样品。③从火车、汽车、货船上取样时，应从各不同部位和深度抽取大致相等的砂 8 份、石 16 份组成各自一组试样。

3. 碎石

碎石依据 JGJ 52《普通混凝土用砂、石质量及检验方法标准》进行检测。

常规检测参数：颗粒级配、含泥量、泥块含量、表观密度、堆积密度、针片状含量、压碎值、坚固性、碱集料反应、硫化物和硫酸盐含量等。

取样频次、取样数量、取样方法同建设用砂。

4. 混凝土

混凝土质量检测依据 JGJ 55《普通混凝土配合比设计规程》进行混凝土配合比的设计及验证试验，依据 GB/T 50080《普通混凝土拌和物性能试验方法标准》、GB/T 50081《普通混凝土力学性能试验方法标准》、GB/T 50082《普通混凝土长期性能和耐久性试验方法标准》进行性能检测。

常规检测参数：配合比设计（验证）、强度、坍落度和坍落度经时损失、扩展度、含气量及拌和物中水溶性氯离子含量、抗渗性能、抗冻性能、抗硫酸盐腐蚀性能等。

5. 建筑用砂浆

依据 JGJ/T 98《砌筑砂浆配合比设计规程》进行砂浆配合比的设计及验证试验。依据 GB/T 25181《预拌砂浆》、JGJ/T 70《建筑砂浆基本性能试验方法标准》进行检测。

常规检测参数：配合比设计（验证）、抗压强度、保水率、稠度、表观密度、拉伸黏结强度、吸水率、抗渗性能等。

6. 建筑用钢材

钢筋原材依据 GB/T 1499.1《钢筋混凝土用钢　第 1 部分：热轧光圆钢筋》、GB/T 1499.2《钢筋混凝土用钢　第 2 部分：热轧带肋钢筋》、GB/T 28900《钢筋混凝土用钢材试验方法》等进行检测。

常规检测参数：重量偏差、屈服强度、极限抗拉强度、伸长率、弯曲性能、反向弯曲。

取样频次：依据 GB/T 1499.1《钢筋混凝土用钢　第 1 部分：热轧光圆钢筋》、GB/T 1499.2《钢筋混凝土用钢　第 2 部分：热轧带肋钢筋》中，同厂家每种规格、每批次或每 60t 取样 1 组，不足 60t 取样 1 组；超过 60t，每增加 40t 或不足 40t 的余数增加取样 1 根。

取样数量：去掉钢筋端口 50cm 后在不同根（盘）钢筋上截取相应长度、数量的样品，重量偏差每批 5 根，不小于 500mm，抗拉强度每批 2 根，弯曲性能试验每批 2 根，反向弯曲每批 1 根。

7. 砌墙砖及砌块

砌墙砖及砌块依据 GB/T 5101《烧结普通砖》、GB 13544《烧结多孔砖和多孔砌块》、GB 13545《烧结空心砖和空心砌块》、GB/T 21144《混凝土实心砖》、JC 943《混凝土多孔砖》、GB 25779《承重混凝土多孔砖》、GB/T 24492《非承重混凝土空心砖》、GB/T 11968《蒸压加气混凝土砌块》及 GB/T 4111《混凝土砌块和砖试验方法》进行检测。

常规检测参数：外观质量、尺寸偏差、强度等级、饱和系数、吸水率、软化系数、抗冻性、孔洞率、干密度等。

取样频次及取样数量：依据砌墙砖及砌块的类型按要求进行取样。每一生产厂，烧结普通砖每 15 万块为一验收批次；烧结多孔砖每 10 万块为一验收批次；烧结空心砖每 10 万块为一验收批次；不足上述的量时，按一批计。每批随机抽取 50 块为 1 组。混凝土多孔砖每 10 万块为一验收批次，不足上述的量时，按一批计。每批随机抽取 50 块为 1 组。混凝土实心砖每 15 万块为一验收批次，不足上述的量时，按一批计。每批随机抽取 50 块为 1 组。蒸压加气混凝土砌块每 1 万块为一验收批次，不足上述的量时，按一批计。每批随机抽取18块为1组。普通混凝土小型砌块每1万块为一验收批次，不足上述的量时，按一批计。每批随机抽取32块为1组。

8. 混凝土外加剂

外加剂依据GB 8076《混凝土外加剂》进行检测。

常规检测参数：氯离子含量、总碱量、含固量、含水率、pH值、密度、细度、减水率、泌水率比、含气量、凝结时间差、抗压强度比、收缩率比等。

取样频次：按批号取样，掺量≥1%的同品种的外加剂每一批号为100 t/次，掺量<1%的同品种的外加剂每一批号为50 t/次，不足100 t或50 t的也应按一个批量计，同一批号的产品必须混合均匀。

取样数量：液体外加剂可直接在外加剂存储罐内取样，每一批号取样数量不少于0.2 t水泥所需的外加剂量，约3 kg。

9. 混凝土拌和用水

混凝土拌和用水依据JGJ 63《混凝土用水标准》进行检测。

常规检测参数为：pH值、不溶物、可溶物、Cl^-、SO_4^{2-}、碱含量。

取样频次：每一水源取样不少于一次，或怀疑水质受污染时增加取样频次。

取样数量：水质检测水样不应少于5L。

11.2.2 成品与半成品检测

1. 土工检测

依据GB/T 50123《土工试验方法标准》进行检测。

常规检测参数：CBR、有机质含量、颗粒级配、界限含水率、最大干密度、最佳含水量、压实系数。

取样频率及取样方法：考虑到不同土质情况下取样、制样、平行试验、试验损耗等因素下所需数量为不少于100kg。取原状土样用专用钻机取土，土样直径不得小于10cm，并使用专门的薄壁取土器；在试坑中或天然地面下挖去原状土，可用有上下盖的铁壁取土筒。取扰动土，应先清除表层土，然后分层，用四分法取样。盐渍土，一般应分别在0～0.05m、0.05～0.25m、0.25～0.50m、0.50～0.75m、0.75～1.00m垂直深度取样分层取样。

2. 化学管材

化学管材主要包括PVC－U管、聚乙烯（PE）双壁波纹管、聚乙烯（PE）缠绕结构壁管等，依据CJ/T 250《建筑排水用高密度聚乙烯（HDPE）管材及管件》、GB/T 5836.1《建筑排水用硬聚氯乙烯（PVC－U）管材》和GB/T 19472.2《埋地用聚乙烯（PE）结构壁管道系统　第2部分：聚乙烯缠绕结构壁管材》进行检测。

常规检测参数：外观和颜色、尺寸、环刚度、环柔性、耐外冲击性能、烘箱试验、纵向回缩率。

（1）无压埋地排水用PVC－U管。

取样频次：同一原料，配方和工艺连续生产的同一规格管材为一批，每批数量不超过100 t，如生产7d尚不足100 t，则以7d产量为一个交付检验批。如检验不合格，允许抽取双倍数量的产品进行复验。如仍有1根管子达不到标准要求时，则认为该批产品不合格。

取样数量：检测环刚度时，当 DN≤1500，试样长度 300mm±10mm，取样 3 根；当 DN＞1500，试样长度为≥0.2DN 时，取样 3 根；检测冲击性能时，试样长度 200mm±10mm，取样 1 根。

（2）聚乙烯（PE）双壁波纹管。

取样频次：同一原料，配方和工艺连续生产的同一规格管材为一批，管材内径≤500mm时，每批数量不超过 60 t，如生产 7d 尚不足 60 t，则以 7d 产量为一个交付检验批，管材内径＞500mm 时，每批数量不超过 300 t，如生产 30d 尚不足 300 t，则以 30d 产量为一个交付检验批。如检验不合格，允许抽取双倍数量的产品进行复验。如仍有 1 根管子达不到标准要求时，则认定该批产品不合格。

取样数量：检测环刚度时，当 DN≤1500 试样长度 300mm±10mm，取样 3 根；当 DN＞1500，试样长度为≥0.2DN，取样 3 根。检测环柔性时，试样长度 300mm±20mm，取样 3 根。检测冲击性能时，试样长度 200mm±10mm，取样 1 根。烘箱试验时，试样长度 300mm±20mm，取样 3 根。

（3）聚乙烯（PE）缠绕结构壁管。

取样频次：同一原料，配方和工艺连续生产的同一规格管材为一批，管材内径≤500mm 时，每批数量不超过 60 t，如生产 7d 尚不足 60 t，则以 7d 产量为一个交付检验批，管材内径＞500mm 时，每批数量不超过 300 t，如生产 30d 尚不足 300 t，则以 30d 产量为一个交付检验批。如检验不合格，允许抽取双倍数量的产品进行复验。如仍有 1 根管子达不到标准要求时，则认为该批产品不合格。

取样数量：检测环刚度时，当 DN≤1500 试样长度 300mm±10mm，取样 3 根；当 DN＞1500，试样长度为≥0.2DN，取样 3 根。检测环柔性时，试样长度 300mm±20mm，取样 3 根。检测冲击性能时，试样长度 200mm±10mm，取样 1 根。烘箱试验时，试样长度为 300mm±20mm，取样 3 根。检测缝的拉伸强度时，试样长一般取 300mm。如图11-1所示。

3. 混凝土排水管

钢筋混凝土管依据 GB/T 11836《混凝土和钢筋混凝土排水管》、JC/T 640《顶进施工法用钢筋混凝土排水管》和 GB/T 16752《混凝土和钢筋混凝土排水管试验方法》进行检测。

图 11-1 管材检测

常规检测参数：外观、壁厚、尺寸偏差、内水压力试验、外压荷载。

制管用混凝土强度等级不得低于 C30，用于制作顶管的混凝土强度等级不得低于 C40。混凝土管不允许有裂缝。钢筋混凝土管外表面不允许有裂缝，内表面裂缝宽度不得超过 0.05mm，但表面龟裂和砂浆层的干缩裂缝不在此限。

取样频次及取样数量：由相同原材料、相同生产工艺生产的同一种规格、同一种接头型式、同一种外压荷载级别的管子组成一个受检批。

混凝土管：公称内径为100～300mm产量≤3000根为一批，公称内径为350～600mm产量≤2500根为一批。

钢筋混凝土管：公称内径为200～500mm产量≤2500根为一批，公称内径为600～1400mm产量≤2000根为一批。公称内径为1500～2200mm产量≤1500根为一批，公称内径为2400～3500mm产量≤1000根为一批。

取样数量：外压荷载试验任意取到场混凝土管1节，内水压力试验任意取到场混凝土管3节。

4. 检查井井盖

检查井井盖依据GB/T 23858《检查井盖》、GB 26537《钢纤维混凝土检查井盖标准》和CJ/T 511《铸铁检查井盖》进行检测。

(1) 钢纤维混凝土检查井盖：井盖按平面形状，可分为圆形、矩形两种。按井盖承载能力分为A15、B125、C250、D400、E600和F900六级。

常规检测参数：外观质量与尺寸偏差、抗压强度、承载能力。

取样频次及取样数量：以同种类、同等级生产的500只（套）井盖（或500套井盖）为一批，但在3个月内生产不足500只（套）井盖时仍作为一批，随机抽取10只（套）井盖进行外观质量与尺寸偏差检验。在外观质量和尺寸偏差检验合格的井盖中，随机抽取2只（套）井盖进行裂缝荷载检验。

(2) 铸铁井盖：检查井盖按井盖外形分为圆形和矩形，其中圆形井盖按井座外形又可分为内圆外圆形和内圆外方形；按串联井盖的个数分为单联、双联和多联；按井盖和井座的装配方式分为分离式和铰接式；按有无子盖分为单层井盖和双层井盖。

常规检测参数：外观和结构尺寸、承载力、残留变形。

取样频次：批量以相同级别、相同种类、相同原材料生产批产品构成，500套为一批，不足500套也作一批。

取样数量：从受检批中采用随机抽样的方法抽取5套产品，逐套进行外观和结构尺寸检验，从受检外观和结构尺寸检验项目，合格的产品中抽取2套，逐套进行承载能力检验。

5. 检查井井壁模块

井壁模块依据CJJ/T 230《排水工程混凝土模块砌体结构技术规程》、GB/T 4111《混凝土砌块和砖试验方法》的有关规定进行检测。

常规检测参数：外观质量、尺寸偏差、抗压强度、开孔率、干缩率、相对含水率。

取样频次：同一厂家、同一强度等级、相同生产工艺，相同规格每20000块为一个检验批。每批至少检测一组。

11.3 工程实体质量检测

11.3.1 沟槽质量检测

1. 沟槽开挖后的尺寸检测

宽度、坡度的允许偏差依据GB 50268《给水排水管道工程施工及验收规范》的规定进行检测。

2. 地基承载力应满足设计要求

依据 JGJ 340《建筑地基检测技术规范》可采用地基载荷试验或圆锥动力触探试验对地基土的性状进行检测，判断地基承载力，如图 11-2 所示。

图 11-2　地基承载力检测

当采用地基载荷试验确定地基承载力时，检测频率：单位工程检测数量为每 $500m^2$ 不应少于 1 点，且总点数不应少于 3 点。

3. 塑料排水管变形检测

农村生活污水管道多采用塑料排水管，依据 CJJ 143《埋地塑料排水管道工程技术规程》规定，当塑料排水管道沟槽回填至设计高程后，应在 12～24h 内测量管道竖向直径变形量，并应计算管道变形率。

（1）检测要求：当塑料排水管道内径＜800mm时，管道的变形量可采用圆形心轴或闭路电视等方法进行检测；当管道内径≥800mm时，采用人工管内检测，偏差不大于 1mm。

（2）为保证管道长期变形率控制在规范允许范围内，规定管道初始变形率不超过 3%；当超过时，当管道初始度变形率超过 3%，不超过 5%时，可采取下列措施：挖出回填土露出 85%管道进行检查，当有损失时应进行修补或更换，按图纸要求的压实度重新回填，重新检测管道变形率；当管道初始变形率超过 5%时，管道有可能出现局部损坏或较大的残余变形，应挖出管道，会同设计单位研究处理。

11.3.2　基础及回填质量检测

1. 管道及检查井混凝土及砂浆基础的抗压强度检测

（1）水泥混凝土立方体抗压强度试件应为边长为 150mm 的立方体。每组试件 3 个。浇筑一般体积的结构物时，每一单元结构物制取 2 组试件；连续浇筑大体积结构物时，每 $80～200m^3$ 或每一工作班制取 2 组试块，混凝土试块在标准养护室养护到 28d 时进行抗压强度检测。

（2）水泥砂浆抗压强度试件为边长 70.7mm 的立方体，每组 3 个试件。不同强度等级的或不同配合比的砂浆应随机抽取，分别制样。重要及主体砌筑物每工作班制取 2 组，一般及次要砌筑物每工作班制取 1 组试件，标准养护至 28d 进行抗压强度检测。

2. 管道回填压实度（密度）检测

密度试验检测依据 GB 50123《土工试验方法标准》，检测方法可采用环刀法、灌砂法或灌水法进行。

检测频率：基槽与管沟回填压实度（密度）试验，按长度 20～50m 每层取样一组或

每 1000m² 取样 1 组，但不少于 1 组，采用灌砂法或灌水法（每组 3 点）、环刀法（每组 6 点）检测。

图 11-3 管道回填灌水法压实度检测

图 11-4 管道回填环刀法压实度检测

11.3.3 构筑物质量检测

依据相关规范、标准以及技术规程对设施主体构筑物进行检测验收。检测项目主要有构筑物的几何尺寸、钢筋保护层厚度、混凝土及砂浆抗压强度、回弹强度检测等。

1. 几何尺寸的检测

依据 GB 50204《混凝土结构工程施工质量验收规范》的要求检测构筑物的平面位置、不同平面标高、平面外形尺寸、凹槽尺寸、平面水平度、垂直度等。检验方法是用水准仪及尺量，检测结果须满足设计图纸及规范的允许误差。

2. 钢筋保护层厚度检测

依据 JGJ/T 152《混凝土中钢筋检测技术标准》用钢筋保护层厚度测定仪对混凝土结构物进行钢筋保护层和钢筋间距的检测，当混凝土保护层厚度为 10～50mm 时，保护层厚度检测的允许偏差应为±1mm，当混凝土保护层厚度大于 50mm 时，保护层厚度检测的允许偏差应为±2mm。

3. 污水处理设施混凝土及砂浆抗压强度（包括混凝土抗渗强度）

（1）水泥混凝土立方体抗压强度试件应为边长为 150mm 的立方体。每组试件 3 个。浇筑一般体积的结构物时，每一单元结构物制取 2 组试件；连续浇筑大体积结构物时，每 80～200m³ 或每一工作班制取 2 组试块，混凝土试块在标准养护室养护到 28 天时进行抗压强度检测。

（2）混凝土抗渗强度试件尺寸为：（175mm×185mm×150mm）的立方体。每组试件 6 个。浇筑一般体积的结构物时，每一工作班制取 1 组试件。

（3）水泥砂浆抗压强度试件为边长 70.7mm 的立方体，每组 3 个试件。不同强度等级的或不同配合比的砂浆应随机抽取，分别制样。重要及主体砌筑物每工作班

制取2组，一般及次要砌筑物每工作班制取1组试件，标准养护至28d进行抗压强度检测。

4. 回弹强度检测

依据JGJ/T 23《回弹法检测混凝土抗压强度技术规程》在工程验收时或无混凝土抗压强度检测报告的情况下，采取混凝土回弹法对构筑物进行强度检测，检测龄期均应≥28d方可进行，每处检测10个测区，用以判定构筑物的实体强度，强度推定值应大于设计文件要求。

11.4　管道与设备质量检测

11.4.1　管道检测与评估

1. 管道检测的规定

(1) 从事排水管道检测和评估的机构应具备相应的资质，检测人员应具备相应的资格。

(2) 排水管道检测所用的仪器和设备应有产品合格证、检定机构的有效检定（校准）证书。新购置的、经过大修或长期停用后重新启用的设备，投入检测前应进行检定和校准。

(3) 管道检测方法应根据现场的具体情况和检测设备的适应性进行选择。当一种检测方法不能全面反映管道状况时，可采用多种方法联合检测。

2. 管道检测的程序

(1) 接受委托。

(2) 现场踏勘。

(3) 检测前准备。

(4) 现场检测。

(5) 内业资料整理、缺陷判读、管道评估。

(6) 编写检测报告。

3. 管道检测的主要方法与要求

(1) 电视检测（简称CCTV检测）。CCTV检测是一种精密电视检测技术，采用闭路电视系统进行管道检测的方法。主要用于新建管道竣工验收、运行管道、养护修复检查、清洗疏通效果检查、非开挖修复前后检查。该技术操作方便、图像记录、判断准确直观、避免发生人身伤亡事故。

CCTV检测应符合下列要求：①电视检测不应带水作业。当现场条件无法满足时，应采取降低水位措施，确保管道内水位不大于管道直径的20%。②在进行结构性检测前应对被检测管道做疏通、清洗。③检测设备的摄像镜头、爬行器、主控制器应符合规范规定要求。④爬行器的行进方向宜与水流方向一致。管径不大于200mm时，直向摄影的行进速度不宜超过0.1m/s；管径大于200mm时，直向摄影的行进速度不宜超过0.15m/s。⑤检测时摄像镜头移动轨迹应在管道中轴线上，偏离度≤管径的10%。⑥每一管段检测完成后，应根据电缆上的标记长度对计数器显示数值进行修正。⑦直向摄影过程中，图像应保持正向水平，中途不应改变拍摄角度和焦距；当使用变焦功能时，爬行器应保持在静止状态。侧向摄影时，爬行器宜停止行进，变动拍摄角度和焦距。⑧管道检测过程中，录像资料不应产生画面暂停、间断记录、画面剪接的现象。⑨ 观测过程中发现缺陷时，将爬行器在完全能够解析缺陷的位置至少停止 10 s。⑩缺陷的类型、等级应在现场初步判读并记录，无法确定的缺陷类型或等级应在评估报告中加以说明。

（2）管道潜望镜检测（简称 QV 检测）。QV 检测指采用管道潜望镜在检查井内对管道进行检测的方法。该方法只能检测管内水面以上的情况，宜用于对管道内部状况进行初步判定，检测的结果仅可作为管道初步评估的依据，具有简便、快速、成本低等特点。

QV 检测应符合下列要求：①检测设备应坚固、抗碰撞、防水密封良好，应可以快速、牢固地安装与拆卸，应能够在 0～+50℃的气温条件下和潮湿、恶劣的排水管道环境中正常工作。②管内水位不宜高于管径的 1/2，管段长度不宜大于 50m。镜头中心应保持在管道竖向中心线的水面以上。③录制的影像资料应能够在计算机上进行存储、回放和截图等操作。④拍摄管道时，变动焦距不宜过快。拍摄检查井内壁时，应保持摄像头无盲点地均匀慢速移动。拍摄缺陷时，应保持摄像头静止，调节镜头的焦距，并连续、清晰地拍摄 10 s 以上。⑤对各种缺陷、特殊结构和检测状况应做详细判读和记录，现场检测完毕后，应由相关人员对检测资料进行复核并签名确认。

（3）声呐检测。声呐检测就是采用声波探测技术对管道内水面以下的状况进行检测的方法，声呐检测只能用于水下物体的检测，管道内水深应大于 300mm。该方法可以检测积泥、管内异物，对结构性缺陷检测有局限性，不宜作为缺陷准确判定和修复的依据。

声呐检测应符合下列要求：①检测设备结构应坚固、密封良好，应能在 0～+40℃的温度条件下正常工作。设备的倾斜传感器、滚动传感器应具备在±45°内的自动补偿功能。检测设备应与管径相适应，探头的承载设备负重后不易滚动或倾斜。②声呐系统的主要技术参数应符合规范规定要求。③声呐探头安放在检测起始位置后，在开始检测前应将计数器归零，并且在声呐探头前进或后退时，电缆应处于自然绷紧状态。④检测前应从被检管道中取水样通过实测声波速度对系统进行校准。⑤声呐探头的推进方向宜与水流方向一致，并应与管道轴线一致，滚动传感器标志应朝正上方。⑥声呐检测时，在距管段起始、终止检查井处应进行 2～3m 长度的重复检测。⑦承载工具宜采用在声呐探头位置镂空的漂浮器。⑧探头行进速度不宜超过 0.1m/s。在检测中应根据被检测管道的规格，在规定采样间隔和管道变异处探头应停止行进、定点采集数据，停顿时间应大于一个扫描周期。⑨以普查为目的的采样点间距宜为 5m，其他检查采样点间距宜为 2m，存在异常的管段应加密采样。

4. 管道评估

（1）一般规定。①管道评估应根据检测资料进行。②管道评估工作宜采用计算机软件进行。③当缺陷沿管道纵向的尺寸不大于 1m 时，长度应按 1m 计算。④当管道纵向 1m 范围内两个以上缺陷同时出现时，分值应叠加计算；当叠加计算的结果超过 10 分时，应

按 10 分计。⑤管道评估应以管段为最小评估单位。当对多个管段或区域管道进行检测时，应列出各评估等级管段数量占全部管段数量的比例。当连续检测长度超过 5 km 时，应作总体评估。

（2）评估。管道评估是根据检测资料对缺陷进行判读打分，填写相应的表格，计算相关的参数。管道缺陷包括结构性缺陷和功能性缺陷，结构性缺陷内容包括：破裂、变形、腐蚀、错口、起伏、脱节、接口材料脱落、支管暗接、异物穿入、渗漏。功能性缺陷内容包括：沉积、结垢、障碍物、残墙、坝根、树根、浮渣。管道缺陷等级应按表 11－1 的规定分类。

表 11－1　　管道缺陷等级分类表

缺陷性质	等级			
	1	2	3	4
结构性缺陷程度	轻微缺陷	中等缺陷	严重缺陷	重大缺陷
功能性缺陷程度	轻微缺陷	中等缺陷	严重缺陷	重大缺陷

管段结构性缺陷类型评估，管段功能性缺陷等级评定以及管段的养护等级应符合 CJJ 181《城镇排水管检测与评估技术规程》规定的要求。

5. 检查井检查

检查井检查应在管道检测之前进行。检查井检查的基本内容应符合表 11－2 的规定，检查时应现场填写记录表格，见附录 7。塑料检查井检查的内容除应符合表 11－2 的规定以外，还应检查井筒变形、接口密封状况。

表 11－2　　检查井检查的基本项目

检查内容	外部检查	内部检查
检查项目	井盖埋没	链条或锁具
	井盖丢失	爬梯松动、锈蚀或缺损
	井盖破损	井壁泥垢
	井框破损	井壁裂缝
	盖框间隙	井壁渗漏
	盖框高差	抹面脱落
	盖框突出或凹陷	管口孔洞
	跳动和声响	流槽破损
	周边路面破损、沉降	井底积泥、杂物
	井盖标示错误	水流不畅
	道路上的井室盖是否为重型井盖	浮渣
	其他	其他

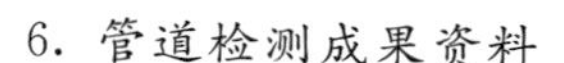
6. 管道检测成果资料

检测成果资料包括现场记录表、影像资料等。管道检测记录内容包括检测任务名称、检测地点、检测日期、起止井号、检测方向、管道类型、管径、管材、检测单位、检测员等资料。相关记录、评估表参见附录8～附录11。

提交的检测与评估资料应包括下列内容：

(1) 任务书、技术设计书。

(2) 所利用的已有成果资料。

(3) 现场工作记录资料，包括：检测单位、监督单位等代表签字的证明资料；排水管道现场踏勘记录、检测现场记录表、检查井检查记录表、工作地点示意图、现场照片。

(4) 检测与评估报告。

(5) 影像资料。

11.4.2 设备检测

(1) 水泵依据SL 548《泵站现场测试与安全检测规程》，污水处理设施机械电气设备安装调试好后对水泵检测进行安全检测，水泵检测参数：流量、扬程、转速、振动、噪音；配套电动机检测参数：绝缘电阻和接地电阻。

(2) 风机依据风机的相关标准与规范，检测参数：风量、风压、转速、振动、噪音。

(3) 配电柜检测内容：外观和安装检查、运行期间电流和电压检测、接地电阻检测和相位检测。

11.5 水质检测

农村生活污水处理设施建成后需要对处理设施运行情况进行检查以及对污水处理设施的运行效率进行测试。污水处理设施运行的水质检测需制定水质检测方案，包括污水处理设施建设项目名称、工艺流程及排污分析、检测参数、采样点位、采样方法、检测频次、评价标准等有关内容。

11.5.1 采样及运输

1. 检测参数

农村生活污水主要检测参数有：pH值、化学需氧量、悬浮物、总磷、总氮、氨氮、动植物油等。

2. 采样点位

对于新（改、扩）建设施应在设施出水端设置取样井。现有的设施在污水处理设施的排放口取样。

对于污水处理设施效率检测采样点的布设：对整个污水处理设施效率检测时，在污水处理设施污水入口和污水设施的总排口设置采样点；对各污水处理单元效率检测时，在各污水处理设施单元污水入口和设施单元出口设置采样点。

3. 采样要求与方法

(1) 采样前的准备。首先要确定采样负责人，其次制订采样计划，熟悉采样方法，水样容器洗涤及样品保存技术。采样计划包括：确定采样垂线和采样点数、测试项目和数量、采样质量保证措施、采样时间及路线、采样人员及分工、采样器材、交通工具及确定需要现场检测的项目和安全保证。

(2) 采样方法。检测参数中化学需氧量（COD）、悬浮物（SS）和动植物油类采样时，都需要单独采样，其余指标均可混合采样。采样位置应在采样的断面中心，在水深＞1m时，应在表层下1/4深度处采样；水深≤1m时，在水深的1/2处采样。对于pH值一般采用现场检测。

农村生活污水主要检测参数的采样样品要求参见附录12。

(3) 样品标签。水样采集后根据不同分析要求分装成数份，并分别加入保存剂，每份样品均需贴完整的水样标签。水质采样现场数据记录见表11-3。

表11-3　　水质采样现场数据记录表

项目名称：			采样日期：				天气：	
样品现场处理情况：								
序号	样品编号	分析项目	采样点位	采样时间	现场测定项目			备注
					pH值	水温/℃		

(4) 样品运输。水样采集后必须立即送回实验室，根据采样点的地理位置和每个参数分析前最长可保存时间，选用适当的运输方式。水样运输前应将容器内外盖盖紧，装箱时应用泡沫塑料等分隔，以防破损，同一采样点的样品应装在同一包装箱内，如需分装在几个箱子中时，则需在每个箱内放入相同的采样现场记录表，在包装箱顶部或侧面标上醒目的“切勿倒置”的标记。在转交水样时必须检查水样登记卡并签字。

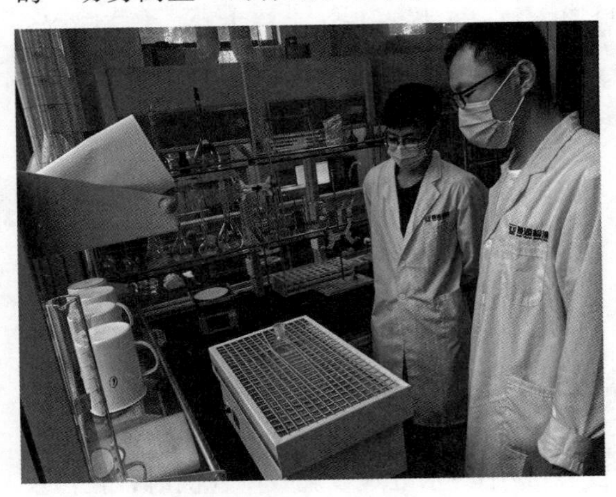

图11-5　水质检测

(5) 样品接收。水样送至试验室时，首先检查水样是否冷藏，冷藏温度是否保持在1～5℃。其次要验明标签，清点样品数量，确认无误签字验收。如不能立即进行分析，应尽快采取保存措施，防止水样被污染。

11.5.2　水质检测分析

1. 水质检测质量保证

(1) 采样器和检测仪器应符合国家有关标准和技术要求。

(2) 承担检测的环境检测机构必须通过国家或省级计量认证，检测人员须持证上岗，如图11-5所示。

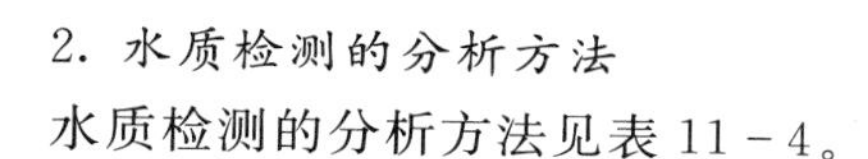

2．水质检测的分析方法

水质检测的分析方法见表 11－4。

表 11－4　水质检测的分析方法

序号	控制项目	分析方法	方法标准编号
1	pH 值	玻璃电极法	GB 6920
2	化学需氧量	快速消解分光光度法	HJ/T 399
		重铬酸盐法	HJ 828
3	悬浮物	重量法	GB 11901
4	氨氮	气相分子吸收光谱法	HJ/T 195
		纳氏试剂分光光度法	HJ 535
		水杨酸分光光度法	HJ 536
		蒸馏-中和滴定法	HJ 537
		连续流动-水杨酸分光光度法	HJ 665
		流动注射-水杨酸分光光度法	HJ 666
5	总氮	气相分子吸收光谱法	HJ/T 199
		碱性过硫酸钾消解紫外分光光度法	HJ 636
		连续流动-盐酸萘乙二胺分光光度法	HJ 667
		流动注射-盐酸萘乙二胺分光光度法	HJ 668
6	总磷	钼酸铵分光光度法	GB 11893
		连续流动-钼酸铵分光光度法	HJ 670
		流动注射-钼酸铵分光光度法	HJ 671
7	动植物油	红外分光光度法	HJ 637

3．检测频次与评价标准

污水处理设施试运行单位应有水质监测记录及具有环境监测资质的单位出具的水质监测报告。农村生活污水的排放要求需根据国家和地方的排放要求因地制宜地确定，检测频次与评价标准应符合处理设施设计和经环境保护行政部门批准的环境影响报告书中提出的要求及国家和地方污染物排放标准。

11.5.3　检测结果分析

根据检测结果，可能出现以下几种情况，以具有脱氮除磷功能的 AAO 处理工艺为例，根据 HJ 576《厌氧-缺氧-好氧活性污泥法污水处理工程技术规范》，进行简要分析：

1．COD 超标

导致出水 COD 超标的原因主要有：

（1）好氧时间短（一般为 8～12h），溶解氧不够，好氧池溶解氧浓度宜保持在 2.0mg/L 以上。

（2）氨氮浓度过高。

(3) 水温过低（一般为 12～35℃）。

2. 氨氮超标

氨氮通常是由于在氧气不足时含氮有机物分解而产生，或者是由于氮化合物被反硝化细菌还原而生成。导致出水氨氮超标的原因主要有：

(1) 没有控制好水力停留时间、供气量不足或硝化菌不够，需提高好氧段的溶解氧。

(2) 减少剩余污泥排放量，提高污泥龄。

(3) 系统碱度不够时适当补充碱度。

(4) 硝化反应没有控制好 pH 值、温度、溶解氧、C/N 比等条件。

3. 总氮超标

导致出水总氮超标的原因主要有：

(1) BOD_5值够低，由于进水碳源低，无法满足反硝化的需求，需提高进水中 BOD_5/TN 的比值（一般要 BOD_5/TN 大于 4.0）。

(2) 缺氧区溶解氧高，影响反硝化细菌的进行厌氧反硝化作用。

(3) 污泥负荷高，低污泥龄（一般为 10～25d），硝化反应不理想。提高混合液回流比（一般为 100%～400%），降低污泥回流比（一般为 40%～100%）。

(4) 温度影响。水温越高，反硝化速率越高，在 30～35℃，反硝化速率最高。

4. 总磷超标

导致出水总磷超标的原因主要有：

(1) 进水 TP 超标太高，存在碳源偏低，导致 BOD_5/TP（一般要求 BOD_5/TP 大于 17）无法满足生物除磷的需要。

(2) 排泥不畅，沉淀效果不理想，增大剩余污泥排放量。

(3) 溶解氧的影响。厌氧区应保持严格厌氧状态（即 DO 低于 0.2mg/L）；好氧区需保持在 2.0mg/L 以上，聚磷菌才能有效吸磷。

(4) 污泥回流比太低。一般回流比在 50%～70%，可保证快速排泥。

(5) 厌氧区的水力停留时间太短（一般为 1.0～2.0 h）。污水经处理后出水总磷不达标时，可采用化学法除磷。

12 项目质量监督

项目质量监督是质量监督机构受政府的委托，依据对建设、勘察、设计、施工、监理、检测等参与建设各方主体的质量行为以及工程实体进行巡查、抽查。它在农村生活污水处理设施建设中是一个不可忽视的重要环节。随着市场经济的不断发展和科学技术水平的进步，项目质量监督主体不断创新，除政府质量监督职能部门或机构外，不少地方引进了第三方质量监督管理，对促进工程质量的提高，满足投资者和居民的使用要求起到了积极的作用。因此我们必须高度重视项目质量的监督工作，为农村污水处理设施建设质量提供有力的保障。

12.1 工程质量监督

工程质量监督制度是我国工程质量管理方面的一项基本制度，是政府对工程质量实施监管的主要手段，对督促工程参建各方认真执行有关法律和工程建设强制性标准具有重要作用。县级以上地方人民政府建设主管部门负责本行政区域内工程质量监督管理工作。工程质量监督管理的具体工作可以由县级以上地方人民政府建设主管部门委托所属的工程质量监督机构（以下简称监督机构）实施。

建设部发布的《工程质量监督工作导则》明确提出：工程质量监督是建设行政主管部门或其委托的监督机构根据国家的法律、法规和工程建设强制性标准、对责任主体和有关机构履行质量责任的行为以及工程实体质量进行监督检查、维护公众利益的行政执法行为。

12.1.1 办理工程质量监督手续

（1）建设单位应在开工前完成施工图设计文件的审查，提供勘察、设计、施工、监理单位的中标通知书、合同以及其他需要的文件，填写工程质量监督申报表，办理工程质量监督申报手续。

（2）监督机构受理工程质量监督申请，对符合要求的在规定时间内出具工程质量监督通知。

（3）监督机构必须按有关规定建立受监工程项目信息库。

12.1.2 制订工程质量监督计划

（1）计划内容包括工程项目的监督依据、监督方式、随机抽查重点、监督人员等。

（2）计划由工程项目监督人员编写，监督机构有关负责人批准。

（3）监督机构负责人应对计划实施情况进行督促抽查，监督计划的有效实施。

12.1.3 工程质量行为抽查

工程质量行为抽查是指监督机构对工程质量责任主体和质量检测等单位履行法定质量责任和义务进行监督抽查的活动。

工程质量行为抽查应遵守以下规定：①工程质量行为抽查应突出重点，采取随机抽查方式。②监督人员对工程质量责任主体提供的相关文件和资料进行抽查，抽查应填写《工程质量行为资料抽查记录》等。③抽查中发现有违规行为的应签发《工程质量监督整改通知书》或《工程局部停工（暂停）通知书》，责令改正；对违反法律、法规、规章依法应当实施行政处罚的，监督机构应提出行政处罚建议，由具有管辖权的主管部门实施行政处罚。

工程质量行为抽查的重点，由监督机构根据工程项目和质量责任主体实际情况确定。

12.1.4 工程实体质量抽查

工程实体质量抽查是指监督机构对涉及工程主体结构安全和主要使用功能的工程实体质量进行监督抽查的活动。

工程实体质量抽查应遵守以下规定：①突出抽查施工质量验收规范中强制性条文的实施情况。②随机抽查关键工序和部位的施工作业面的施工质量。③抽查涉及结构安全与主要使用功能的主要原材料、成品半成品和设备质量的出厂合格证、试验报告及见证取样送检资料。④监督人员应根据抽查结果，填写《工程质量抽查记录》，提出明确的抽查意见；对违反相关法规、影响结构安全及重要使用功能的质量问题，应签发《工程质量监督整改通知书》或《工程局部停工（暂停）通知书》或行政处罚建议书。

工程实体质量抽查的重点内容，由监督机构根据工程特点、施工进度、质量状况确定。

12.1.5 工程质量监督抽测

（1）工程质量监督抽测是指监督机构运用便携式检测仪器设备对工程实体质量进行监督检查的一种手段。

（2）工程质量监督抽测应遵守以下规定：①抽测重点是涉及工程结构安全的关键部位和主要使用功能。②抽测项目和部位，应根据工程的性质、特点、规模、结构形式、施工进度和质量状况等因素确定。③经抽测对工程质量确有怀疑的，监督机构应责令建设单位委托有资质的检测单位按有关规定进行检测，并出具检测报告。④检测结果不符合设计要求、规范标准的，应按有关规定和要求进行处理。⑤每次监督抽测后，应填写《工程质量监督抽测记录》。

（3）工程质量监督抽测的主要项目，由监督机构参照下述项目范围确定：①承重结构混凝土强度。②主要受力钢筋保护层厚度。③安装工程中涉及安全及重要使用功能的项目。④需要抽测的其他项目。

（4）监督机构应对工程质量监督抽测的数据及时归档。

12.1.6 监督工程质量事故处理

（1）监督工程质量事故处理是指监督机构依据有关工程建设法律、法规和强制性标准，对工程质量事故处理过程进行监督的活动。

（2）工程质量事故处理的监督内容及要求：①监督机构接到工程质量事故报告后，应及时向上级主管部门报告。②监督机构对发生工程质量事故的工程，应及时发出《工程局部停工（暂停）通知书》。③工程质量事故处理符合有关规定后，监督机构应及时签发《工程复工通知书》。④监督机构应对事故的处理过程进行监督抽查。

（3）工程质量问题处理监督，按有关规定执行。监督机构应及时将事故处理的相关资料收集整理并归入监督档案。

12.1.7 监督工程竣工验收

监督工程竣工验收是指监督机构依据工程建设有关法律、法规和技术标准等，对工程质量竣工验收活动进行的监督检查。工程质量监督机构对工程竣工验收进行监督时，重点对验收条件、组织形式、验收程序以及执行验收标准的情况进行监督，并对实体质量、相关资料进行抽查。

当参加验收各方对工程竣工验收意见一致时，监督机构应提出明确的验收监督意见，并做好验收监督记录。工程质量监督机构如发现有违反工程质量管理规定行为、强制性标准的，应责令改正或要求整改后重新验收。

工程质量监督机构应对建设单位按规定设置永久性标牌情况进行抽查。

12.1.8 编制工程质量监督报告

（1）监督机构应当在工程竣工验收合格之日起5日内，向备案机关提交《工程质量监督报告》。

（2）《工程质量监督报告》应由该项目的监督人员组织编写，经有关负责人审查、站长签发，一式两份，加盖公章后，一份提交备案机关，另一份存档。

（3）《工程质量监督报告》应反映监督机构对工程质量的监督抽查情况、参建各方责任主体的质量行为及工程实体的质量状况，其主要内容包括：①工程基本情况。②参建各方责任主体质量行为监督抽查情况。③工程实体质量抽查及监督抽测情况。④工程质量控制资料及安全和功能检验资料抽查情况。⑤工程质量事故整改处理监督情况。⑥工程质量竣工验收监督意见。⑦对工程遗留质量缺陷的监督意见。

（4）《工程质量监督报告》必须采用所在区域统一的文本格式。

12.1.9 工程质量监督档案

（1）工程质量监督档案主要内容包括：建设工程质量监督申报表，建设工程质量监督通知书，工程质量监督工作计划，工程质量行为抽查记录，工程实体质量抽查记录，工程实体质量抽测记录，工程质量问题整改通知单，工程质量问题整改完成报告，工程局部停工（暂停）通知书，工程复工通知书，工程质量事故处理监督记录，工程质量行政处罚申请报告，单位（子单位）工程质量竣工验收记录，单位（子单位）工程质量竣工验收监督记录，工程质量监督报告，需要保存的其他文件、资料、图片汇总表。

（2）监督机构每年定期将工程质量监督信息数据备份。

（3）工程质量监督档案应随工程进度及时整理、归档。

（4）工程质量监督档案的验收与移交：①工程质量监督档案由监督人员负责整理，监督机构有关负责人审核、检查，符合要求后向档案管理人员移交。②监督机构应建立工程质量监督归档台账和档案室。

（5）工程质量监督档案保存的期限为长期。

12.2 工程第三方监管

为了更好地推进农污工程质量监督工作，提高工程质量和安全管理水平，发挥投资效益，可以采用政府采购第三方服务的方式，充分利用社会资源，吸纳专业人员组成联合质监小组，第三方服务机构履行检查权，监督机构履行行政处罚权，双方配合，各尽其职，完成农村污水处理设施工程的质监工作。

2019年9月，国务院办公厅转发住建部《关于完善质量保障体系提升建筑工程品质指导意见》的通知（国办函〔2019〕92号）中指出：强化政府对工程建设全过程的质量监管，鼓励采取政府购买服务的方式，委托具备条件的社会力量进行工程质量监督检查和抽测，探索工程监理企业参与监管模式，健全省、市、县监管体系。政府购买专业性强的社会单位（监理企业）提供第三方监管服务，可以解决政府主管部门监管人员和技术力量不足的问题，将检查权与处罚权分离，能够更好地发挥第三方服务的技术优势，符合深化行政体制改革的方向。

12.2.1 工作内容

农村生活污水处理设施建设项目第三方监管工作内容根据委托合同约定，一般包括质量行为监督和实体质量监督等方面。

12.2.1.1 质量行为监督

质量行为监督是指对工程质量责任主体和质量检测等单位履行法定质量责任和义务的情况实施监督。

1. 建设单位行为

（1）项目负责人“两书”（法定代表人授权书、质量终身责任承诺书）签署情况。

（2）施工图设计文件审查合格文件。

（3）施工、监理单位中标通知书及合同的签订。

（4）质量监督手续及施工许可证办理。

（5）工程项目负责人的书面确定、变更及日常参与质量验收、签字情况。

（6）设计变更的程序。

（7）明示或暗示有关单位违反工程建设强制性标准、降低工程质量的行为。
（8）未经验收或验收不合格的工程擅自交付使用的行为。
（9）工程竣工验收的组织及程序。
2. 勘察、设计单位行为
（1）项目负责人“两书”（法定代表人授权书、质量终身责任承诺书）签署情况。
（2）勘察、设计单位资质、人员资格及签字和出图情况。
（3）施工图设计文件交底。
（4）参加地基验槽、基础、主体结构及有关重要部位工程质量验收和工程竣工验收情况。
（5）参加有关工程质量问题的处理情况。
（6）签发设计修改变更、技术洽商通知情况。
（7）选用原材料、成品半成品和设备有无指定厂商。
3. 施工单位行为
（1）项目负责人“两书”（法定代表人授权书、质量终身责任承诺书）签署情况。
（2）施工单位资质和项目经理部管理人员资格，以及人员配备、到位情况。
（3）主要专业工种操作上岗资格、配备及到位情况。
（4）主要技术工种持证上岗。
（5）施工组织设计或施工方案审批及执行情况。
（6）施工现场施工操作技术规程及国家有关规范、标准的配备情况。
（7）重要部位、关键工序的施工技术交底。
（8）检验批、分项、分部（子分部）、单位（子单位）工程质量的检验评定情况，隐蔽工程的验收情况。
（9）原材料、植物材料、成品半成品和设备的进场验收。
（10）工程技术标准及经审查批准的施工图设计文件的实施情况。
（11）质量问题的整改和质量事故的处理情况。
（12）工程资料的及时性、真实性、准确性和完整性。
4. 监理单位行为
（1）项目负责人“两书”（法定代表人授权书、质量终身责任承诺书）签署情况。
（2）监理单位资质、项目监理机构的人员资格。
（3）现场项目监理机构人员的配备（数量、专业）是否与建设规模相适应、持证上岗及按合同选派总监、监理工程师进驻现场情况。
（4）监理规划和监理细则的编制、审批及执行情况。
（5）见证取样制度的实施情况。
（6）原材料、成品半成品和设备投入使用或安装前进行审查情况。
（7）监理资料收集整理情况。
（8）对重点部位、关键工序实施旁站监理情况，根据工程项目情况配备常规检测设备和工具并进行平行检验的情况。
（9）质量问题通知单签发及质量问题整改结果的复查情况。

（10）组织检验批、分项、分部（子分部）工程的质量验收，参与单位（子单位）工程质量的验收情况。

（11）对分包单位的资质进行核查情况。

（12）对承包单位的施工组织设计、技术方案的审查情况。

5. 检测机构行为

（1）检测机构资质、人员资格及检测范围。

（2）检测方案综合报告制定情况。

（3）检测报告的签字及其内容的真实性、完整性。

（4）是否按规定时间将不合格检测结果上报工程质量监督机构。

12.2.1.2 实体质量监督

实体质量监督是指主管部门对涉及工程主体结构安全、主要使用功能的工程实体质量情况实施监督。

1. 污水管道

（1）检查现场施工质量，主要包括：沟槽开挖质量，管道基础施工质量，管道外观和敷设质量，沟槽回填质量。

（2）抽查质量控制资料，主要包括：施工方案及审批、原材料合格证、检测报告、进场验收记录（复试报告）、功能性试验（闭水试验、CCTV/QV 等视频检测）、变形量检测及管道高程、沟槽回填压实度、平基、管座混凝土配合比及抗压强度。

2. 检查井（砌体结构）

（1）检查现场施工质量，主要包括：砌体几何尺寸和外观质量、组砌方法、砌筑质量、砂浆试块留置情况。

（2）抽查质量控制资料，主要包括：原材料合格证书、检验报告、进场验收记录、复试报告、砂浆配合比、砂浆强度检测报告。

3. 地基与基础工程

（1）检查现场施工质量，主要包括：基础施工质量、钢筋制作与安装质量、混凝土浇筑与外观质量、砌体施工质量、混凝土和砂浆试块留置情况。

（2）抽查质量控制资料，主要包括：施工方案及审批，原材料合格证书、检验报告、进场验收记录、复试报告，地基验槽记录、地基承载力试验检测报告及回填密实度试验报告，地基与基础工程验收记录。

4. 构筑物

（1）检查现场施工质量，主要包括：模板及其支架安装质量，钢筋品种及规格、制作、连接、安装质量，混凝土浇筑质量（现场计量）和外观质量，标养试块制作和同条件试块留置情况，预埋件和预留孔的位置、尺寸，变形缝施工质量。

（2）抽查质量控制资料，主要包括：施工方案及审批，原材料合格证书、检验报告、进场验收记录、复试报告，钢筋加工、成型安装质量，混凝土配合比报告、抗压、抗渗试验报告、同条件养护试验报告，池体构筑物满水试验报告、池体构筑物沉降观测报告，隐蔽工程检查验收记录，构筑物工程验收记录。

5. 一体化终端设施

(1) 检查现场施工质量，主要包括：设施型号、几何尺寸、外观质量和安装质量。

(2) 抽查质量控制资料，主要包括：吊装方案及审批，原材料合格证书、检验报告、进场验收记录、复试报告，出厂合格证和进场验收记录，吊装记录，质量验收记录。

6. 机电设备安装工程

(1) 机电设备的订购合同、产品质量合格证书、说明书、运行及保养手册、性能检测报告、符合国家强制性标准（如 CCC 认证）情况、进口产品的商检报告及相关文件、进场开箱验收记录中文合格证明文件。

(2) 设备运行单机调试，联动调试。

(3) 机电设备安装工程验收文件。

(4) 机电设备基础施工隐蔽记录、地角螺栓的制作、安装质量验收记录和设备安装质量的抽查。

12.2.2 工作方式和措施

1. 主要工作方式

(1) 质量行为监督以抽查为主，实施以检查调阅施工记录、质量检测验收记录及资料。

(2) 现场质量与安全以现场实地检查为主，采取随时抽查与定期检查相结合、重点检查与全覆盖检查相结合的方式。

(3) 运维情况考核根据工程进度适时进行，对投入运行的设施采取现场抽查结合档案复查的方式。

(4) 水质检测采取二次定期检查的方式。

(5) 参加委托方、建设单位的工作例会，适时参加工作调度会，协助推动工程建设进度。

2. 主要工作措施

(1) 第三方监管人员实行分片包干，分组到街，逐村、逐点巡查，每村每周巡查不少于一次，变形成巡查台账。

(2) 每周对在建工程进度进行统计，对工程质量、安全情况进行全面监管，对工程推进提出建议和意见，并形成监管工作周报。

(3) 每月对在建工程、整改工程的质量和安全情况进行监督，并形成监管工作月报。

(4) 每个季度对已建农污设施进行考核，并将相关考核结果以书面报告形式报送至委托人。

(5) 对所监管的农村生活污水处理设施，分别在建设验收或整改移交前、年底运维考核中，对进出水的水质各监测一次，并提供检测报告。

12.2.3 第三方监督档案

1. 档案资料内容

第三方监管机构应根据工作需要，在建设过程中及时提供监管成果资料，项目结束后

要将成果资料进行整理归档，形成档案资料报送委托人。第三方监管档案主要资料包括：

（1）监管工作计划。

（2）基本建设情况统计表。

（3）每日、周、月工程进度统计表。

（4）监管巡查日志、巡查台账。

（5）监管巡查现场问题通知单或整改单。

（6）监管工作周报、月报。

（7）专项检查工作报告。

（8）工程质量安全监督工作开展情况报表。

（9）工程质量、安全监管报告。

（10）运维情况考核季度报表。

（11）水质检测统计报表。

（12）阶段工作报告。

（13）工作总结报告。

（14）质量检测报告。

（15）其他监管资料。

2. 档案资料的收集管理

（1）监管资料应及时、准确，客观反映监管过程中发现的问题，并及时报送委托人及相关管理部门。

（2）监管档案资料应齐全、填写规范、妥善保管，不得涂抹、缺页、损坏和遗失，资料审查签字等程序完善规范。

13 项目验收与档案管理

农村生活污水处理设施建设项目验收一般包括工程质量验收、工程竣工验收、综合验收。

13.1 工程质量验收

农村生活污水处理设施建设工程质量验收，是在施工单位自行检查评定合格的基础上，由工程质量验收责任方组织，工程建设相关单位参加，根据批准的项目划分，对检验批、分项、分部、单位工程及其隐蔽工程的质量进行抽样检验，对技术条件进行审核，并根据设计条件和相关标准以书面形式对工程质量是否达到合格做出确认。

工程质量验收可划分为4个层次，即检验批验收、分项工程验收、分部（子分部）工程验收和单位（子单位）工程验收。

13.1.1 工程质量验收内容及依据

农村生活污水处理设施建设工程质量验收，主要包括接户、管道、终端工程3部分内容。

接户工程的验收参照GB 50268《给水排水管道工程施工及验收规范》等规范与标准执行，又要满足地方政府对接户率的要求。

管道工程的验收参照GB 50268《给水排水管道工程施工及验收规范》等相关验收规范与标准执行，污水提升泵站（泵井）等参照相关构筑物规范与标准执行。

终端设备验收可按GB 50334《城市污水处理厂工程质量验收规范》有关规范执行，一体化设备、构筑物验收可按GB 50141《给水排水构筑物工程施工及验收规范》的有关规定执行。

规范规定的其他验收内容。

13.1.2 工程质量验收程序

（1）检验批及分项工程应由专业监理工程师组织施工单位项目专业质量检查员、专职质量（技术）负责人等进行验收。

（2）分部（子分部）工程应由总监理工程师组织施工单位项目负责人和项目技术、质量负责人等进行验收。

（3）单位（子单位）工程完工后，施工单位应自行组织有关人员进行检查评定，总监理工程师应组织专业监理工程师对工程质量进行竣工预验收，对存在的问题，应由施工单位及时整改。整改完毕后，由施工单位向建设单位提交竣工报告，申请工程竣工验收。

(4) 单位（子单位）工程中的分包工程完工后，分包单位应对所承包的工程项目进行自检，并按标准规定的程序进行验收。验收时，总包单位应派人参加；分包单位应将分包工程的质量控制资料收集完整后，移交总包单位，并由总包单位统一归入工程竣工档案。

13.1.3　工程质量验收基本规定

(1) 检验批的质量应按主控项目和一般项目验收。

(2) 工程质量的验收均应在施工单位自检合格的基础上进行。

(3) 隐蔽工程在隐蔽前应由施工单位通知监理工程师或相关参建单位人员进行验收，并应形成验收文件，验收合格后方可继续施工。

(4) 参加工程施工质量验收的各方人员应具备规定的资格。

(5) 涉及结构安全的试块、试件以及有关材料，应按规定进行见证取样检测。

(6) 工程的观感质量应由验收人员现场检查，并应共同确认。

(7) 工程质量验收不合格的处理应按相关规定执行。

13.1.4　工程质量验收合格的条件

1. 检验批

(1) 主控项目的质量经抽样检验合格。

(2) 一般项目的质量应经抽样检验合格；当采用计数检验时，除有专门要求外，一般项目的合格点率应达到80%及以上，且不合格点的最大偏差值不得大于规定允许偏差值的1.5倍。

(3) 主要工程材料的进场验收及复验合格，试块、试件检验合格。

(4) 主要工程材料的质量保证资料以及相关试验检测资料齐全、正确；具有完整的施工操作依据和质量检查记录。

2. 分项工程

(1) 分项工程所含的检验批质量验收全部合格。

(2) 分项工程所含的检验批的质量验收记录应完整、正确；有关质量保证资料和试验检测资料齐全、正确。

3. 分部（子分部）工程

(1) 分部工程所含分项工程的质量验收全部合格。

(2) 质量控制资料应完整。

(3) 涉及结构安全和使用功能的质量应按规定验收合格。

(4) 外观质量验收应符合要求。

4. 单位（子单位）工程

(1) 单位（子单位）工程所含分部（子分部）工程的质量验收全部合格。

(2) 质量控制资料应完整。

(3) 单位（子单位）工程所含分部（子分部）工程有关安全及使用功能的检测资料应

完整。

（4）主体结构试验检测、抽查结果以及使用功能试验应符合相关规范规定。

（5）外观质量验收应符合要求。

13.2 工程竣工验收

农村生活污水处理设施建设工程竣工验收，是建设单位法定的权利和义务，是施工全过程的最后一道工序，也是工程项目管理的最后一项工作。在建设工程完工后，施工单位应当向建设单位提供完整的竣工资料和竣工验收报告，提请建设单位组织竣工验收。

建设单位收到竣工验收报告后，应及时组织有设计、施工、监理等有关单位参加的竣工验收，检查负责工程项目是否已按照设计要求和合同约定全部建设完成，并符合竣工验收条件。

13.2.1 竣工验收条件

农村生活污水处理设施建设工程竣工验收应具备下列条件：

（1）完成建设工程设计和合同约定的各项内容。

（2）有完整的技术档案和施工管理资料。

（3）有工程使用的主要建筑材料建筑构配件和设备的进场试验报告，以及工程质量检测和功能性试验资料。

（4）施工单位工程完工后对工程质量进行了检查，确认工程质量符合有关法律、法规和工程建设强制性标准，符合设计文件及合同要求，并提出工程竣工报告。

（5）有勘测、设计、施工、监理等单位分别签署的质量合格文件。

（6）建设单位已按合同约定支付工程款。

（7）有施工单位签署的工程保修书。

（8）建设主管部门及工程质量监督机构责令整改的问题全部整改完毕。

（9）法律法规规定的其他条件。

13.2.2 竣工验收合格的依据

（1）单位工程质量验收应全部合格。

（2）试运转验收应合格。

（3）工程质量验收记录应齐全、完整。

（4）有关生态环境和主要使用功能的项目应验收合格。

13.2.3 工程竣工报告编制

（1）由施工单位编制，在工程完工后提交建设单位。

（2）在施工单位自行检查合格的基础上，申请竣工验收。

（3）工程竣工报告应包括的主要内容：①工程概况。②施工组织设计文件。③工程施工质量检查结果。④符合法律法规及工程建设强制性标准情况。⑤工程施工履行设计文件

情况。⑥工程合同履行情况。

13.2.4 竣工验收程序

（1）工程完工后，施工单位向建设单位提交工程竣工报告，申请竣工验收。

（2）建设单位收到工程竣工报告后，对符合竣工验收要求的工程，组织勘察、设计、施工、监理等单位组成验收组，制订验收方案。

（3）建设单位应当在工程竣工验收7个工作日前将验收的时间、地点及验收组名单书面通知负责监督该工程的工程质量监督机构。

（4）建设单位组织竣工验收。①建设、勘察、设计、施工、监理单位分别汇报工程合同履约情况和在工程建设各个环节执行法律、法规和工程建设强制性标准的情况。②审阅建设、勘察、设计、施工、监理单位的工程档案。③实地查验工程质量。④对工程勘察、设计、施工、设备安装质量和各管理环节等方面作出全面评价，形成经验收组人员签署的工程竣工验收意见。

（5）参与工程竣工验收的建设、勘察、设计、施工、监理等各方不能形成一致意见时，应当协商提出解决的方法，待意见一致后，重新组织竣工验收。

（6）工程竣工验收合格后，建设单位应当及时提出工程竣工验收报告。工程竣工验收报告主要包括工程概况，建设单位执行基本建设程序情况，对工程勘察、设计、施工、监理等方面的评价，工程竣工验收时间程序、内容和组织形式，工程竣工验收意见等内容，并附施工许可证、施工图设计文件审查意见、工程竣工报告、监理工程质量评估报告、设计质量检查报告、工程质量保修书、验收组签署的工程竣工验收意见等相关文件。

（7）建设单位应当自工程竣工验收合格起15日内，依照相关规定，向工程所在地的县（市、区）级以上地方人民政府建设主管部门备案。

13.3 综合验收

农村生活污水处理设施建设综合验收是以镇、街道为单位，对农村生活污水处理设施建设成果和运营效果进行综合验收评价。污水处理设施通过竣工验收，并由专业运维单位稳定试运行不少于3个月，出水水质达标。综合验收由县（市、区）级行政主管部门组织相关单位，采取听取汇报、查阅资料、现场抽查等方式，进行定量与定性相结合的考核评价，考评合格的通过验收，并形成综合验收报告。

13.3.1 验收主要标准

验收标准在符合相关规范基础上，必须符合下列重要指标：

（1）户户覆盖，做到“三水”（包括厕所污水、洗涤和沐浴污水、厨房污水等）都要纳管，接户率满足设计要求。

（2）公共设施覆盖，主要指村庄公厕等公共设施污水都要纳管，接入率达到100%。

（3）管网达标，落实雨污分流，主次管网无破损、无错漏接、无混接，管道无杂物污泥淤积等。

(4) 终端设备达标，必须配备信息牌和独立电表、流量计等设备，安装必备的在线监测模块并留有所需的相应接口。

(5) 水质达标，根据国家相关规范和省市要求以及工程建设运维目标，设施出水水质符合国家及地方排放标准级设计要求达到的排放标准。

13.3.2 验收组织和实施

(1) 建设单位在项目竣工验收通过后，向县（市、区）级行政主管部门提出综合验收申请报告。

(2) 项目综合验收由县（市、区）级行政主管部门组织落实，制订综合验收工作方案，组建综合验收小组。

(3) 综合验收的主要内容包括项目是否符合基本建设程序要求、竣工项目现场实物查看、竣工资料检查、设施运行及专项资金使用情况，必查指标主要有村庄农户接纳率、设施进出水浓度、主要污染物去除率等。

(4) 综合验收未通过的工程项目一律不得投入正式运行，由工程建设单位落实整改，整改复查通过后方可投入运行。

(5) 综合验收合格后，形成县（市、区）级验收报告。

13.3.3 移交

综合验收后应规范履行移交手续，将设施设备、工程技术资料（含管网竣工图、设施设备、电气控制运行操作手册和说明书等）按要求移交县（市、区）级运行维护单位，办理移交证书。移交的主要资料有：

(1) 工程建设资料主要包括基建文件、施工资料、监理资料和验收资料。

(2) 基建文件包括决策立项文件，建设规划用地、征地、拆迁文件，勘察、测绘、设计文件，工程招投标及承包合同文件，开工文件、商务文件，工程备案文件等。

(3) 施工资料包括施工管理资料、施工技术文件、物资资料、测量监测资料、施工记录、质量评定资料等（含“一村一档”资料）。

(4) 监理资料包括监理管理资料、施工监理资料、竣工验收监理资料等。

(5) 验收资料除包括竣工图、项目验收报告等，还应包括污水检查井和污水处理设施命名标识、设施布局相关资料。

(6) 综合验收完成后形成验收报告。

13.4 工程档案管理

农村污水处理设施建设工程档案管理应符合 GB/T 50328《建设工程文件归档规范》以及 JGJ/T 185《建筑工程档案管理规程》的相关要求，同时还需满足 GB/T 11822《科学技术档案案卷构成的一般要求》、GB/T 10609.3《技术制图　复制图的折叠方法》、CJJ/T 117《建设电子文件与电子档案管理规范》、CJJ/T 158《城建档案业务管理规范》、CJJ/T 187《建设电子档案元数据标准》等规范中的相关规定。应建立健全“一村一档、一村一牌”等机制，全面收集、规范整理、科学保管农村污水处理设施工程建设的过程数据，原始档案由乡镇（街道）统一保存，并建立相关数据综合信息服务平台，确保随时能够查阅和追溯。

农村污水设施建设的施工期工程档案主要包括施工管理档案、施工技术文件、物资档案、测量监测档案、施工记录、质量评定档案等。

13.4.1　工程档案管理基本要求

（1）工程文件的形成和积累应纳入工程建设管理的各个环节和有关人员的职责范围。

（2）工程文件应随工程建设进度同步形成，不得事后补编。

（3）每项建设工程应编制一套电子档案，随纸质档案一并移交城建档案管理机构。

（4）建设单位应按下列流程开展工程文件的整理、归档、验收、移交等工作：①在工程招标及与勘察、设计、施工、监理等单位签订协议、合同时，应明确竣工图的编制单位、工程档案的编制套数、编制费用及承担单位、工程档案的质量要求和移交时间等内容。②收集和整理工程准备阶段形成的文件，并进行立卷归档，组织、监督和检查勘察、设计、施工、监理等单位的工程文件的形成、积累和立卷归档工作。③收集和汇总勘察、设计、施工、监理等单位立卷归档的工程档案。④收集和整理竣工验收文件，并进行立卷归档。⑤在组织工程竣工验收前，提请当地的城建档案管理机构对工程档案进行预验收；未取得工程档案验收认可文件，不得组织工程竣工验收；对列入城建档案管理机构接收范围的工程，工程竣工验收后3个月内，应向当地城建档案管理机构移交一套符合规定的工程档案。

（5）勘察、设计、施工、监理等单位应将本单位形成的工程文件立卷后向建设单位移交。

（6）建设工程项目实行总承包管理的，总包单位应负责收集、汇总各分包单位形成的工程档案，并应及时向建设单位移交；各分包单位应将本单位形成的工程文件整理、立卷后及时移交总包单位。建设工程项目由几个单位承包的，各承包单位应负责收集、整理立卷其承包项目的工程文件，并应及时向建设单位移交。

（7）城建档案管理机构应对工程文件的立卷归档工作进行监督、检查、指导。在工程竣工验收前，应对工程档案进行预验收，验收合格后，必须出具工程档案认可文件。

（8）工程资料管理人员应经过工程文件归档整理的专业培训。

13.4.2　工程档案内容

农村生活污水处理设施工程档案是指在项目的前期、实施、竣工验收等各建设阶段过程中形成的，具有保存价值的文字、图表、声像等不同形式的历史记录。建设单位负责组织、协调、督促和指导勘察单位、设计单位和监理单位编制的项目竣工文件，整理项目文件等。督促有关单位提交相应项目文件的套数、费用、时间，以及相应所承担的提交文件的管理、归档责任。工程资料包括以下内容：

1. 工程准备阶段文件（A类）

（1）立项文件。①项目建议书及批复文件。②可行性研究报告及批复文件。③专家论

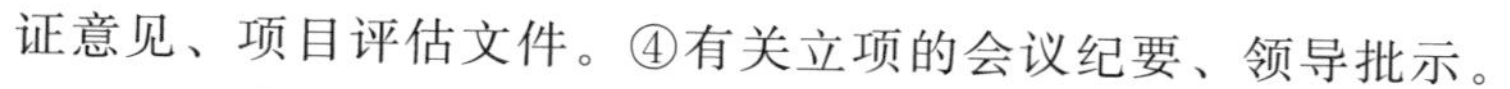

证意见、项目评估文件。④有关立项的会议纪要、领导批示。

（2）建设用地、拆迁文件。①选址申请及选址规划意见通知书。②建设用地批准书。③拆迁安置意见、协议、方案等。④建设用地规划许可证及其附件。⑤土地使用证明文件及其附件。⑥建设用地钉桩通知单。

（3）勘察、设计文件。①工程地质勘察报告。②水文地质勘察报告。③初步设计文件（说明书）。④设计方案审查意见。⑤设计计算书。⑥施工图设计文件审查意见。

（4）招投标文件。①勘察、设计招投标文件。②勘察、设计告同。③施工招投标文件。④施工合同。⑤工程监理招投标文件。⑥监理合同。

（5）开工审批文件。①建设工程规划许可证及其附件。②建设工程施工许可证。

（6）工程造价文件。①工程投资估算材料。②工程设计概算材料。③招标控制价格文件。④合同价格文件。⑤结算价格文件。

（7）工程建设基本信息。①工程概况信息表。②建设单位工程项目负责人及现场管理人员。③监理单位工程项目总监及监理人员名册。④施工单位工程项目经理及质量管理人员名册。

2. 监理文件（B类）

（1）监理管理文件。①监理规划。②监理实施细则。③监理月报。④监理会议纪要。⑤监理工作日志。⑥监理工作总结。⑦工作联系单。⑧监理工程师通知。⑨监理工程师通知回复单。⑩工程暂停令。⑪工程复工报审表。

（2）进度控制文件。①工程开工报审表。②施工进度计划报审表。

（3）质量控制文件。①质量事故报告及处理资料。②旁站监理记录。③见证取样和送检人员备案表。④见证记录。⑤工程技术文件报审表。

（4）造价控制文件。①工程款支付。②工程款支付证书。③工程变更费用报审表。④费用索赔申请表。⑤费用索赔审批表。

（5）工期管理文件。①工程延期申请表。②工程延期审批表。

（6）监理验收文件。①工程竣工移交书。②监理资料移交书。

3. 施工文件（C类）

（1）施工管理文件。①工程概况表。②施工现场质量管理检查记录。③企业资质证书及相关专业人员岗位证书。④分包单位资质报审表。⑤建设单位质量事故勘查记录。⑥建设工程质量事故报告书。⑦施工检测计划。⑧见证试验检测汇总表。⑨施工日志。

（2）施工技术文件。①工程技术文件报审表。②施工组织设计及施工方案。③危险性较大分部分项工程施工方案。④技术交底记录。⑤图纸会审记录。⑥设计变更通知单。⑦工程洽商记录（技术核定单）。

（3）进度造价文件。①工程开工报审表。②工程复工报审表。③施工进度计划报审表。④施工进度计划。⑤人、机、料动态表。⑥工程延期申请表。⑦工程款支付申请表。⑧工程变更费用报审表。⑨费用索赔申请表。

（4）施工物资文件。①出厂质量证明文件及检测报告。②进场检验通用表格。③进场复试报告。

（5）施工试验记录及检测文件。①工程项目原材料、构配件设备的出厂合格证及进场检验报告。②施工试验记录和见证检测报告。③隐蔽工程验收记录文件。④交接检查记录。

（6）施工质量验收文件。①检验批质量验收记录。②分项工程质量验收记录。③分部（子分部）工程质量验收记录。④其他施工质量验收文件。

（7）施工验收文件。①单位（子单位）工程竣工预验收报验表。②单位（子单位）工程质量竣工验收记录。③单位（子单位）工程质量控制资料核查记录。④单位（子单位）工程安全和功能检验资料核查且主要功能抽查记录。⑤单位（子单位）工程外观质量检查记录。⑥施工资料移交书。⑦其他施工验收文件。

4. 竣工图（D类）

施工单位编制竣工图。

5. 工程竣工文件（E类）

（1）竣工验收与备案文件。①勘察单位工程评价意见报告。②设计单位工程评价意见报告。③施工单位工程竣工报告。④监理单位工程质量评估报告。⑤建设单位工程竣工报告。⑥工程竣工验收会议纪要。⑦专家组竣工验收意见。⑧工程竣工验收证书。⑨规划、消防、环保、人防等部门出具的认可或准许使用文件。⑩工程质量保修单。⑪工程竣工验收与备案表。⑫工程档案预验收章见。⑬城建档案移交书。⑭其他工程竣工验收与备案文件。

（2）竣工决算文件。①施工决算文件。②监理决算文件。

（3）工程声像文件。①开工前原貌、施工阶段、竣工新貌照片。②工程建设过程的录音、录像文件（重大工程）。

（4）其他工程文件。

13.4.3　工程文件归档要求

（1）归档应符合下列规定：①归档文件范围和质量应符合相关规范的规定。②归档的文件必须经过分类整理，并应符合规范的规定。

（2）电子文件归档应包括在线式归档和离线式归档两种方式。可根据实际情况选择其中一种或两种方式进行归档。

（3）归档时间应符合下列规定：①根据建设程序和工程特点，归档可分阶段分期进行，也可在单位工程或分部工程通过竣工验收后进行。②勘察、设计单位应在任务完成后，施工、监理单位应在工程竣工验收前，将各自形成的有关工程档案向建设单位归档。

（4）勘察、设计、施工单位在收齐工程文件并整理立卷后，建设单位、监理单位应根据城建档案管理机构的要求，对归档文件完整、准确、系统情况和案卷质量进行审查。审查合格后方可向建设单位移交。

（5）工程档案的编制不得少于两套，一套应由建设单位保管，另一套（原件）应移交当地城建档案管理机构保存。

（6）勘察、设计、施工、监理等单位向建设单位移交档案时，应编制移交清单，双方签字、盖章后方可交接。

（7）设计、施工及监理单位需向本单位归档的文件，应按国家有关规定和本规范附录、附录的要求立卷归档。

13.4.4 工程档案验收与移交

（1）列入城建档案管理机构档案接收范围的工程，竣工验收前，城建档案管理机构应对工程档案进行预验收。

（2）城建档案管理机构在进行工程档案预验收时，应查验下列主要内容：①工程档案齐全、系统、完整，全面反映工程建设活动和工程实际状况。②工程档案已整理立卷，立卷符合本规范的规定。③竣工图的绘制方法、图式及规格等符合专业技术要求，图面整洁，盖有竣工图章。④文件的形成、来源符合实际，要求单位或个人签章的文件，其签章手续完备。⑤文件的材质、幅面、书写、绘图、用墨、托裱等符合要求。⑥电子档案格式、载体等符合要求；声像档案内容、质量、格式符合要求。

（3）列入城建档案管理机构接收范围的工程，建设单位在工程竣工验收后3个月内，必须向城建档案管理机构移交一套符合规定的工程档案。

（4）停建、缓建建设工程的档案，可暂由建设单位保管。

（5）对改建、扩建和维修工程，建设单位应组织设计、施工单位对改变部位据实编制新的工程档案，并应在工程竣工验收后3个月内向城建档案管理机构移交。

（6）当建设单位向城建档案管理机构移交工程档案时，应提交移交案卷目录，办理移交手续，双方签字、盖章后方可交接。

第四篇　运维篇

- 项目运行维护组织管理
- 项目运行维护技术要求

14 项目运行维护组织管理

按照实施乡村振兴战略的总体要求，为巩固农村生活污水处理设施建设成果，规范和加强农村生活污水处理设施的运行维护和管理，保障已建成使用的污水处理设施正常运行，切实改善农村人居环境和提升农村水环境质量为目标，以专业化、市场化、智能化为导向，依据《中华人民共和国环境保护法》《中华人民共和国水污染防治法》等法律、法规及政策，结合区域实际，对纳入农村生活污水治理计划并已通过国家规范验收合格的农村生活污水处理设施开展运行维护管理工作。农村生活污水处理设施运行维护管理工作的基本任务是保障污水处理设施正常运行，出水达到设计排放标准。

14.1 运行维护管理的原则、模式与经费

14.1.1 运行维护管理的原则

农村生活污水处理设施的运行维护管理遵循"政府主导、权责明确、因地制宜、城乡统筹"的原则，采取有效措施，全方位、多层次地开展农村生活污水处理设施运行维护管理，实现"设施完好、管理规范、水质达标"的目标，确保农村生活污水处理设施"建成一个、运行一个、见效一个"。

(1) 坚持政府主导、群众参与。农村生活污水处理设施运行维护管理由区县政府负主体责任，主管部门牵头实施，群众参与管理。要强化镇（街道）一级政府的监管责任，积极引导农户以投工、投劳等方式参与设施的巡查管理、简单维修，适量分担农村污水处理设施运行维护管理费用，监督第三方专业服务机构等。

(2) 坚持权责明确、建立制度。建立健全"属地为主、条块结合、权责明确"的农村生活污水处理设施运行维护管理机制，明确县（市、区）政府和主管部门、镇（街道）和行政村（社区）等各级责任，加强部门之间、镇（街道）之间的联动协作。建立健全运行维护管理办法和工作制度，确保农村生活污水处理设施运行、维护、监测、监管等各项工作有序进行。

(3) 坚持因地制宜、专业运营。建立以政府购买服务方式委托第三方管护为主，村级自管为辅的维护管理机制。对于规模较大、维护管理技术要求较高的污水处理设施，由第三方专业服务机构负责管护；对于规模小、易于维护的污水处理设施，可由村级组织负责管护、第三方专业服务机构巡查；对于户用污水处理设施，由村民自管，第三方专业服务机构提供技术服务；对于纳入城镇集中污水处理厂处理的，归入城镇污水处理厂运行维护管理体系。

(4) 坚持城乡统筹、统一监管。县（市、区）政府要将老旧污水处理设施、新建示范项目及美丽乡村建设和连片整治时，各级、各类主体投资建设的农村污水处理设施，统一纳入农村污水处理运维管理体系进行分类管理，确保辖区内所有农村污水处理设施实现统一管理，全面覆盖。

14.1.2　运行维护管理的模式

农村生活污水处理设施的运行、维护以及管理宜采用城乡统筹，建立镇（街道）运维、部门监督、县（市、区）财政补助的管理模式。

生活污水接入城镇污水管网系统的村庄，应统一委托城镇污水管网系统的日常运行维护单位对管道进行日常养护，保证管道完好畅通。

建设独立生活污水处理设施的村庄，管网、处理设施等宜按区域划分，根据设施类型、分布及产权的不同，原则上以县（市、区）或者镇（街道）为主体，采用就地组建专业化养护机构，市场化招标打包委托第三方专业化的运行维护单位统一进行运行维护和管理。若短时间内难以完全统一实现社会化与市场化，需要一个从镇村自运营到委托运营的过程，根据镇村经济条件、发展阶段和管理水平，因地制宜采取适合当地的污水处理设施运行管护模式（政府直接管理模式或市场化运营模式）。

14.1.3　运行维护管理经费

农村生活污水处理设施运行维护经费是指各级政府安排用于纳入农村生活污水治理计划的农村生活污水处理设施运行维护管理的专项资金。县（市、区）要拓宽资金筹措渠道，按照“谁受益谁付费”的原则，建立村民付费、政府补贴和社会支持的管护经费保障机制，实现财政补贴和农户付费合理分担。农村生活污水处理设施运行维护管理的专项资金来源：污水处理费、县（市、区）和镇（街道）配套补助资金。

根据财政部、国家发展改革委、住建部关于印发《污水处理费征收使用管理办法》的通知（财税〔2014〕151号）的文件精神，结合区域集中供水情况，适时制定农村污水处理收费办法。污水处理费由自来水公司在水费中一并收取，农村生活污水处理设施的运行维护经费应从收取的污水处理费中单独列支。

污水处理费实行“收支两条线”管理，不足的运行经费缺口，由县（市、区）和镇（街道）两级财政补足，建立年度运行维护经费专项账户，做到专款专用，各县（市、区）财政、行业管理部门应加强对资金使用情况的审计和监督管理，任何单位或个人不得违规挤占或挪用运行管理及维护资金。县（市、区）、镇（街道）应当根据所辖区域内农村生活污水处理设施运行维护管理的实际需要，科学测算资金需求（含处理系统出水水质监测费用），合理安排年度预算资金，确保设施的正常运行。

农村生活污水处理设施运行维护的政府监管工作经费在县（市、区）财政预算内列支。镇（街道）可以依照本地实际制定具体的农村生活污水处理设施养护经费补助实施细则，按照各行政村的污水处理模式、污水处理池数、管网长度、接入户数等情况实行差别化补助或用于托管第三方进行运行维护管理。实行运行维护经费拨付与考核结果挂钩制度，将农村污水处理设施运行维护工作纳入年度生态环境保护目标考核，设施出水水质和

设施运行状况作为运行维护经费拨付的依据之一。

采用镇村自运营管理模式的，各县（市、区）运行维护主管部门应按照县（市、区）、镇（街道）对各行政村的考核结果和补助实施细则，负责拨付农村生活污水处理设施养护经费。采用第三方托管运行维护管理方式的，应按照合同约定和县（市、区）、镇（街道）对运行维护单位的考核结果进行拨付农村生活污水处理设施养护经费。运行维护经费使用的范围应涵盖农户外的所有排水设施，应覆盖农户化粪池、隔油池、格栅井、污水收集管道和终端处理设施的日常运行、养护和维修。

14.2 职能部门运行维护管理职责

14.2.1 省、市管理部门职责

（1）省级相关管理部门要协调、配合做好相关法律规章的制定，编制专项规划导则，设施运行维护相关管理、技术导则和标准，研究制订运行维护管理费用指导价。

（2）设区市级主管部门构建市域运行维护管理协调推进机制，制订工作推进计划（规划），编制出台运行维护管理规范性文件；建立和完善考核制度，定期进行考核并及时公布考核结果。

（3）建立设施运行维护专项资金奖补制度，建立基础数据库和运行维护监管服务平台，做好相关培训及宣传工作，做好设施出水水质监督工作。

14.2.2 县（市、区）政府职责

（1）县（市、区）政府为辖区内农村生活污水处理设施运营的监督管理责任主体，按照“政府扶持、社会参与、群众自筹”的资金筹措机制，筹措运行维护资金，用于设施的日常运行维护。各县（市、区）财政预算中列入运维及运维监管资金并积极争取国家、省、市级各项专项资金与财政补助。

（2）县（市、区）政府编制设施运行维护专项规划，包括明确符合水环境要求的水污染物排放标准，设施水污染物排放达标率、污泥处置，设施提标改造目标等主要内容。

（3）县（市、区）政府将设施运行维护管理工作纳入对管理部门、镇（街道）的综合考核，制定设施运行维护管理办法、考核办法、资金管理办法。

（4）县（市、区）政府成立设施运行维护领导小组或建立建设主管部门、农业农村、生态环境、财政等部门之间的协调机制，明确设施运行维护主管部门，并配备相应工作人员。

14.2.3 县（市、区）运行维护主管部门职责

（1）县（市、区）运行维护牵头管理部门受县（市、区）政府委托行使农村生活污水处理设施运行维护监管责任，作为管理主体制定设施运行维护管理办法和实施细则，对辖区内处理设施运营进行统一监管，按时向县（市、区）政府提交处理设施运行总结报告。

(2) 县(市、区)运行维护主管部门要确定专职人员承担具体工作,制定运行维护管理的日常工作制度,组织对县(市、区)内现有设施运行状况摸底排查,形成调查报告,制定修复计划。

(3) 做好治理设施的接收工作,对符合接收要求的设施及时接收并移交相关单位进行运行维护,对能运行但存在问题的设施可进行预接收。推行专业化运维,受镇(街道)委托,做好招投标工作,可通过统一招标,确定专业化运行维护单位。

(4) 负责建立完善设施基础档案数据库和运行维护管理服务平台,并与省市平台联网,做好治理设施运行维护管理信息统计、上报和分析工作。

(5) 编制符合当地运维管理特点的设施运维管理手册和技术手册,指导、督促镇(街道)、行政村(社区)、农户按各自职责开展日常运行维护管理,定期组织开展对县(市、区)相关部门、各镇(街道)相关负责人、运行维护单位的运营管理技术培训。

(6) 负责受理设施运行维护管理的投诉并做好记录,协调、指导解决治理设施运行维护过程中产生的重点、难点问题,督促相关责任单位落实整改。

(7) 联合财政、生态环境、住建、农业农村等部门加强对运行维护单位的督查、指导、服务和考核工作,会同县(市、区)财政局制定设施运行维护经费标准和核拨管理办法,并督促和及时支付运行维护经费。

(8) 会同生态环境部门督促指导镇(街道)或运维单位明确各设施的水污染物排放要求,明确运行维护单位服务能力要求。

(9) 加强对运行维护单位的日常监管,推行第三方监管,通过统一招标确定第三方监督管理考核单位,第三方监督管理考核单位负责县(市、区)内农村污水处理设施运行维护管理考核工作,每季度选择一定比例的处理设施,对其运行达标情况进行抽查,抽检率根据实际情况确定,按要求向县(市、区)运维主管部门提供季度考核报告。

14.2.4 镇(街道)职责

(1) 镇(街道)是设施运行维护管理的管理主体,是设施的业主单位和产权单位。应明确分管领导、责任部门,确认行政村(社区)管理责任人和管理(监督)员。

(2) 与行政村(社区)签订治理设施运行维护管理目标责任书,制定考核办法,并组织考核。

(3) 监督考核运行维护单位的运行维护效果情况,协调、配合做好日常的维护工作,支付运行维护资金。

(4) 建立健全运行维护管理长效机制,负责设施运行维护的日常事务性管理工作。指导行政村(社区)具体负责人、管理(监督)员的日常工作,负责基础档案数据录入和维护,掌握设施运行状况和运行效果,协调解决设施损坏或不能正常运行等各类问题。

(5) 设立投诉电话并有专人负责受理、记录,及时对反映的问题整改或协调配合相关单位进行整改。

(6) 制定设施洪灾损毁、人员伤亡等情况的应急预案。

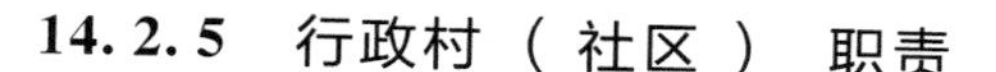

14.2.5 行政村（社区）职责

（1）行政村（社区）是治理设施运行维护管理的落实主体，落实行政村（社区）分管负责人和管理责任人、管理（监督）员。

（2）把设施运行维护管理纳入《村规民约》，在《村规民约》中明确生活污水处理费用；监督指导农户户用污水设施（含化粪池）、接户管网的日常维护。

（3）配合镇（街道）按合同和管理部门的要求对运行维护单位的工作开展监督，配合协调解决设施运行维护日常工作中出现的问题。

（4）负责落实专人或结合村级其他专管人员对农村生活污水处理设施的管网系统、终端系统和机电系统的正常运行进行日常巡查、记录、维修和设备更换等；

（5）发动农户自觉配合做好污水处理设施的运行维护管理工作，做好设施防盗等保护工作，杜绝农村生活污水处理设施不运行或间歇性运行。发现异常情况的，要及时报告给县（市、区）、镇（街道）和主管部门。

14.3 运行维护单位基本要求与职责

14.3.1 运行维护单位

1. 运行维护单位基本要求

运行维护单位基本要求见表 14－1。

表 14－1 运行维护单位基本要求

序号	公司或服务站	指标要素	子指标要素	具体要求	数量
1	公司	人员要求（在册 15 名以上）	运维技术负责人	有 3 年以上水污染治理从业经验的工程师及以上职称，年龄在 60 岁以下	1 名
2			化验室负责人	有 2 年以上环境类或化学类化验实验室从业经验的工程师及以上职称	1 名
3			专业技术管理人员	工程师及以上职称（环境工程专业类）	1 名及以上
4				工程师及以上职称（机电专业或自动化专业）	1 名及以上
5			专业操作人员	经过运维养护专业培训的农污运维养护员	10 名以上
6				持证电工	1 名及以上
7				经过专业培训的地下管道疏通养护员（管道工）	2 名及以上
8				经过专业培训的采样员	1 名及以上
9				经过专业培训的化验员	1 名及以上
10				资料员	1 名及以上
11				安全管理员	1 名及以上

续表

序号	公司或服务站	指标要素	子指标要素	具体要求	数量
12	公司	化验室①	化验室面积	大于 $100m^2$	—
13			化验室具备检测能力	pH值，悬浮物（SS），化学需氧量（COD_{Cr}），总磷，总氮，氨氮（NH_3-N），动植物油，粪大肠杆菌	8项指标
14			化验室工具	取样装备	3～5个
15		平台	功能齐全	具备基础信息库（数据库——村、设施及接户）、人员管理、内部规范、权限管理、设施信息管理、运维工作管理、政策导则、信息报送、报表管理等功能	9大功能板块
16		运维车辆（可租赁）	配备满足项目合同要求的合法交通工具	汽车	2辆以上
17				吸污车	1辆以上
18				管道冲洗车	1辆以上
19		运维工器具（可租赁）	具备项目合同要求的小型运维必备工具	CCTV管道检测仪	1套以上
20				小型管道疏通车	1辆以上
21				管道内窥镜	1套以上
22				移动水质监测设备（至少具备检测化学需氧量、总磷、总氮、氨氮4项的能力）	1套以上
23				毒气检测仪	1套以上
24				移动供电设备	1套以上
25		业绩要求	具有运维业绩	—	—
26		管理要求	质量管理体系建设	运维管理制度、运维人员管理制度、档案资料管理制度、现场管理制度、安全管理制度、岗位操作规程、应急预案、车辆管理制度、化验室管理制度、仓库管理制度、内部考核管理制度、异常情况信息报送制度等	有运行服务质量管理文件以及与其运行项目相适应的规章制度、工艺文件和作业指导书
27	服务站	单个服务站设置	点位和场所面积	按照半小时服务圈，办公面积 $40m^2$ 以上（含仓库）	—
28			服务站负责人	具备2年及以上运行维护管理经验	1名
29			养护小组设置	按8个设施/组/天	—
30			养护小组人员	经过专业技术培训	2名及以上/组
31			车辆	小型货车或皮卡车等	1辆及以上
32			工具与备件	按需配备	—
33		巡查小组	巡查小组配备	养护人员，电工及其他专业操作人员	3名及以上/组

① 可委托第三方具有专业资质认证的实验室进行化验。

2. 运行维护单位职责

(1) 运维单位依照法律、法规、有关规定和维护运营合同开展设施运营维护，定期向社会公开有关运营维护信息，并接受相关部门和社会公众的监督。

(2) 建立完善的管理体系，做到管理制度齐全、操作规程完善、部门及岗位职责明确、工作流程清晰，满足运行管理和质量控制的要求。

(3) 根据设施数量、设施分布、处理工艺等实际情况合理安排设施运维工作岗位设置、人员、交通工具和物资配备。

(4) 建立运行管理人员培训制度。定期对运行管理人员进行培训，掌握相关知识和技能，确保治理设施正常运行。

(5) 加强用电设施日常管理和设施场地日常监管等方面的安全管理，应急预案及处置措施及时有效。

(6) 做好站点的环境保护工作，妥善解决噪声和气味问题，及时处理群众投诉意见。

14.3.2 运行维护人员

1. 运行维护人员基本要求

(1) 运行维护人员上岗前应接受相关的法律法规、专业技术、安全防护、紧急处理等理论知识和操作技能培训，持证上岗。

(2) 具有较强的服务意识，年龄60周岁以下，身体健康，对巡查中发现或群众反映的问题，能及时到现场检查并维修。

(3) 运行维护人员，特别是巡检操作人员需具有一定的水电工技术，有较好的实践基础，必须了解所运行设施的处理工艺和设施设备的运行要求与技术指标，熟悉本岗位的技术要求，熟悉维护方法，操作熟练。

(4) 运行维护人员需具有较强的工作责任心，树立质量管理意识，能按规范要求认真开展设施的运行维护管理工作，确保设施的正常运行。

2. 运行维护人员主要职责

(1) 根据操作规程对农村生活污水处理设施进行日常检查和维护，按要求每日巡视检查构筑物、设备、电器和仪表的运行情况，做好每日的例行检查记录和运行记录，检查记录和运行记录按照附录13中相关表格如实记录。

(2) 运行记录字迹清晰、内容完整，不得随意涂改、遗漏或编造。技术负责人员定期检查原始记录的准确性与真实性，做好收集、整理、汇总和分析工作。

(3) 定期检测终端系统的远程监控设备、进水和出水的水量和水质进行观察记录，填写进出水水质检测记录表（附录13中的表13-6），发现进出水水量异常（超过或少于设计指标）情况要及时查明原因，及时处理，必要时上报县（市、区）行业主管部门和镇（街道）及时解决。

(4) 负责处理设施的安保和现场所有仪表的维护保养工作，防止设施被破坏或被盗。

(5) 负责处理设施周围环境卫生和绿化养护管理。

14.4　运行维护单位管理制度

运行维护单位应建立运维中心管理制度、档案管理制度、运维现场管理制度、岗位操作规程、安全管理制度、应急管理制度、运维车辆管理制度、实验室管理制度、内部考核管理制度、异常情况信息上报制度、仓库管理制度、巡视维护保养制度、月度报告制度等运行维护相关管理制度。重点介绍巡视维护保养制度、安全管理制度、档案管理制度和报告管理制度。

14.4.1　巡视维护保养制度

根据农村生活污水处理设施分布分散的特征，运行维护单位应将定期例行巡查作为运行维护的主要模式。巡查是运行人员日常工作中主要的一项内容，是防止运行中异常情况发生和对异常情况发生的原因进行正确判断和及时处理的有效手段。巡查班组对每个处理设施的巡查应完成运行与维护的全部工作。当处理设施在例行巡查间隔期间发生故障，运行维护单位应及时组织进行机动巡查。运行操作人员必须认真遵循此制度，以保证水处理工艺的正常运行。

污水处理站巡查路线应根据工艺的具体情况而定。巡查过程的具体要求包括：

(1) 巡查人员定时按巡查路线巡查设备、设施的运行状况，注意保持设备、设施的清洁。在巡查的过程中，如果发现设备设施出现问题，应及时处理、维修或上报，并做好记录。

(2) 沿巡查路线细心观察，勤看、勤听、勤嗅、勤摸、勤捞垃圾、勤巡，对所查情况做出如实记录。

(3) 现场能监控到的仪表读数不准时，应立即进行检修保养工作，否则按巡视、保养不负责任处理。

(4) 按照各仪器仪表维护保养要求对各种仪器仪表进行维护保养工作，并认真填写仪器仪表维护保养记录。

14.4.2　安全管理制度

(1) 在进行运维作业时，需穿带日常劳保用品，严禁上班期间饮酒，不得酒后工作。

(2) 严禁在站点内打闹嬉戏，在检查完各池情况后先将防坠网恢复然后盖上井盖。

(3) 定期进行设备检修时，应先切断电源开关，禁止非工作人员进入。在检修过程中需两人操作，一人断送电，另一人维修，防止发生触电安全事故。

(4) 启用设备前要与另一人确认后，并对设备和现场进行复查，在保证安全的情况下方可启动设备。

(5) 开启检查井井盖时要注意周围是否有车辆以及行人，防止碰撞引起事故，一些井盖较重，应注意开启方式。盖上井盖后要检查是否正常牢固。

(6) 开车必须遵守《中华人民共和国道路交通法》及有关交通管理的规章、规则，遵守各项规章制度，安全行车。

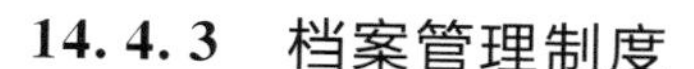

14.4.3 档案管理制度

技术档案、资料和原始记录是设施运行维护管理的依据，镇（街道）、运行维护单位应当建立“一村一档案”信息库的档案管理体系。为了加强内部管理，使运行维护各类档案和技术资料管理规范化、制度化，运行维护单位设兼职档案管理人员，确保生产运行资料完整，档案按具体要求及时归档。档案管理人员认真记录、分类、编号、存放。设备档案的技术资料和安装验收资料统一建档，设备运行记录、维护保养记录、化验分析记录及各类生产报表定期存档，相关资料存档周期见表14-2。技术人员应定期检查原始记录的准确性与真实性，落实收集、整理、汇总和分析工作。

表14-2　生产运行相关存档具体存档周期

序号	档案名称	存档周期	备注	序号	档案名称	存档周期	备注
1	设施生产运行日报表	月		7	电子天平使用记录表	半年	
2	月水质汇总表	月		8	重量分析原始记录	月	
3	出水水质分析报表	月		9	滴定分析原始记录	月	
4	取水样原始记录	半年		10	分光比色原始记录	月	
5	COD HACH方法原始记录	半年		11	设备维护保养记录		及时入设备档案
6	722S分光光度计使用记录	半年		12	设备大中修记录		

1. 归档内容

（1）技术档案主要应包括以下内容：①相关规划、工程设计、施工、竣工和验收移交记录等资料。②农村生活污水处理设施的说明书、图纸、出厂合格证明、操作维护手册、安装记录、安装及试运行阶段的修改洽谈记录等。③各种规章制度、技术规范和维护指标、技术文件和有关规定等。

（2）原始记录包括以下内容：①设施设备维修档案，包括大、中修的时间，维修中发现的问题、处理方法等。由维修人员及设施设备管理技术人员负责填写。②原始数据记录，重大故障报告及处理结果。③例行（月度、年度等）检修测试记录。④定期水量、水质监测数据和分析报告。

2. 归档基本规定

（1）平时归卷。①要形成平时归卷习惯，对处理完毕或批存的文件资料，由档案管理人员集中统一保管。②公文承办人员应及时将办理完毕或经领导批存的文件材料收集齐全，并进行整理，送到档案管理人员归卷。③档案管理人员应及时将已归卷的文件材料，放入平时保存文件卷夹内“对号入座”，并在收发文登记簿上注明。

（2）立卷。①案卷应遵循文件的形成规律和特点，保持文件之间的有机联系，区别不同的价值，便于保管和利用。②归档的文件材料种数、份数以及每份文件的页数均应齐全完整。③在归档的文件材料中，应将每份文件的正件与附件、印件与定稿、请示与批复、转发文件与原件、多种文字形成的同一文件，分别立在一起，不得分开，文件应合一立卷。绝密文电应单独立卷，少数普通文件如果与绝密文件有密切联系，也可随同绝密文件立卷。④卷内文件材料应区别不同情况进行排列，密不可分的文件材料应依序排列在一起。

14.4.4　报告管理制度

为及时了解运行维护单位的生产、经营情况，进一步实现运行维护单位的科学化管理，有效解决运行维护单位遇到的问题，制定运行维护单位报告管理制度，报告管理制度包括以下几个方面：

（1）运行维护单位的运行报告应以运行记录为依据，内容应包括进、出水水质、水量以及处理达标率等重要指标、处理设施的运行情况、设施设备维护情况、异常和排除情况，运行维护评价情况，以及需要说明的事项，应全面反映运行管理的全部工作。

（2）镇（街道）管理机构将本辖区内农村生活污水处理设施运行维护情况汇总整理后报县（市、区）主管部门备案。

（3）进、出水水质、水量出现异常，影响正常运行的，应立即上报，并采取措施防止或减少危害后果。

（4）因污水处理设施（设备）维修，确需停运或部分停运的，应提前向镇（街道）申请，经批准后方可实施。

14.5　运行维护安全与环境管理

14.5.1　运行维护安全管理

农村生活污水处理设施运行过程中应严格执行国家和地方的安全管理规定，采取有效的应对措施和预防手段。安全运营管理包括人员安全管理、设施安全管理、化验室和药剂储存安全管理等。

1. 人员安全管理

（1）运维人员应具备基本的理论知识、管理知识和操作能力，掌握岗位各种机电设备的性能、特点，具备操作和维护的技能，并能独立操作，方能上岗。

（2）运行管理单位需制定安全管理办法及事故应急预案，定期对运维人员进行培训，防患于未然。

（3）对安全事故中可能发生的人身伤害，对运维人员进行必要的急救技能培训。

2. 设施安全管理

（1）启动设备设施应在做好启动准备工作后进行，电源电压大于或小于额定电压 5%时，不宜启动电机。

（2）操作人员在现场开、停设备时，应按操作规程进行，设备工况稳定后，方可离开。

（3）新投入使用或长期停运后重新启用的设施、设备，必须对设施、管道阀门、机械、电气、自控等系统进行全面检查，确认正常后方可投入使用。

（4）停用的设备应每月至少进行 1 次运转。

（5）环境温度低于 0℃时，必须采取防冻措施。

（6）在设备转动部位应设置防护罩；设备运行时，操作人员不得靠近、接触转动部位；非本岗位人员严禁启闭本岗位的机电设备。

（7）运行管理人员和维修人员应熟悉机电设备的维修规定，对设施配电系统的维护与检修，必须由持证上岗的电工操作，并采取适当的技术措施。

3. 化验室和药剂储存安全管理

（1）操作前，应了解操作程序和所用药品、仪器的性能，精力集中地按要求进行工作，避免发生事故。

（2）化学药品有专人管理，剧毒药品应设专柜，使用应做记录。

（3）易燃易爆物品，不得受阳光直射，应分别放置在背光干燥地方，应密闭远离火源，妥善保存。

（4）易燃易挥发性物品加热时，不能用明火直接加热。

（5）电器设备应有接地装置，潮湿的手或物品不能接触电闸。

（6）化验室不准吸烟，不得吃东西，不准用化验容器盛装食物。

（7）每个工作人员应掌握本室的总电源、水源位置，以便必要时采取紧急措施。

（8）工作结束时，应进行安全检查，水、电、气等要关好。

（9）化验室应有灭火装置，工作人员应掌握各种灭火装置的使用方法。

14.5.2 运行维护环境管理

运行环境管理主要是针对雨洪防治、设施噪音、恶臭、固体废弃物及环境卫生等会对周围环境产生影响的环节或部位，采取措施减少或避免其对周围环境的影响。

1. 雨洪防治措施

（1）调节池应有溢流措施，防止雨天漫溢。

（2）周边应设置雨水流出路径，防止雨水进入农村生活污水处理构筑物。

（3）污泥干化场应增设防雨措施。

（4）人工湿地系统应设置雨水溢流口、排洪沟等排洪设施。

2. 恶臭防治

（1）检查井等可以采用双井盖，以减少恶臭气体的排放。

（2）应定期清淤，保持排水通畅，以达到防臭的目的。

（3）加强处理设施周围绿化，可设置一定宽度的绿化隔离带。

3. 噪声防治

（1）在产生噪声的农村生活污水处理设施周围，合理布局绿化，通过种植乔木、灌木、草坪等形成立体绿地，形成声屏障降低噪声影响，也有利于处理设施周围的绿化美化。

（2）选用低噪声工艺设备，并做好减振、消声、隔声措施，从声源及传播途径上控制噪声。

4. 固体废弃物管理

（1）应指定专门的固体废弃物分类存放地点，进行分类、分区标示。

（2）设置专门人员至少每月清理 1 次场地，分类收集固体废弃物，并存放在现场指定的区域。

（3）固体废弃物在收集、存放和清运时应装袋，避免污染环境。

（4）相关部门应定期进行例行的综合检查，检查记录备案。

（5）生活固体废弃物集中堆放（垃圾箱），送当地环卫所集中收集处理。

5. 环境卫生管理

（1）应保持处理设施现场整洁，宜用树木、草坪等进行绿化，并与周边村庄环境协调一致。

（2）定期派专人清扫现场，并适量洒水压尘。

（3）设置专门的垃圾堆放区，并将垃圾堆放区设置在避风处，以免产生扬尘。运垃圾的专用车辆每次装车后，用湿布覆盖好，避免运输途中抛洒造成扬尘。

14.6 运行维护应急预案

14.6.1 应急预案编制内容

运行维护单位应当根据 GB/T 29639《生产经营单位生产安全事故应急预案编制导则》制定本单位的应急预案，主要内容包括应急组织指挥体系与职责、预防与预警机制、应急处置、后期处置、监督管理等，并组织定期演练。安全事故或者突发事件发生后，运行维护单位应立即启动应急预案，采取相应措施，组织抢修，并及时向有关部门报告。各类应急预案有关内容应列入每年应急知识宣教培训计划，定期对运行维护人员进行应急管理培训。

14.6.2 应急预案制定原则

坚持“安全第一、预防为主”的原则，加强日常管理，尽量减少事故的发生；坚持“统一指挥、快速反应”的原则，能在事故发生后迅速有效控制，尽量把事故影响降到最低。

14.6.3 常见事故应急措施

14.6.3.1 进水水质超标应急措施

1. 发现下列情况立刻启动预案

（1）pH 值异常，pH 大于 9.0 或小于 5.5。

（2）COD 异常，COD 大于 500mg/L 或小于 60mg/L。

（3）温度异常，温度大于 35℃或小于 5℃。

（4）油含量异常高，油脂大于 100mg/L，矿物油大于 20mg/L。

（5）氨氮含量异常高，主要是游离氨含量高，有明显的氨气味。

（6）运行人员在巡视时发现活性污泥出现中毒现象时。

2. 应急处理措施

（1）马上向运营管理公司报告。

（2）公司应派专人到现场了解情况，判断为需要停止进水或减少进水时，通知运行人员停止或减少进水，并上报公司、县（市、区）行业主管部门和环境保护行政主管部门。

（3）当进水水质达到严重超标时、毁坏性超标、进水中含有害物质严重超标时，将情况上报公司、县（市、区）行业主管部门和环境保护行政主管部门，对超标进水的水源进行采样检测，以确认超标污水来源和性质。

（4）通过分析进水水质情况制定生产控制方案，当检测到进水水质符合设计要求时，逐步恢复污水处理站的正常生产。

（5）污水处理站停产或减产期间实际处理能力达不到《合同》要求的量时，应及时向县（市、区）行业主管部门报告。事故后应填写《紧急异常处理报告书》上报公司和县（市、区）行业主管部门，并存档。

14.6.3.2　停电应急措施

1. 计划性停电应急措施

（1）维修人员做好停电检修的事前准备工作。

（2）运行人员根据《操作规程》停止运行设备。

（3）运行人员在预定的时间将所有开关断开，并在总开关柜挂上“严禁合闸”的警示牌。

（4）恢复供电后，通知运行人员恢复供电。

（5）运行人员将所有开关合上，并解除总开关柜的“严禁合闸”警示牌。

2. 突发性停电应急措施

（1）运行人员在发生突发性停电时，应将所有设备、仪表切换到“关闭”模式。

（2）巡查各污水处理设施，查看是否有异常情况。

（3）如果是外部供电的故障，运行人员应密切留意，等待恢复供电；如果是自身原因造成的停电事故，维修人员要马上组织人力进行抢修，并查明原因，防止事故再发生。

（4）恢复供电后，运行人员进行复产操作：打开生产监测系统电源，启动工艺运行设备，向污水处理设施输送污水，对工艺做相应调整。如停电的时间超过4h，应先开启曝气系统预曝气1h。

14.6.3.3　防毒气危害应急措施

（1）拨打急救中心电话“120”或公安指挥中心电话“110”。

（2）现场处置组必须携带防毒用具、安全绳、氧气瓶、呼吸器、气体检测仪等必需的应急器材，救护人员必须穿戴安全防护装备。

（3）疏散事故区人员至上风口，事故现场划定警戒区域立即警戒。

（4）组织救护现场中毒人员，符合现场急救条件的采取就地急救。

（5）消防队到达现场时，现场指挥应立即与消防队负责人取得联系并交代有毒气体种类、特性，然后协助消防队负责人处理现场情况。

（6）事故发生后，应保护好现场，接受事故调查并如实提供事故的情况。

14.6.3.4　长时间急暴雨应急措施

(1) 根据天气预报预先对设备进行检查，确保完好。

(2) 随时观察集水池的水位。超过最高限额水量的污水直接外排，保证系统的处理负荷处于合理的范围。

(3) 外出巡查，必须注意个人安全，注意防滑，需要有人配合时两人或三人一起协作操作。

(4) 因为水量的增加，进入设施的污染物总量发生变化，应适当调整工艺运行状况。

14.6.3.5　触电事故应急措施

(1) 在场人员应头脑清醒、冷静、快速反应，争取时间，立即切断该系统总电源。

(2) 若离总电源较远或不便，应使用绝缘器具拨开接触点，使人体脱离触电部位。

(3) 在实施救援的同时，马上拨打“120”电话，并立刻按照公司程序上报。

14.7　运行维护考核

在运行维护考核工作中，要坚持“客观公正、实事求是”的原则。参与运行维护考核的处理设施应符合：已投入运行；一年内未发生安全事故；同一运维服务机构运维满一年。

14.7.1　行政主管部门考核

1. 考核方式与内容

对县（市、区）政府实施考核，可单独进行农村生活污水处理设施运行维护管理考核，也可纳入农村人居环境整治综合考核。考核方式采用县（市、区）自评、省级及市级核查和综合评价相结合的方式，县（市、区）政府统筹做好本辖区自评和相关材料报送。运行维护考核内容主要包括组织管理、运行维护管理、资金保障、出水水质达标排放、居民满意度等情况。

2. 考核结果运用

考核采用计分法，基本指标总分100分，另设置加分项。考核结果可与政府补助资金挂钩。

14.7.2　运行维护单位考核

1. 考核内容和评分标准

为加强农村生活污水处理站长效管理工作，完善长效管理考评机制，充分发挥农污设施效益，根据主管部门要求对运行维护单位实施考核，考核内容和评分标准见表14-3。

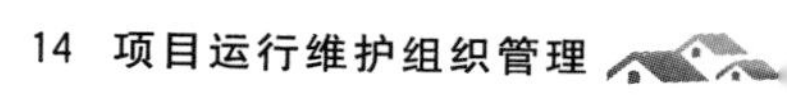

表 14－3　　农村生活污水处理设施运行维护管理考核内容和评分标准

序号	考核项目	具体内容	基本分	评分标准	评分	评分说明
1	水质管理11分	污染物削减及出水达标情况	10分	（1）每季度设施检测数达到100%	4分	查水质自检报告，查现场，水质检测，项目的分析方法按照地方标准或GB 18918的规定
				（2）自检数量不到的，扣4分	－4分	
				（3）检测独立处理设施进、出水水质情况，设施污染物削减量明显、出水达标	6分	
				（4）每检测1个设施不达标，该设施即算不合格设施	硬性指标	
		水质分析	1分	水质分析项目及频次齐全，方法标准，质量控制符合要求	1分	
2	生产运行管理7分	持证上岗	2分	得分＝2×持证率	2分	查管理人员上岗证、相关职称证书（污水工操作证或电工证）
		人员配备	2分	（1）满足设施管理办法人员配备，≤20套设施一人	2分	查职工花名册
				（2）相对合理，20～30套设施一人	1分	
				（3）不合理不得分，>30套设施一人	0分	
		工艺管理	3分	有详细的运行、维修方案；调控措施；应急预案；少一项扣1分，扣完为止	3分	查运行维护方案，工艺控制措施、应急预案等
3	设施设备运行维护52分	污水管网运行维护状况	5分	（1）每个村庄随机抽查5个窨井、底部无明显淤积、排水通畅，水质正常，窨井四周无渗漏，井盖等附属设施完好	5分	查现场
				（2）底部有明显淤积	－1分	
				（3）排水不通畅	－1分	
				（4）内井盖缺失（或无防坠网）、井筒倾斜	－1分	
				（5）窨井四周有渗漏	－1分	
				（6）附属设施破损	－1分	
		污水处理设施运行维护状况	20分	（1）检查独立设施点，每个点所有设施设备运行正常的，且进水、出水浓度正常	20分	现场查看设施各单元运行情况，出水是否清澈透明
				（2）水泵、风机手动模式无法启动	－5分	
				（3）集水井、厌氧池格栅未清理杂物	－5分	
				（4）滴滤塔堵塞，墙体渗水、开裂	－5分	
				（5）人工湿地布水管堵塞，水生植物枯萎、腐烂，未及时清理，湿地堵塞	－5分	

续表

序号	考核项目	具体内容	基本分	评分标准	评分	评分说明
3	设施设备运行维护52分	操作规程和现场运行维护记录	10分	（1）检查独立设施点，现场操作规程内容完整，符合实际需要，有完善的现场运行维护记录	10分	查现场与运维记录
				（2）缺运行记录	−5分	
				（3）缺操作规程，未上墙	−5分	
		设备维护运行管理	15分	（1）检查独立设施点，格栅、水泵、鼓风机等设备外观整洁；螺栓齐全牢固；设备无腐蚀，无渗漏，润滑充分；电气设备符合安全要求；附属设备工作正常；整机运行平衡可靠；仪器仪表准确灵敏；使用高效节能设备；设备完好率＞95％	15分	查现场
				（2）每发现一个运行不正常的或未运行的扣3分		
				（3）设备完好率未达到要求	−3分	
		备品备件	2分	（1）遵循备品备件原则，记录及时、准确、可靠	2分	查备品备件仓库，查进出库记录，库存记录是否完整（编号、名称、规格型号、库存量、购买厂商、订货周期等）
				（2）备品备件不足	−1分	
				（3）备品备件的记录不及时准确可靠反映情况	−1分	
				（4）无备品备件，不得分	0分	
4	信息档案10分	信息化平台	4分	（1）建设有运行维护信息化管理平台，能够实时掌握处理设施运行状态，为日常运行维护和政府监督管理提供有力支撑	4分	查信息化管理平台、维护记录、查运营点数是否吻合
				（2）没有图像监控	−2分	
				（3）无法观测水量、水泵（风机）运行状态	−2分	
		档案管理	6分	（1）日常运行管理（设施运营、设备运行、水质分析、安全管理）记录规整，内容翔实，有必要阶段性总结和分析，能够反映运行维护过程	6分	查运营记录（电量、水量）、设备维护记录、水质分析记录（自检）、安全管理记录、季度总结（按镇、街道为单位）
				（2）有记录的，内容不完善的，酌情扣分；		
				（3）无记录的不得分	0分	
5	安全管理10分	安全管理制度	5分	（1）有安全管理机构；安全管理规章制度；安全检查记录齐全；发现安全隐患有积极响应措施，能及时解决；并有安全检查和隐患排除记录台账	5分	查台账
				（2）缺1项，扣1分，扣完为止		
		安全培训	3分	有安全培训计划；结合工作岗位对职工进行安全教育，有安全培训台账；运营单位主管领导和安全负责人要接受正规安全培训并具有上级颁发的安全培训证书，每缺1项扣1分，扣完为止	3分	查培训记录台账、上级颁发的相关证书

续表

序号	考核项目	具体内容	基本分	评分标准	评分	评分说明
5	安全管理10分	应急预案	2分	(1) 建立完善的农村污水处理设施应急预案、并定期组织演练（一年一次）	2分	查演练台账
				(2) 有应急预案，无定期组织演练	−1分	
				(3) 无预案不得分	0分	
6	站容站貌10分	信息公示	2分	(1) 设施简介、运营单位、联系方式等现场标示内容完整、清晰、美观	2分	查现场
				(2) 破损、老化未及时修复	−1分	
				(3) 简介、运营单位、联系方式缺1项，扣1分，扣完为止		
		设施内、外和建筑物外观	2分	构筑物和建筑物外观破损，锈蚀及不整洁，每处扣1分，扣完为止		查现场
		周边道路及防护	2分	(1) 周边道路通畅完好，铺设到设施点位的道路，防护到位，满足生产需要	2分	查现场
				(2) 1项不到位扣1分，扣完为止		
		绿化景观养护	2分	(1) 绿化景观养护到位，湿地植物覆盖到位，景观自然优美	2分	查现场
				(2) 养护不到位，酌情扣分		
				(3) 杂草丛生，无人管理，不得分	0分	
		安全标识	2分	(1) 在窨井、用电设施、水池及易发安全事故的区域有必要的安全标识，清晰明了，能够起到警示作用	2分	查现场
				(2) 根据现场情况，缺1项扣1分，扣完为止		
合计			100分			

注：设施出水水质检测为硬性指标，出水不合格即判定该设施本季度运维不合格。

2. 考核结果运用

为加强对第三方专业服务机构的监管力度，应通过招投标与合同条款的约定建立以考核成绩与运行维护管理费用挂钩的惩戒、约束和监督机制。

考核实行百分制，具体考核规定：

(1) 考核得分在90（含）分及以上为优秀，全额核拨运维管理费用；

(2) 考核得分在80～90分（包括80分）之间为良好，与90分比较每低1分扣运维管理费用的1%。

(3) 考核分在70～80分（包括70分）之间为合格，在扣除运维管理费用10%的基础上再以 80 分为基数，每低 1 分再扣运维管理费用的 2%。

考核分在 70 分以下，即不合格，运维管理费用的核拨额度降至 50%及以下。在 60～69 分（包括 60 分）之间，以 69 分为基数，每低于 1 分再扣运维管理费用的 2%；在 0～59 分，以 59 分为基数，每低于 1 分再扣运维管理费用的 0.5%。

15 项目运行维护技术要求

运行维护技术是保证生活污水处理设施良性运行的关键，运行维护技术要求针对专业化运维模式提出，其他运维模式可结合实际情况参照执行。本章内容针对水量和水质管理、污水收集系统和终端处理系统的运行维护、污泥的处理处置、尾水的资源化利用和农村污水处理运营管理信息化系统的建设，提出运行管理和维护保养等技术要求。

15.1 水量和水质管理

15.1.1 水量管理

（1）运行维护人员应定期对设施进水水量进行观察记录，发现异常及时排查检修。

（2）运行维护单位应确保处理设施具有水量计量功能。①处理规模超过 $100m^3/d$ 的设施，应在调节池进口处安装具有记录瞬时流量和累积流量功能的流量计，如电磁流量计，并定期进行流量计校验。②处理规模小于 $100m^3/d$ 的设施，可根据实际情况确定流量计量方式。

（3）运行维护单位应如实、准确记录和统计处理设施进水量数据，并归档备查。

（4）运行维护单位应根据水量统计数据分析水量波动规律，并以此作为工艺工况调整的依据。

15.1.2 水质管理

（1）运行维护单位对农村生活污水处理设施进、出水采样和分析频次应符合地方相关标准。

（2）农村生活污水处理设施进、出水的水质常规监测指标，应包括化学需氧量（COD）、悬浮物（SS）、氨氮（NH_3-N）、总氮（TN）、总磷（TP）等，针对提供餐饮服务“农家乐”旅游项目处理设施增加动植物油监测指标。选择性控制项目的具体内容可由地方政府确定。

（3）运行维护单位应认真开展水质分析记录工作，并进行存档，以便指导工艺运行和监管备查。

（4）当水质出现浑浊，有异味和颜色，水质超标等问题时，应根据以下几点做出处理：①观察整体设备，出水井、管网连接井是否存在开裂渗水、漏水现象；如出水口存在破损、渗漏，盖板破损、缺失等情况应及时维修或更换。②检查设备进水是否存在其他废水进入，及时排查并切断废水源头，并上报相关主管部门，防止二次污染。

③出水水质超标应及时整改。对超标的水质参数，采取针对性调试措施，对各单元设备曝气、回流、溶解氧、污泥含量等做出整改。④运维单位及时将自检数据、结果评价、整改反馈等水质自检记录录入公司信息平台并归档。⑤及时采样送检，并立即上报公司运维中心，协同上级主管部门和监管部门检查超标水的来源，及时采取必要措施，防止超标水进入管网。

(5) 农村生活污水处理设施出水排放应按现行农村生活污水处理设施水污染排放的相关标准执行，并符合县域农村生活污水治理专项规划的相关要求。

(6) 出水用于灌溉、杂用水、景观环境用水等，出水水质应符合相应的国家标准。

15.2 收集系统的运行维护

农村生活污水收集系统由接户设施和管网设施两个部分组成。接户设施包括接户管系统、隔油池和化粪池；管网设施包括管道系统、检查井和泵站。

15.2.1 接户管系统

(1) 每个月定期检查一次接户管，防止污水冒溢、私自接管、雨污混接以及影响管道排水的现象出现。

(2) 规范接户管接法，检查过程中对裸露的接户管进行包裹防护。

15.2.2 隔油池

(1) 隔油池盖板不得封闭，隔油池应具备通气和清渣功能，便于检查和维护。

(2) 隔油池的设置应遵循就近、方便清运和管理的原则。

(3) 注意油脂堆积情况，每个月排油1次，每年彻底清洗1次。

(4) 定期检查活动盖板是否有破损，如有破损，需及时更换。

(5) 调整水平位置，保证隔油池平稳、正常使用。

(6) 第一次使用隔油池前，应先把设备注满自来水，直到出油口只出油不出水为止。

(7) 每天使用后，应将进水口过滤网上的杂物倒掉，并清理干净；并将水上浮油清除掉，箱体每两周轻扫一次，将粘在隔板金属表面的油污用刀刮掉。

15.2.3 化粪池

(1) 化粪池建成确认无渗漏，并养护2周后正式启用。

(2) 保持化粪池盖板的密封性、完整性和安全性，避免池内恶臭气体溢出污染周边空气，发现盖板上有垃圾、污物、杂物等应及时清理。

(3) 若化粪池第一格安置有格栅时，注意检查格栅，发现有大量杂物时及时的清理，防止格栅堵塞。

(4) 在清渣或取粪液时，不得在池边点灯、吸烟等，以防发酵产生的沼气遇火爆炸。粪液从第三格取用，并禁止向第三格倒入新鲜粪液。

(5) 定期检查过粪管是否堵塞，建成投入使用初期，可不进行污泥和池渣的清理，运

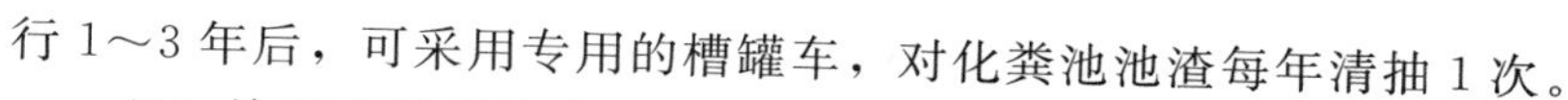

行 1～3 年后，可采用专用的槽罐车，对化粪池池渣每年清抽 1 次。

(6) 检查或清理池渣后，井盖要盖严，以免对人畜造成危害。打捞出的废渣进行无害化处理排放，并运至指定地点处置，禁止随意堆放，杜绝二次污染。

15.2.4 管道系统

(1) 管道定期巡检。运行维护单位应定期巡查排水管道，巡查的内容包括污水冒溢、检查井井盖、井座的完好状况、违章占压及违章排水情况、水位水流情况、管道淤积情况、管道塌陷，同时还要定期进行管道内检查，检查管道有无变形、渗漏、腐蚀、沉降、树根、结垢等情况。

(2) 压力管、井的养护。①定期巡视，及时发现和修理管道裂缝、腐蚀、沉降、变形、错口、脱节、破损、孔洞、异管穿入、渗漏、冒溢等情况。②压力管养护应采用满负荷开泵的方式进行水力冲洗，至少每 3 个月 1 次。③定期清除透气井内的浮渣。④保持排气阀、压力井、透气井等附属设施的完好有效。⑤定期开盖检查压力井盖板，发现盖板锈蚀、密封垫老化、井体裂缝、管内积泥等情况应及时维修和保养。

(3) 管道清疏。根据管道的巡查情况，组织人员定期进行捞渣、清除淤泥等作业，以保证管道积泥深度不超过管径的 1/4。管道疏通可采用推杆疏通、转杆疏通、射水疏通、绞车疏通、水力疏通等方法。

(4) 管道维修。管道维修的内容包括检查井及其盖座的维修更换、局部管道的更新改造、补漏等。

15.2.5 检查井

(1) 定期进行检查井日常巡视和检查，频率不低于每月 1 次。巡视检查井盖是否盖好，有无损坏或丢失，周围路面是否破损，井盖标识是否错误、车辆经过时井盖是否出现跳动和声响等，如有需及时处理，并将处理结果记录。当发现井盖缺失或损坏后，必须及时设置护栏和警示标志，并应及时修复。

(2) 检查井内不得留有石块等阻碍排水的杂物，应定期检查积泥深度，积泥深度超过允许积泥深度后应及时清掏。检查井的清掏宜采用吸泥车、抓泥车等机械设备。

(3) 发现检查井等发生沉降、脱节、破损、保护层剥落等情况，应该立即修缮，避免病害发展影响污水收集管道系统的正常工作。

(4) 检查井破损需要停水修缮的，应按照现行排水管道维护技术规程及排水管道工程施工及验收规范执行，应采取措施将停水段管道上下游沟通，保证正常通水，严禁将污水直接排入自然水体。

(5) 检查井内长期存水不利于操作，又腐蚀闸阀，所以对因闸阀漏水或地下水渗漏等原因导致检查井存水情况，应及时维修。

15.2.6 中途提升泵站

(1) 泵站机组的完好率应达 90%以上；汛期雨水泵站机组的可运行率应达 98%以上。

(2) 机电设备、管配件每两年应进行一次除锈、油漆等处理。

（3）泵站及附属设施应经常进行清洁保养，出现损坏，应立即修复。

（4）进入泵站井筒内维护时，应有安全保护措施。防毒用具使用前必须校验，合格后方可使用。

（5）应根据泵站检查结果，定期对泵站井筒清通及清淤。

（6）排水泵站应有完整的运行与维护记录。

15.3　终端处理系统的运行维护

15.3.1　预处理设施

1. 格栅

（1）定期对格栅进行清理，以保持格栅井的正常功能，污水通过格栅前后水位差应小于 0.3m，如图 15－1 所示。

图 15－1　清理格栅

（2）发现格栅有断裂现象等，应立即更换。

（3）汛期应加强巡视，增加清污次数。

（4）定期检查管渠的沉砂情况，及时清砂并排除积砂根源。

2. 集水池或调节池

（1）设置提升泵的集水池或调节池，要经常检查潜污泵、液位计等的工作状态是否正常，发现故障应及时维修更换，防止污水溢出。

（2）经常检查池底污泥蓄积情况是否正常，定期进行清淤，底泥纳入污泥处理系统。

（3）定期清理缠绕在水泵上的头发等杂物。

（4）打捞清除池内浮渣。

（5）清理调节池时，要注意换气，防止有害气体和缺氧现象发生。同时，要避免个人单独作业。

15.3.2　生物处理设施

1. 净化槽的运行与维护

（1）根据进水浓度实际调整进水量、曝气量、污泥回流量、混合液回流量、剩余污泥排放量等，保证出水稳定达标。

（2）管理人员应严格执行设施操作规程，定时巡视设施运转是否正常，包括温度变化、响声、振动、电压等，发现问题应尽快检查排除。

（3）定期察看有无填料结块堵塞现象发生并予以及时疏通。

（4）查看进水端与出水端水流是否流畅。如出水端水流流速明显小于进水段，且筒内水位明显上升超过过水口，则水流不顺畅，视为一体化设备内过水孔有堵塞，应及时疏通。

（5）查看一体化设备是否渗漏、破损。如进水端有水进入，而出水端无出水或很少且一体化设备内部过水口无堵塞，视为一体化设备渗漏或破损，应及时维修。

(6) 检查一体化设备是否下沉、倾斜。查看一体化设备上方的地面有明显下沉（大于10cm）、进出水口水流不流畅，视为一体化设备下沉；观察一体化设备内水面与人孔是否平行，若明显存在夹角（10°）则视为倾斜，应及时矫正。

(7) 查看一体化设备自身人孔是否有破损、破裂，应及时维修。

(8) 净化槽井盖的养护。①检查井盖有没有破损、开裂，破损（孔径 10cm）或开裂达到井盖的 1/5，需要更换。②井盖严重倾斜或踩上去有晃动明显，需要重新安装。③井盖需要离地面露出 10cm，无下沉。④井盖能正常打开，无封死。

2. 功能池的运行与维护

(1) 厌氧生物膜池和缺氧生物膜池的运行与维护。①宜每周一次采用溶氧仪检测池内污水的溶解氧，一般厌氧池溶解氧（DO）在 0.2mg/L 以下，缺氧池 DO 在 0.5mg/L 以下。②缺氧池采用空气搅拌时，严防搅拌过度，带入过多的溶解氧，影响脱氮效果。③污泥混合液的 pH 值宜大于 7。④厌氧池的水力停留时间宜取 1～2h，污泥回流比宜取 40%～100%。⑤缺氧池的水力停留时间宜取 2～4h，混合液回流比宜取 100%～400%。

(2) 生物接触氧化池的运行与维护。①每周一次采用溶氧仪检测池内污水的溶解氧，保持气水比在 15∶1～20∶1，测定反应池内溶解氧浓度，最好维持在 2.0～3.5mg/L。②曝气存在不均匀现象时，应对鼓风机及管路进行检查，确认是否有漏气、堵塞等问题，及时调整曝气头位置或疏通曝气管，保证曝气均匀。③定期观察填料载体上生物膜生长与脱落情况，观察生物附着量、颜色等，需并通过适当的气量调节防止生物膜的整体大规模脱落；如生物膜附着过多，部分区域呈现灰黑色时，填料内部可能出现堵塞情况，应及时清理。④当水温低时，可采用提高污泥浓度、增加泥龄、适当增加曝气时间等方法，保证污水处理效果。

(3) 沉淀池的运行与维护。①定时巡查沉淀池的沉淀效果如出水浊度、泥面高度、沉淀的悬浮物状态、水面浮泥或浮渣情况等，如有污泥上浮等现象，应适当加大曝气量或减少污泥停留时间。②检查各管道附件是否正常，堰出流是否均匀，堰口是否严重堵塞，清理出水堰及出水槽内截留杂物及漂浮物，保证出水畅通。③注意及时排除沉淀池老化生物膜，掌握排泥时间，沉淀池的排泥通常间隔一定时间进行。

(4) 膜生物反应器的运行与维护（图 15-2）。①膜系统要求连续运行，运行前须排除膜组件和出水管路中的空气。②观察 MBR 池液位变化，防止液位计浮到膜架上或失灵导致液位满出或抽干；观察抽吸压力的变化，发现压力突然升高时，要停止抽吸进行清洗。③观察 MBR 池微生物生长情况，曝气是否均匀，检测污泥浓度和污泥沉降指数，根据其变化调节进水或排泥。④可采取空气曝气、在线清洗等一些简单的方法来减缓膜过滤阻力的增长速度，延长膜运行时间。⑤MBR 预处理格栅应安装 2mm 以下的格栅。对油脂较多的厨房排水，还应安装高效隔油设施。⑥当污水中含有大量的合成洗涤剂或其他起泡物质时，采取喷水的方法消泡，不可投加硅质消泡剂。⑦膜生物反应池出水浑浊，应重点检查膜组器和集水管路上的连接件是否松动或损坏，如有损坏应及时更换。如果准备停止运行超过 1 周，应放空设备内的污水，并注入清水浸没膜组件，膜组件必须完全浸没在清水中且在冰点上环境中存放，冬季时应考虑防冻，否则易造成设备和膜组件损坏。

图 15-2 微生物挂膜情况检查

（5）生物滤池的运行与维护。①日常运行时，定时巡检水泵等动力设备和滤料是否出现堵塞现象，通风效果是否良好、布水是否均匀。②冬季水温较低时，应注意防冻，同时降低进水水量负荷，以保证处理效果。③应对回流系统进行严格控制，必要时将处理水回流，避免滤料堵塞。④根据进水污染物浓度定期排放污泥，排泥时保证污泥区留有1/3～1/2的剩余污泥。⑤检查滴滤池内蚊虫滋生情况，若存在蚊虫滋生情况，须拔掉布水器喷嘴，利用布水器壁开口清洗池体进行清洗；定期用1～2mg/L氯水冲洗数小时；在蚊虫繁殖季节应及时清理池体周边杂草。⑥检查复合介质滤池表面是否存在壅水、杂草或杂物堆积现象，发现壅水现象必须及时上报，并尽快查找原因，表面有杂草、杂物须及时清理。

15.3.3 生态处理设施

1. 稳定塘的运行与维护

（1）重点检查稳定塘是否出现渗漏，要注意对塘的出入水量进行定期测量，以查看有无渗漏。如果周边有地下井，也可抽取地下水进行检测，查看是否受到塘水的下渗污染。

（2）保证污水在塘内的水力停留时间符合设计要求，应定期对塘水和受纳水体的水质进行检测。

（3）做好日常护理维护塘内植物的生长，及时清除老化死亡的浮水植物，防止其他水生杂草滋生，防止藻类的快速繁殖；对不耐寒的水生植物在冬季来临之前应及时收割或打捞。

（4）定期清除塘底污泥，塘底污泥的蓄积深度不超过0.3～0.5m。

（5）塘体周围植树，美化环境，并及时修复塘堤的受损和被冲刷部位。

（6）加强管理，禁止有毒有害物质进入稳定塘。

（7）水体出现恶臭时，要停止进水。塘内水质变差，无法降低进水负荷时，可采取增设间歇运行的表曝机增氧，保证上层水体的溶解氧供应。

2. 人工湿地的运行与维护

（1）植物管理（图15-3）。①为防止杂草的大量生长，每年春季植物发芽阶段对湿地进行淹水，防止一些旱生杂草的生长。②每年按季节对湿地中的植物进行收割1～2次，人工湿地植物收割后，及时清理人工湿地上残留植物碎屑，防止因植物残留造成出水效率降低甚至污染物的浓度升高。③湿地植物病虫害应及时采取处理措施。湿地植物除虫避免使用杀虫剂，避免对水质产生影响，造成二次污染。

（2）湿地系统其他部分运行维护。①正常情况下应保持湿地池中的水位，在湿地日常运行中，宜每季度将湿地池排干1次，使湿地处于晾干状态。②对于有护堤的人工湿地，定期对护堤进行检查，并定期清理护堤和堤面上的杂草。③在湿地系统运行期间，若出现表面堵塞现象，可适当更换堵塞区域的湿地填料，具体更换量为湿地表层以下 15cm 左右，提高系统的渗滤性能。④定期清理湿地床底的沉积物，以保持稳定的湿地净化效果。⑤设置溢流装置，保障雨季大水量时溢流。⑥降低有机物和氮的负荷，控制湿地系统散发出难闻的气味。⑦保持人工湿地系统中的水体流动以减少蚊蝇的数量，可以通过水泵提取或在水面安置机械曝气设备来强化边缘水域的水体流动，也可以在人工湿地系统中设置洒水装置。

图 15-3　人工湿地植物管理

15.3.4　深度处理设施

1. 化学除磷系统的运行与维护

（1）化学除磷的药剂种类、投加量宜通过试验确定。采用铝盐或铁盐为絮凝剂时，宜按照铝或铁与污水总磷的摩尔比 1.5～3.0 进行投加。

（2）化学除磷宜采用快速混合方式，混合时间宜为 10～30s，可采用机械、水力或空气混合或搅拌。

（3）化学除磷应计算产生的污泥量并考虑污泥的处理处置方式。

（4）化学除磷的设备与管道应采取防腐措施，宜采用 PVC-U 或 PE 管材。

（5）加药装置管式滤网过滤器需定期清污，一般为一周一次。

2. 消毒系统的运行与维护技术

（1）紫外线消毒排架的石英套管必须定期（根据现场实际情况间隔 1～3 周时间）进行人工清洗。

（2）加氯消毒加氯量以氯计宜为 5～10mg/L，并保证加氯装置稳定运行。

（3）具备重大疫情期间增强消毒处理的能力。

15.3.5　尾水排放口

（1）对尾水排放口定期巡视，及时维护，禁止向尾水排放口及其周围倾倒垃圾、粪便、残土、废渣等废弃物。

（2）及时清理落入渠内阻碍沟渠排水的障碍物，保持水流畅通。

（3）及时维修或更换已损坏或存在安全问题的排放井防护井盖。

（4）每月清理排放井井底及井壁，保持井壁光洁、井底不得有淤泥沉积。

（5）定期检查排放井中流量计是否正常运转，如发现异常则应及时报告、修复。

15.3.6 污水处理设备

1. 泵类

（1）提升泵的运行时间设定必须满足进水流量的要求。

（2）水泵类设备除进行日常检查外，还应定期更换零部件，加注润滑油，同时检查进水管路是否通畅，以延长设备使用寿命，防止事故发生。

（3）污水处理设施的进水提升泵、出水泵、回流泵等一般使用潜污泵，通常在使用的第 3 年、第 5 年进行彻底检查。潜污泵的维护检查项目及频率见表 15－1。

表 15－1　潜污泵的维护检查项目及频率

检查项目	检查频率				备　注
	管理日	2 周	1 个月	1 年	
确认电流值	√				读取控制面板的电流表
有无异常振动、异常声音		√			如有发生则需进行维修
确认出水量		√			读取流量计
电动机的绝缘电阻				√	不到 1MΩ 时需进行维修
更换机油部件	更换频率				备　注
	1 年	3 年	5 年	7 年	
机油	√				每年更换一次
机械密封		√	√		
垫片或密封圈		√	√		
轴承		√	√		
叶轮		√	√		
本体				√	

2. 鼓风机

（1）鼓风机类设备除进行日常检查外还应定期更换零部件，延长使用寿命，防止事故发生。

（2）鼓风曝气系统开始时，应排除管路中的存水，并经常检查自动排水阀的可靠性。

（3）鼓风机必须在使用后第 3 年、第 5 年进行彻底检查，鼓风机的维护检查项目及频率见表15－2。

（4）使用微孔曝气装置时，应进行空气过滤，并应对微孔曝气器、单孔膜曝气器进行定期清洗。

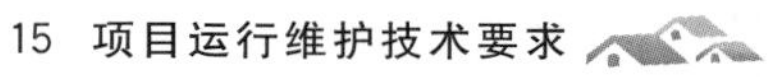

表 15-2 鼓风机的维护检查项目及频率

检查项目	检查频率				备注
	管理日	2周	1个月	1年	
确认电流值	√				读取控制面板的电流表
有无异常振动、异常声音		√			如有发生则需进行维修
检查空气量、压力		√			读取测量仪器
电动机的绝缘电阻				√	不到 1MΩ 时需进行维修
传送带的张力、减速、损伤		√			更换
检查机油量		√			
检查有无漏油		√			
检查滴油嘴滴速		√			
检查空气滤清器		√			
检查三角带松紧			√		
检查温度、噪音	√				
更换机油或润滑脂部件	更换频率				备注
	1年	3年	5年	7年	
机油、润滑油	√				3个月更换一次
压力表	√	√	√		
V型传送带		√	√		
轴承		√	√		
密封、垫圈		√	√		
机油指示仪		√	√		
本体				√	

15.4 运营管理信息化系统建设

15.4.1 信息化管理系统

运用信息化的技术手段，建立污水处理设施远程监控网络，实现监控中心平台、移动式手持终端等的远程监管，使整个系统集污水处理设施信息管理、设备运行状态管理和运行维护管理为一体，组成一个有效的系统综合管理平台，管控设备的运行状况，提高对设备的管理效率及服务质量，实现从被动管理到主动管理、经验管理向科学管理的转变。

将互联网技术运用于农村污水处理设施的远程管理，为用户提供水质监测、维护预警、数据存储、运行监控、安全防卫、远程运维和故障反馈等关键业务的标准化信息管理，以及从规划、设计、施工到运营等全过程信息整合和分析，提高用户管理效率和生产水平，为节能减排、工艺改进、实现精细化和智能化管理提供支持。

通过通用分组无线业务（GPRS）与互联网（Internet）网络系统，将生活污水处理站点数据实时传递到监控室的集中监控中心，以实现对系统的统一监控和分布式管理。多个污水处理站点通过 GPRS 网络把污水处理站的设备运行数据传输到监控中心。其由服务器计算机、数据库软件、数据采集配置软件，WEB 服务器，现场传感元件及采集控制器组成，现场设备经过网络设备（有线和无线）把数据、设备状态等参数传输到平台的数据中心，用户在分级授权的前提下，不受空间和时间限制通过网络登录平台查看相关数据，并根据工艺要求设置工艺运行参数，此平台集数据采集、分析、控制、运营和档案管理为一体，实现互联网“一站式”集中监管，如图 15-4 所示。

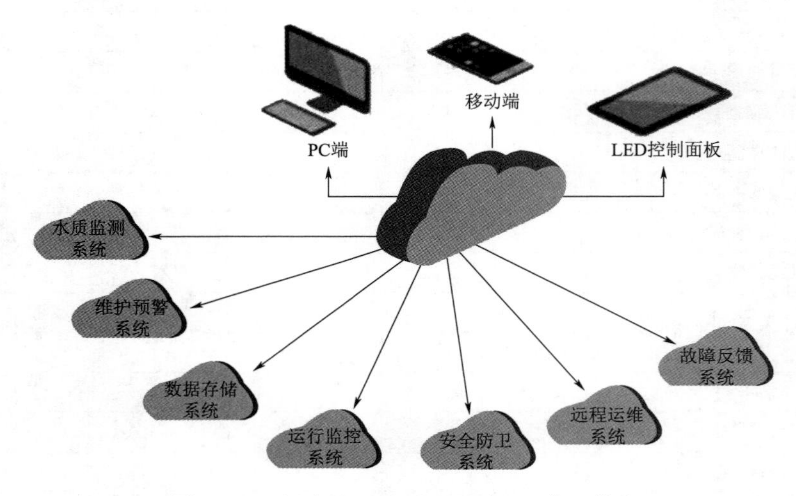

图 15-4　污水处理站“互联网+”管理模块

15.4.2　信息化管理系统建设要求

构建污水处理信息化管理平台，必须遵循“整体规划，分步实施”的原则，具体要求如下：

（1）建立稳定可靠、数据规范、适用性强的生产数据库，为今后实现全面信息化管理奠定坚实基础。

（2）建立完善的综合化的信息管理平台，解决各层级间信息传递脱节、“信息孤岛”问题，将信息流全面带动起来，整合优势资源，最大限度提高各运营单位的生产运行及管理水平，提升整体运维质量。

（3）建立信息化管理体系，实现规范化、标准化工作流程，提高管理水平，并实现有效监管。

（4）通过信息化手段的综合运用，实现资源的合理配置和共享机制，改进现有一些重复繁冗的工作流程，简化人员操作，提高工作效率。

（5）建立动态决策支持系统，实现专业化、科学化管理决策，为运营管理提供强有力支撑。

（6）建立可快速复制和扩展的信息系统，高效应用到新接管的项目中，解决管理人才不足，管理模式落后，生产成本较高等问题。

15.4.3 信息化管理系统运行流程

信息化系统建设分步实施，现阶段没有条件的污水处理设施应预留信息化接口；有条件的县（市、区）或镇（街道）可以先行建设信息化系统，并逐步推广。信息化管理系统主要包括数据采集、数据传输、数据管理、数据利用等内容。在独立处理设施进水、出水、药剂投放、设备启闭等环节进行数据采集，设施用房、用地处设置录像采集终端，人工或实时录入设施运行管理过程的相关信息，通过专线网络传送信号至控制中心进行解译、分析，实现平台、移动终端双控联动，如图 15-5 所示。

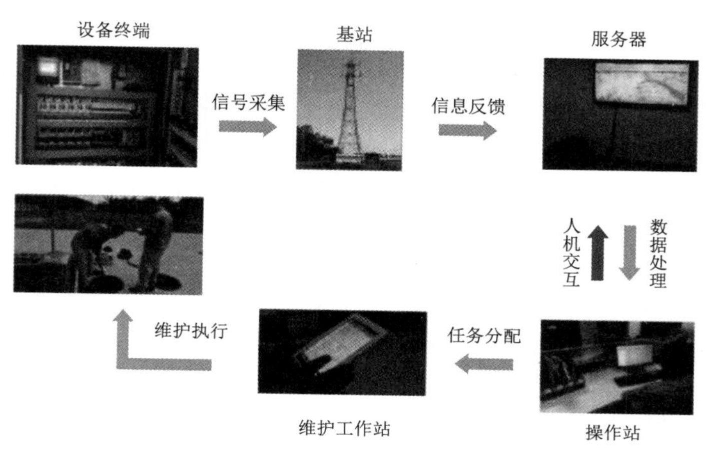

图 15-5　系统运行流程图

1. 数据采集

(1) 信息化管理系统数据采集项目分为基本控制项目和推荐控制项目两类。基本项目为设施运行状态（设备开启、关闭状态，设备运行故障报警等）。推荐控制项目为进水水量、水质，出水水质、药剂投加量、风机（泵房）电耗、污泥量以及设施运行维护全过程信息。

(2) 根据信息化管理系统的实际建设情况逐步实现各采集项目的远程监管。

(3) 数据采集功能包括实时在线采集功能和人工录入功能。

2. 数据传输

数据传输功能应当分为两个层面：设施上安装的电气设备与现场控制模块（PLC）之间的通信，实现 PLC 对电气设备的开关量信号和模拟量信号的准确采集；PLC 与远程数据中心的通信，实现数据的远程传输。两个层面都应当是双向通信，同时实现发送与接收功能。

数据远程传输由于受到农村地区地形、经济条件的限制，宜采用无线传输方式。数据传输系统的架构方式一般有两种类型，即现场设置中心机和现场不设置中心机。这两种方式都可以实现远程监管的目的。在实际应用中，应根据设备间的距离、设备性能、操作可行性以及成本来综合考虑，择优选取。

3. 数据管理

数据管理是对采集的数据进行存储并便于调用，包括身份信息、建设期信息和运行期信息三大类。所有的数据都对应相应的设施编码，并按照设定的更新周期记录在数据库中。

每一个设施都有唯一的身份识别号（ID），由行政区代码+设施编号组成。设施编号是为区分同一最低行政区内多个设施而设计编号。在设施的身份信息内主要包含地点信息（行政归属、经纬度等）、工程概况（服务人口、设计水量、主体工艺等）、文件档案（规划、立项、设计等文档）。

在设施的建设期信息内主要记录工程建设期内的各种信息，包括主要设备、材料以及设备供应、施工、监理、调试、运行、移交等信息。运行期信息主要记录设施移交运行后的各种相关信息，包括运行方信息（运行责任人、操作人员等）、委托运行信息（含运行计划）、远程实时运行信息、巡检操作人员现场录入信息、故障与维修信息、水质检查信息、监管方考评结果信息等。

4. 数据利用

数据利用是指系统应当针对主要用户的需求，对采集到的数据进行加工和展示，以实现用户的需求。污水处理公司日常生产管理工作的重点通常包括生产监控、运行管理、化验室管理、设备检修与维护、报表记录等，在管理工作中建立了大量的数据记录，在这些数据的基础上进行数据挖掘、处理和分析，形成更加有效的数据结果，从而提高生产管理过程中分析和决策的科学性。

15.4.4 信息化管理系统的功能

1. 基础设施管理功能

站点基础信息：站点的建设规模、设备资产、设备厂商、处理工艺、站点地理信息、管网信息、启用时间等基础资料。

2. 查看站点设备工况及监测指标

全区域显示站点位置分布图以及正常运行站点、报警站点、正在维护站点、停用站点等。支持地图放大、缩小功能，如图15-6所示。

图15-6 一站式远程监控系统

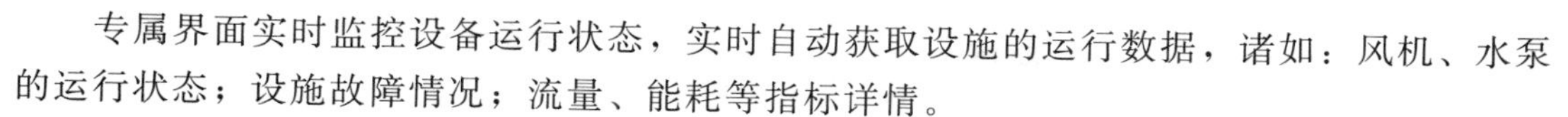

专属界面实时监控设备运行状态，实时自动获取设施的运行数据，诸如：风机、水泵的运行状态；设施故障情况；流量、能耗等指标详情。

3. 系统故障报警中心

实时分析及展现平台的所有故障报警事件，并自动向相关区域主管及运维人员推送告警消息，并形成告警事件工单，从而缩短故障解决时间，降低维护成本，提高污水治理设施运转效率。

图 15－7　防盗监控装置

4. 设施安防与报警管理

安装了设备防盗监控装置（图 15－7），能够及时报警并抓拍现场图片，如配备网络专线，可实现站点视频实时上传，有效防止人为对环境治理设施的破坏。

5. 运行维护的规范化管理

对人员考勤、车辆出行进行有效管理，实现站点导航功能。通过智能手机客户端App，便于运行维护人员及时提交作业（巡检）报告，以及工单处理报告，所有巡检任务及报警工单附有现场图片及文字描述，系统能够汇总与统计巡检人员的绩效考核报表。

6. 掌握运行质量、提高设备管护及运行效率

通过数据分析，对设备的运行时间、出现的故障类型和次数进行有效分析统计，形成设施运行率、设备完好率等直观数据，进一步提高设备养护管理水平。

7. 月度统计报表

根据不同的条件查询结果，输出特定统计报表：流量报表、设备运行状况分析报表和运维人员考核统计报表、终端设备运行状态表、水质检测数据报表、设备维修记录表等，所有报表可按月统计汇总。

15.5　运维常见问题与处理

农村生活污水处理设施运维期间及时准确地诊断与处理常见问题，可有效提高运维质量，确保农村生活污水处理设施安全、稳定地运行。农村生活污水处理设施运维常见问题与处理见表 15－3。

表 15-3 农村生活污水处理设施运维常见问题与处理

问题存在部位		常见问题	问题处理
户内设施	接户管	接户管不规范	(1) 为防止臭气回溢，必须在卫生间、厨房出水立管设置S形存水弯。若不能满足最小离地距离，可在埋地横管设置P形存水弯。 (2) 接户管可选用的管径范围为75～160mm，管材一般选用UPVC。厨房的排水管径应不小于75mm，农户卫生间污水到化粪池前的排水管径应不小于110mm，化粪池出水到支管的排水管径应不小于110mm。 (3) 户外裸露的管道应进行有效的包覆保护，一般可用保温材料包裹管道，并在其外面采用防水胶带捆扎防护
		私自接管，雨污混接	如有则应及时解决；如运维服务机构无法自行解决，应在1周之内完成汇报材料上报主管部门
		“四水”不分，漏接、混接、错接	如有则应及时解决；如运维服务机构无法自行解决，应在1周之内完成汇报材料上报主管部门
	清扫井	清扫井破损、塌方	需定期巡查和清理清扫井，应及时进行维修更换
		清扫井渗漏	有杂物时应及时清理
		井盖缺失	井盖缺失时应及时进行更换
		清扫井堵塞	堵塞时应及时疏通
	化粪池	化粪池存在破损、变形、脱节、开裂与堵塞现象	需定期巡查和清理，发现破损、变形、脱节、开裂现象时应及时进行维修更换；堵塞时应及时疏通；确保清掏口无封堵
		施工将清掏口封死，后期无法清掏	化粪池应定期清掏污泥和漂浮物，最长清掏周期不超过12个月，清掏物可纳入污泥处理系统
		化粪池出水口与管网对接不畅，管径过小	定期检查化粪池的密封性，如有破损，及时维修。开盖检查时应注意防毒、防爆与防坠
		个别地区采用粪水直排管网	需对管网和检查井等构筑物频繁清扫，定期检查化粪池，如有渗漏或雨水、地下水进入应及时维修
		化粪池建设不规范（单格式、无清掏口、无透气管、不设导粪管、无底渗漏式）	对于“漏底”、未设置掏粪口、无透气管或其他不符合规范要求的化粪池，应及时上报相关部门
	隔油池	隔油池浮油	定期检查隔油池，及时清除浮油，浮油应纳入（厨余垃圾）处理系统
		隔油池破损、开裂	发现隔油池破损、开裂时应及时进行维修或更换
		隔油池堵塞溢流	如发现溢出油污现象应及时清理。如需使用清洗液及脱脂剂，应佩戴相应护具，注意操作安全

续表

问题存在部位		常见问题	问题处理
管网设施	接户井	接户井材质不合格，破损、渗漏	需定期巡查和清理，发现井盖破损、渗漏时应及时进行维修更换；有杂物时应及时清理；堵塞时应及时疏通；井盖能正常打开，无封死
		井盖破裂、缺失	需定期巡查和清理，发现井盖破损缺失时应及时进行维修更换
		接户井埋深过浅	发现埋深过浅的接户井应及时上报主管部门，由主管部门通知施工方进行整修
	检查井	检查井盖与雨水井盖混用	检查井应设置规范，当发现设置不规范时，应及时通知相关主管部门，由其通知施工方及时整修
		检查井淤积堵塞	检查井内不应有杂物，沉泥式检查井井底允许积泥深度不得超过管底以下50mm，流槽式检查井不得超过管径的1/5
		污水检查井盖上未注明污水字样	检查井盖应标注污水标识，能正常打开，无封死。当发现井盖缺失或损坏后，必须及时安放护栏和警示标志，并应在8h内恢复
		检查井盖被封堵而无法正常开启，导致无法清掏与维护	应及时通知相关主管部门，由其通知施工方及时整修
	管网	接户井、检查井可能存在破损、渗漏、井盖缺失、堵塞和塌方等问题	需定期巡查和清理，发现井盖破损、渗漏时应及时进行维修更换；有杂物时应及时清理；堵塞时应及时疏通；井盖能正常打开，无封死
		管道破损、变形	检查管道有无破损、变形等问题，如有，则应在1周之内更换
		管道淤积	检查管道内积泥情况，允许积泥深度为管内径净高度的1/5，积泥超出该深度则应及时清理
		管道堵塞、渗漏	可采用压力水枪等高压清洗设备对管道进行清淤、疏通。在管道本身损坏、淤塞严重，无法疏通时，可开挖翻修整段管道
		管道违章占压、私自接管以及雨污混接	检查管网是否存在违章占压、私自接管、雨污混接或其他污水接入等问题，如有，则应及时解决；如运维服务机构无法自行解决，应在1周之内上报相关主管部门
	提升泵站	提升泵进出口堵塞	提升泵进出口如有堵塞，应及时清理，保持畅通
		提升泵反转	安装完成后应通电检查旋转方向是否正确，如反转需要重新接电
		电器元件故障导致水泵无法正常工作	定期巡检，通过水泵运行声音判断运行正常与否，如不正常，则应先断电停运，再检查故障原因
		提升泵安装不规范存在陷入污泥或露出水面等问题	若发现提升泵陷入污泥或露出水面则必须重新安装
		提升泵电缆线保护圈破损漏电	每年应至少一次吊起提升泵，检查潜水电机引入电缆，如发现电缆线破损应及时维修或更换。在吊起提升泵前必须对其进行断电停运处理，随后通过手链或拉绳将提升泵提出池外，移动时应注意保护电缆线和连接管道。检修完成后，再放至池中正确位置

续表

问题存在部位		常见问题	问题处理
终端设施	预处理单元	格栅井破损、渗漏	发现格栅井破损、渗漏，格栅漏装、装错等问题，应及时上报业主，由业主联系施工方尽早修复到位；格栅井体损坏严重、影响使用时，应重建；发现格栅破损、腐蚀严重影响正常功能时，应及时修理或更换格栅
		格栅井井内杂物、浮渣多，井底有积淤问题	定期查看格栅井底部积泥情况并及时清理底部淤泥
		调节池池体破损、渗漏	对于调节池存在池体破损、渗漏等问题，应及时上报业主，让业主联系施工方尽早修复到位。对调节池体损坏严重、影响使用时，应重建
		调节池池内污水溢流	对于调节池存在池内污水溢流等问题，应及时上报业主，让业主联系施工方尽早修复到位。对调节池体损坏严重、影响使用时，应重建
		调节池提升泵、液位计故障	对存在故障的提升泵、液位计等设备与仪表应及时进行修复，无法修复时，应及时更换备用设备与仪表；无备用设备与仪表时，应及时报备、采购
		调节池池底污泥淤积	定期查看调节池底积泥情况，及时使用专业清淤工具进行清淤，必要时可使用吸污车等工具。底泥宜纳入污泥处理体系统一处理
		调节池池内浮渣问题	定期查看调节池水面漂浮物情况，及时使用专业打捞工具清理漂浮物、沉砂；清理出的漂浮物和沉砂应妥善处置，宜纳入生活垃圾处理体系统一处置
	生物处理单元	生物处理单元防护盖损坏、池体渗漏、防腐层脱落	定期查看检查口井盖、防坠网，缺失和破损的应及时维修、更换；池体轻微渗漏、破损应及时维修
		池内微孔曝气头损坏	定期检测好氧池溶解氧，确保曝气时间足够，溶解氧宜保持在2～4mg/L，冬季温度过低时，应适当增加曝气
		各处理单元存在污泥膨胀、污泥上浮现象，污泥未合理安排清掏	厌氧消化池污泥应每年清掏或排泥一次：清掏必须采取可靠的安全措施，应注意保留池容30%左右的料液，不宜在冬季进行清掏或排泥
		进水存在大量油污或特殊废水进入	定期或不定期巡检进水水量、水质，针对进水量过大或过小，污水的颜色、气味、浊度出现异常，应及时采取措施
		MBR池曝气不足、膜丝断裂、出水浑浊	及时调整MBR膜系统曝气，进出水、污泥外排等设备故障和问题应及时维修，必要时对损毁设备进行更换
		污泥沉降比过大或者污泥浓度过高，影响生化系统	每月至少一次检测好氧池污泥沉降比和污泥浓度，当二沉池出现浮泥现象时，应及时排泥
		检查孔及其他附属井口盖板的密封性和牢固度存在问题	定期检查生物处理单元池所属检查孔、人孔及其他附属井口是否加盖，检查盖板的密闭性和牢固度，防止人畜跌入。发现盖板上有垃圾、污物、杂物等应及时清理，破损的应及时维修、更换
		开启检查孔和池盖未设立安全警示标识	应设置安全警示标识
		填料结块、脱落及破碎等问题	应每月一次检查采用生物膜法的好氧池填料有无结块、脱落、破碎等情况，如有则及时进行清理和补加
		填料堵塞、出水滞留，水质发黑发臭	调节水位，保证人工湿地或生态滤池等生态处理单元不出现进水端雍水和出水端淹没现象。及时对造成人工湿地或生态滤池系统堵塞的杂物进行清除，适时更换人工湿地或生态滤池前端区域的基质或填料

续表

问题存在部位		常见问题	问 题 处 理
终端设施	生态处理单元	水生植物及周边绿化植物群落密度下降，植株生长发育不良，甚至枯死、冻死	冬季时可采用在人工湿地或生态滤池地表覆盖秸秆、芦苇等方式进行防寒处理
		人工湿地池体渗漏问题	定期观察进、出水水量，判断人工湿地是否存在渗漏与地下水渗入问题。如发现异常，及时进行修复
		种植不符合设计的其他植物等，影响日常运维工作	定期对人工湿地或生态滤池等生态处理单元内杂草、不符合设计要求的其他植物以及植物残体进行清理，对于杂草与病虫害进行生态方法处理，禁止使用农药。根据季节与气候变化与植物生长发育情况对人工湿地的植物进行补种或刈割
	出水	出水水质混浊、有异味和颜色	检查设备进水是否存在其他废水进入，及时排查并切断废 水源头，并上报相关主管部门，防止二次污染
		出水水质超标	出水水质超标应及时整改。对超标的水质参数，采取针对性调试措施，对各单元设备曝气、回流、溶解氧、污泥含量等做出整改
	排放井	排放井防护井盖破损	应及时维修或更换已损坏或存在安全问题的排放井防护井盖
		井中存有漂浮的垃圾	每月一次清理排放井井底及井壁，保持井壁光洁、井底不得有淤泥沉积
		水量异常，流量计损坏	应定期检查排放井中流量计是否正常运转，如发现异常则应及时上报上级主管部门，并由上级主管部门派技术人员修复
	设备	站点地势低，设备被地表径流水浸泡	由于设备位置地势低造成设备损坏问题应尽早通知施工方整改
		水泵、风机故障	水泵类设备应定期巡查，检查电缆有无破损，接线盒电缆线的入口密封是否完好，对叶轮、闸阀、水泵进水口的堵塞物应及时清除，排除故障或更换水泵，恢复运行。风机类设备应定期维护，对于停止运行的风机应及时排除故障，及时加注机油，更换防尘膜，更换皮带或更换整个风机，恢复正常运行
		电气元器件故障	电气元件设备应及时让专业电工检查，判断故障原因，恢复正常运行
	智慧运维平台	未按规范安装或改装处理水量计量和运行状况监控系统	设计日处理能力30t以上、受益农户100户以上或位于要求较高的水环境功能区域的农村生活污水处理设施，应根据有关环境监管要求，规范安装或改装处理水量计量和运行状况监控系统，定期监测处理水量和出水水质
		由于设备运转、静电等因素将尘土吸入监管设备内部影响设备正常运行	定期对监管中心设备及其他办公设备上显露的灰尘进行清理。防止由于设备运转、静电等因素将尘土吸入监管设备内部，以确保设备的正常运行
		监控设备、网络配件老化、损坏等问题	定期对易老化、易损的网络配件、监控设备进行检查，发现有老化或者损坏现象的部件（如网络模块、网络线、监控设备等），应及时更换
		服务器软件、硬件故障问题	定期检查监管中心各硬件、软件设备的运行状态，发现设备硬件、软件故障，或设备运行状态异常的，及时通知设备供应商或有关部门提供技术支持并排除故障
		服务器中病毒影响正常运行	每周定期对服务器进行病毒检测，并进行杀毒软件升级工作

续表

问题存在部位		常见问题	问题处理
终端设施	智慧运维平台	未按软件操作规程及要求使用软件导致系统故障或损坏	应严格按照运维平台软件操作使用说明书操作运维平台软件
	其他技术	站点无告示牌、警告牌、围栏、绿化	运维单位应及时增补站点周边设施和站点内绿化，增设告示牌、警示牌，修补围栏
		运维不及时	及时与业主和乡镇沟通站点设备用地被居民使用问题，制定运维应急预案，及时响应，解决问题，确保项目整体达标、稳定运行
化验室		化验室设置不规范	应严格按《农村生活污水水质检测化验室建设导则》设计化验室： ①地面应采取防滑、防腐蚀、防水措施。 ②给排水系统应独立设计，给水应包括自来水和实验用纯水，有害废液应集中收集处置。 ③配电系统应包括照明用电和设备用电，并应分别布线，形成回路。室内照明应符合现行国家标准GB 50034《建筑照明设计标准》的有关规定。精密仪器设备应配备不间断电源系统，并应设置接地保护。 ④供气系统应独立设计。压缩气体钢瓶应固定，并远离火源，在阴凉处储存。易燃、易爆气体钢瓶应单独放置。 ⑤通风系统应包括全室通风、局部排气罩和通风柜通风应采用专用管道排放，有毒废气应处理后排放。精密仪器室、洁净化验室的送排风系统应各自独立设计，独立使用
		化验室仪器与设备配置不符合要求，无法满足水质检测要求	应根据项目所需检测的指标配置合理、安全、高效的仪器设备
		化验室存在安全问题	（1）应建立健全安全管理制度，有防火、防盗措施，并应建立安全应急预案。 （2）应设置火灾烟雾报警器、灭火设施、紧急事故淋浴器、洗眼器和急救箱等安全防护设施和装备，并有警示标识。 （3）应制定化学危险品安全措施。剧毒、放射性物品的管理应按照双人管理、双人验收、双人发货、双人双锁、双本账的制度执行。易燃、易爆、易腐蚀物品应按有关规定管理。 （4）检测过程产生的有毒有害废弃物应实施无害化处理后排放，或由专人依照物质的性质以及危险品管理规定进行保管、建档、记录，并定期送往专业处理部门进行安全处理。 （5）应定期对检测人员进行安全教育培训及演练。 （6）工作完毕后应对水、电、气、门等进行安全检查
应急		进水水质超标	一般进水超标指由于有农村生活污水以外的水，如小作坊、工业设施的生产废水混入管网，造成进水中某一指标超标。 当发现进水水质异常（通过pH值、颜色、气味等情况判别），运维单位应及时采取有效措施，防止因进水水质异常影响终端设施运行。同时应及时采样送检，并立即上报运维中心。经化验室检测结果确定进水超标后，应立刻上报运维中心和乡镇负责人，协同上级主管部门和监管部门检查超标水的来源，及时采取必要措施，防止超标水进入管网

续表

问题存在部位	常见问题	问 题 处 理
应急	终端停水问题	如发现终端站点的进水异常中断，运维单位应马上组织人员对管网进行排查与疏通。如长期出现终端停水，则很有可能出现管网破裂、渗漏等现象，应及时上报乡镇、村委相关负责人员安排修复。如短时间出现终端停水，应及时调节运行参数，如减少曝气时间，加大回流量，增加水力停留时间等以确保终端设施运行及出水水质正常
	停电问题	如遇到停电问题应及向政府部门汇报，并和供电公司及时联系送电情况。可采用应急发电机进行临时供电，保证处理设施正常运行。如因特殊原因无法保证供电，导致站点无法正常运行，可采用吸污车抽运污水至有资质的污水处理单位处置
	自然灾害事故	对于突发的地震、台风、洪涝等自然灾害导致污水输送受阻、处理设施淹没、配电及机电设备损毁等问题时，在保证人员人身安全的前提下，应立即上报运维中心，由事故应急小组负责人指挥采取相应的抢险救援等措施。必要时，应及时请求上级主管部门和政府有关部门支援，积极配合外部相关单位进行抢修
	恶臭等二次污染	应及时对各工艺污水处理池进行通风和曝气，无曝气条件工艺池可增设曝气机进行应急曝气。通风操作可分两步实行： ①针对低浓度恶臭气体，可打开设备盖板，让其自然扩散稀释； ②针对高浓度恶臭气体，可补充加入强烈的芳香气味剂进行中和，使周围居民能够接受处理后的气体环境
	人员受伤	如遇人员受伤时，及时采取科学有效的现场救护措施： ①现场急救注意事项 A. 立即汇报领导，并通知邻近同事前来支援； B. 选择有利地点，设置临时急救点； C. 做好自身及伤病员的个体防护与保护； D. 尽量控制事态恶性发展，防止继发性与次生性损害。 ②现场处理 A. 迅速将受害人员救离危险区至安全处，依据具体情况立即就医或请求 120 急救车到场急救； B. 保护好现场； C. 按农村生活污水处理设施运行维护安全生产应急预案的要求及时处理

附录

附录1　某市农村生活污水治理专项规划

某市农村生活污水治理专项规划

一、规划范围与年限

1. 规划范围：规划范围为某市所有乡镇和村庄，包括4个街道、8个镇、7个乡（包括1个民族乡），其中涉及行政村数量为236个。

2. 规划年限：现状基准年2019年，近期规划至2022年，中期规划至2025年，远期规划至2035年。

二、规划目标

（1）近期目标：到2020年，农村生活污水治理实现基本全覆盖，建有处理设施村的农户污水应接尽接，日处理设计规模30t及以上农村生活污水处理设施基本实现标准化运维，出水污染物排放达标率不低于70%；到2022年，重点区域（根据环境功能区划分）出水水质按DB 33/ 973—2015《农村生活污水处理设施水污染排放标准》一级标准执行；出水污染物排放达标率不低于75%。

（2）中期目标：到2025年，农村生活污水治理实现自然村全覆盖；逐步提高重点区域内农村生活污水出水执行标准，全区出水污染物排放达标率高于80%；全区农户生活污水收集率提高至85%以上。

（3）远期实现市域农村生活污水治理水平全面提升，出水污染物排放达标率进一步提高。

三、总体布局

依托现状某市范围内污水处理厂建设以及不同乡镇村庄的规划定位、集聚程度、社会经济发展情况等，确定农村生活污水处理设施规划布局。规划结合城乡统筹、接管纳厂处理优先等内容，在合理利用现有农村污水处理设施的基础上，根据环境功能区划，结合村庄发展建设空间，并根据不同乡镇发展现状，合理确定近期工作重点和远期工作内容。

四、处理设施建设改造规划及实施方案

（1）农村生活污水处理设施新建。对各自然村终端建设情况进行查漏补缺，对现状未建设终端的自然村进行污水处理设施的新建。

（2）扩面改造：通过污水量预测与终端处理能力对比，确定扩容规模及改造工作的时序。

（3）标准化运维：结合终端扩面改造内容，对近期规模30t/d以上的污水处理终端进行标准化运维。

（4）工艺改造提升：对不进行纳厂处理的污水处理终端进行工艺改造提升。

（5）投资估算。结合现状处理终端现状问题及评定等级分重点分近远期进行建设改造，并根据相应造价进行投资估算并汇总。

五、运维管理规划

有计划、分步骤地实施纳入污水管道进入污水处理厂集中处理和终端设施提标改造工程，开展标准化运行维护管理试点，以点带面提升全区农村生活污水治理设施标准化运维管理水平，建成网格覆盖全面、群众知晓率高、过程畅通高效的村级污水运维的“全效体系”。

（1）建立健全农村生活污水标准化运维管理体系。确立农村生活污水处理设施竣工与运维移交准则；推进农村生活污水处理设施定期维修保护措施；强化运维管理平台和信息系统的建设和管理；制定第三方运维管理评价与考核体系。

（2）运维资金：包括日常运行维护费用、设施维修和设备更新费用、智慧平台建设管理费用和运维监管经费四部分。日常运行维护费用根据专业维护服务机构维护的污水处理设施的管网长度、终端设施的数量及规模，由政府核定预算。

六、规划建议

附录 2　某区农村生活污水处理设施建设实施方案

某区农村生活污水处理设施建设实施方案

为认真贯彻落实《关于印发某市一体化推进农村垃圾污水厕所专项整治行动方案的通知》（某办发〔2017〕85 号）精神，加大农村生活污水处理设施建设力度，分年度完成农村生活污水处理设施建设。结合我区实际，制定本方案。

一、总体目标

从 2017 年开始，平均每年完成 20 个左右中心村污水处理设施建设。到 2020 年，全区实现美丽乡村中心村、列入“十三五”农村环境综合整治任务的建制村、重点流域周边、水源地重点地区及环境敏感区村庄生活污水治理全覆盖，全区乡镇生活污水集中处理率 45%以上，实现乡镇政府驻地污水处理设施全覆盖。

二、年度建设计划安排

（一）2017 年工作安排

1. 加大乡镇政府驻地污水治理力度。支持洪林镇、沈村镇、朱桥乡三个乡镇开展污水处理厂厂区工程建设，提高狸桥镇、水阳镇、水东镇污水处理厂运行负荷，实现出水达到 GB 18918—2002《城镇污水处理厂污染物排放标准》一级 A 标准，其中狸桥经济开发区污水管网要于年底前接入狸桥污水处理厂并安装在线监控设备联网验收。（区生态环境局牵头）

2. 加大美丽乡村中心村生活污水治理力度。同步推进农村生活污水治理与美丽乡村建设，完成 20 个左右中心村污水处理设施建设。（区美丽办牵头）

3. 加快编制污水治理规划。打破乡镇村行政区域边界局限，综合考虑各方面因素，编制区域农村生活污水治理规划，优化污水集中处理设施布局。2017 年底前完成区域农村生活污水治理规划的编制和审批工作。（区规划分局牵头）

4. 科学建设污水处理设施。城市周边乡镇和村可以纳入市政污水管网，集中统一处理。人口密集、污水量大的乡镇，采用集中污水处理模式。管网建设受地形条件限制的乡镇，可结合实际情况，采用相对集中式污水处理模式。有条件的村庄，可因地制宜采用集中处理、集中与分散相结合处理模式。其他村庄以分散处理为主，通过分户式、联户式的办法，采用装配式三格化粪池等简易处理技术，就地进行生态治理。优先将重点流域周边、水源地重点地区及环境敏感区村庄纳入建设范畴。（区住建委牵头）

5. 加强设施运行维护。2017 年底前制定区域农村生活污水处理设施运行维护管理办法，明确乡镇街道办事处、村组织责任，落实相关部门工作职责，建立数据监测、巡查维修、设备更换等日常工作制度和管理规程，落实运行维护具体措施。建立“政府扶持、群众自筹、社会参与”的农村生活污水处理设施运行维护资金筹措机制，将农村生活污水处理设施运行维护管理经费列入区乡（镇、街道）年度财政预算。完善农村生活污水处理日常环境监督机制，加强排放水监测，鼓励采用数字化服务平台对农村生活污水处理设施运行状态进行实时监控，掌握农村生活污水处理设施运行动态。（区住建委牵头）

6. 开展纳污坑塘排查整治。组织开展地毯式排查纳污坑塘环境问题，加强对城乡结合部、偏远农村的排查，切实查清渗坑底数和排污源，确保无死角、无盲区、无遗漏。严厉打击非法向坑塘排放污染物的违法行为，对问题严重的，立即采取处置措施，避免造成环境污染；对涉嫌环境污染犯罪的，依法移送公安机关；对污染环境、破坏生态的行为，支持提起环境公益诉讼。（区生态环境局牵头）

（二）2018 年工作安排

完成 20 个左右中心村生活污水治理工作；完成寒亭镇、杨柳镇、新田镇、周王镇污水处理厂建设；孙埠镇、五星乡、养贤乡、古泉镇应在 2018 年 8 月前完成集镇污水收集管网建设，就近接入市政管网，不再建设污水处理厂。

（三）2019 年工作安排

完成 20 个左右中心村生活污水治理工作；7 月底前完成黄渡乡、文昌镇、溪口镇污水处理厂建设。

（四）2020 年工作安排

完成 20 个左右中心村生活污水治理工作；实现乡镇政府驻地污水处理设施全覆盖并全面投入运行。

三、资金筹措

区住建委、美丽办、生态环境局及相关乡镇要积极整合项目资金，共同推进全区农村生活污水治理工作，同时积极运用 PPP 模式，争取各级政府投入、项目支持和社会资本引入，多渠道解决项目建设资金，将所有乡镇政府驻地污水处理设施建设工程及运行维护项目全部打捆招标。

四、2017 年工作实施任务

（一）乡镇污水处理设施筹建工作

8 月份，启动洪林、沈村、朱桥 3 个乡镇污水处理厂厂区工程筹建工作。（区生态环境局牵头）。

9 月份，完成洪林、沈村、朱桥 3 个乡镇污水处理厂项目立项（区发改委牵头）；洪林、沈村、朱桥 3 个乡镇做好招投标前的相关准备工作。

10 月份，完成洪林、沈村、朱桥 3 个乡镇污水处理厂厂区建设工程招投标工作（区生态环境局牵头）。

11 月份，举行洪林、沈村、朱桥 3 个乡镇污水处理厂厂区建设工程开工仪式。

（二）中心村生活污水处理设施建设工作

8 月底，启动 15 个中心村生活污水处理设施建设工作（分别为水东镇七岭行政村陈村中心村、溪口镇天竺行政村盘岭中心村、溪口镇四合董家大屋中心村、水阳镇新建行政村黄泥坝中心村、寒亭镇管南行政村丁巷中心村、文昌镇沿河行政村沿河中心村、周王镇红洋葛村中心村、黄渡乡安莲邵村中心村、黄渡乡柏枧梅马中心村、黄渡乡峄山村门村中心村、狸桥镇金凤村周村中心村、杨柳镇新龙行政村敬忠中心村、周王镇云峰村小李组、沈村镇武村中心村、溪口镇吕辉村河西中心村），2017 年年底前完成 15 个中心村生活污水处理设施建设及验收工作（区美丽办牵头）。

（三）生活污水治理规划编制工作

9月份，启动区域生活污水治理规划的编制前期准备工作，确定规划编制单位，并将农村分散生活污水收集工作纳入规划，10月底前完成初稿，12月底前完成审批工作（区规划分局牵头）。

（四）生活污水处理设施运行维护工作

区住建委、规划分局、美丽办、生态环境局要协作配合，积极谋划区域生活污水处理设施运行维护管理，12月底前制定并印发全区生活污水处理设施运行维护管理办法（区住建委牵头）。

（五）纳污坑塘整治工作

根据《某区纳污坑塘环境问题排查整治工作实施方案》（某区政办秘〔2017〕98号）的要求，各乡镇街道办事处、"两区四园"要建立纳污坑塘排查整治工作方案，全面完成排查，年底前完成纳污坑塘综合整治工作（区生态环境局牵头）。

五、保障措施

（一）加强组织领导。区政府成立由副区长为组长、区财政、发展改革、国土、住建、生态环境、水务、林业、审计、公管、国资公司等部门负责同志为成员的乡镇政府驻地污水处理设施建设工作领导组，其中区住建委、美丽办、规划分局、生态环境局根据工作职责，分别负责乡镇政府驻地生活污水规划、处理设施PPP项目建设和制定生活污水处理设施运行维护管理办法、中心村生活污水处理设施建设、污水治理规划编制、纳污坑塘排查整治等工作。各乡镇人民政府是项目建设的责任主体，要细化项目节点、明确责任人，狠抓项目落实。

（二）加快项目建设。各乡镇要成立工作领导组，明确目标任务，主动和有关部门对接，制定责任清单和时间表，倒排工期，加大项目推进力度，确保按期完成各项建设任务。

（三）建立调度机制。农村生活污水处理设施建设工作实行"月调度制"，通过实地督察、进度表报送等形式，每月向乡镇和有关部门通报进展情况，同时上报区委、区政府。

（四）严格考核奖惩。对工作推进有力，治理成效突出的乡镇和相关部门，将给予奖励。对工作推进缓慢，影响全区整体进度的，将给予通报、约谈。

附录3　关于某市农村生活污水处理项目可行性研究报告的批复

关于某市农村生活污水处理项目可行性研究报告的批复

某市环境保护局：

贵单位《关于给予某市农村生活污水处理项目可行性研究报告批复的函》收悉。该项目可行性研究报告已经某某公司评估并出具评估报告。经研究，现批复如下：

一、为加快某市村级生活污水处理设施建设，促进生态环境保护和可持续发展，改善农村生活环境。同意实施某市农村生活污水处理工程。

二、项目代码：2018－451381－77－01－028600。

三、项目建设单位单位：某市环境保护局。

四、项目建设地点：某市河里镇、岭南镇、北泗镇的130个自然村屯内。

五、项目建设规模及建设内容：建设某市三个镇所属的130个自然村屯共124座村屯级污水处理站，项目采用双膜式动态膜污水处理工艺（即生物膜＋纤维膜动态分离技术工艺）。处理规模分别为$10m^3/d$、$20m^3/d$、$40m^3/d$、$60m^3/d$、$80m^3/d$、$100m^3/d$、$200m^3/d$。日处理总规模为$5760m^3/d$，建设管网总长度275.9 km，污水收集率为0.75。项目建设期限为5年，从2018年起至2022年止。

六、工程主要技术标准

项目	单位	数值	备　注
管网工程	km	275	支管管径为DN110～DN160，干管管径为DN200～DN300，管径≤600mm的排水管采用HDPE双壁波纹管
污水处理方案			污水处理方案选用分散型或集中型处理模式。选择双膜式动态膜污水处理工艺作为本项目中所有村屯的污水处理工艺
污水处理站	个	124	$10m^3/d$，19个；$20m^3/d$，35个；$40m^3/d$，31个；$60m^3/d$，19个；$80m^3/d$，5个；$100m^3/d$，11个；$200m^3/d$，4个

七、项目投资估算和资金筹措。项目估算总投资为14868万元，其中工程费用11927万元，工程建设其他费用1588万元，基本预备费1353万元。项目资金来源为拟申请相关专项资金和地方级财政配套。

八、原则同意可行性研究报告案提出的工程建设方案、环境保护与工程节能方案等设计方案。并在下一步工作中进一步优化。

九、请据此批复开展下阶段工作。

附录4 PPP项目绩效评价工作方案

PPP项目绩效评价工作方案（参考）

一、项目基本情况

（一）项目概况

（二）项目产出说明

（三）绩效目标和指标体系。

PPP项目合同约定的绩效目标与指标体系、年度绩效目标与指标体系及调整情况

（四）项目主要参与方。

说明项目主要参与方职责及参与情况，主要参与方通常包括项目公司（社会资本）、项目实施机构、相关主管部门及其他相关政府部门，项目服务对象及社会公众等其他相关方。

（五）项目实施情况。

项目实施进展情况、实施内容调整及变更情况等。

二、绩效评价思路

（一）绩效评价目的和依据。

确定评价工作基本导向，明确绩效评价工作开展所要达到的目标和结果。

评价依据通常包括PPP项目合同，项目相关法律、法规和规章制度，相关行业标准及专业技术规范等。

（二）绩效评价对象和范围。

评价对象为PPP项目，评价范围包括项目产出、项目实施效果和项目管理等。

（三）绩效评价时段。

项目本次被评价的时间范围，应明确具体的起止时间。

（四）绩效评价方法。

明确开展绩效评价所选用的相关评价方法及原因。

三、绩效评价组织与实施

（一）明确项目负责人及项目团队的职责与分工。

（二）明确各个环节及各项工作的时间节点及工作计划。

（三）明确绩效评价工作质量控制措施。

四、资料收集与调查

明确开展绩效评价工作所需的资料收集与调查方案，包括资料收集内容与途径、数据资料来源以及具体的调查方法。

调查方法通常包括案卷研究、实地调研、座谈会及问卷调查等，应当尽可能明确调查对象、调查方法、调查内容、调查时间及地点等。如果调查对象涉及抽样，应当说明调查对象总体情况、样本总数、抽样方法及抽样比例。

五、相关附件

通常包括资料清单、数据填报格式、访谈提纲及调查问卷等。

附录5　PPP项目绩效评价报告

PPP项目绩效评价报告（参考）

一、项目基本概况

（一）项目概况

简述项目背景、PPP模式基本安排，包括基本信息、动作模式、回报机制、交易结构等内容。

（二）项目绩效目标

（三）项目主要参与方

（四）项目实施情况

包括项目实施的具体内容、范围、计划及进展情况等，如果项目内容在实施期内发生变更，应当说明变更的内容、依据及变更程序。

（五）资金来源和使用情况

项目资金来源和使用情况、投融资管理情况、财务管理情况、预算情况等。

二、绩效评价工作情况

（一）绩效评价目的

（二）绩效评价对象、范围与时段

（三）绩效评价工作方案制定过程

（四）绩效评价原则与方法

（五）绩效评价实施过程

（六）数据收集方法

（七）绩效评价的局限性（如有）

三、评价结论和绩效分析

（一）评价结论

（二）绩效分析

对项目产出、效果和管理指标进行分析和评价

在对绩效指标进行分析和评价时，要充分利用评价工作中所收集的数据，做到定量分析和定性分析相结合。绩效指标评分应当依据充分、数据使用合理恰当，确保绩效评价结果的公正性、客观性、合理性。

四、存在问题及原因分析

通过分析各指标的评价结果，总结项目存在的不足及原因，明确责任主体，为提出相关建议奠定基础。

五、相关建议

通过综合考虑各指标的评价结果，有针对性地对项目存在的不足提出改进措施和建议。措施或建议应当具有较强的可行性、前瞻性及科学性，有利于促进和提高项目绩效水平。

六、绩效评价报告保用限制等其他需要说明的问题

七、评价主体签章

绩效评价报告应当由评价主体加盖公章。

八、相关附件

通常包括主要评价依据、实地调研和座谈会相关资料、调查问卷汇总信息及其他支持评价结论的相关资料。

附录6　典型农村污水处理设施建设EPC项目合同风险因素分析

典型农村污水处理设施建设EPC项目合同风险因素分析

风险因素主要是指农村生活污水治理EPC项目在签订运行之前需要考虑的风险因素，有些风险是不可避免的，为保证工程的有序开展，需要预先商定承担方及风险控制方式。结合2018年某市村庄生活污水治理EPC项目合同概况以及公司以往的合同管理经验，其风险因素主要有以下几个方面。

（1）合同订立风险

合同订立风险主要包括该项目签约过程中以及合同订立条款的相关因素，具体划分可以分为“合同完备性风险”“合同索赔风险”“合同价格变更风险”和“工程工期及验收风险”。

其一，合同完备性风险。合同完备性风险主要是考虑合同条款的遗漏、歧义等情况，由于2018年某市村庄生活污水治理EPC项目范围较广、村貌复杂，合同条款众多，此类风险是存在的。

其二，合同索赔风险。此风险主要是对承包单位建设之后相关质量、技术不达标等情况提出索赔，但承包单位利用合同相关条款拒绝产生纠纷的情况，此项目合同订立中需要考虑此方面风险。

其三，工程工期及验收风险。此项目工程复杂、工期较长，又受到村貌条件，特殊设备订购安装等多种工程因素的多方面的影响，诸多因素都会造成工程工期的延误，从而导致工程验收风险。

其四，合同价格调整风险。2018年某市村庄生活污水治理EPC项目合同为固定总价合同。也就是污水处理项目由于招标人会根据村貌情况调整工程量，工程量则是根据实际完成情况最终确定工程总价。这种情况下，该项目就存在合同价格的调整风险。

（2）履约客观风险分析

在2018年某市村庄生活污水治理EPC项目合同签订之后，履约过程仍然存在着多方面的风险。

其一，村貌条件风险。村貌条件复杂，如果在设计、施工中发现村貌资料与实际情况出入很大，则会造成工期的延长，形成风险。

其二，工程变更风险。工程变更风险主要包括合同中工程范围的变更、工程量的变更和设计变更，造成风险。

其三，材料、设备供应问题风险。由于设备型号不符合设计要求或者材料质量不合格等情况出现，引起工程返工或者材料更换，影响最终工期。

其四，核心技术成熟度风险。2018年某市村庄生活污水治理EPC项目可能涉及技术的更新换代，在采用新技术设计施工时，技术本身的成熟度和与其他资源环境的适应度，会带来部分风险，尤其是项目中的核心技术。

（3）履约阶段主观风险分析

其一，项目经理素质风险。项目经理素质指项目经理的业务能力、管理能力、领导能力、人格魅力等多方面的综合素质。如果项目经理素质较低，将影响工程项目的整体运行。

其二，分包质量风险。总承包商不仅要做好自身的工程进度安排和施工中的组织协调，也要处理好各个分包方的资质情况。如果分包商素质普遍较差，则容易对此工程承包项目质量造成直接影响。

其三，人力资源风险。人力资源状况是指项目部工作人员的业务水平、文化层次、年龄构成和人员组织机制等多方面的情况。在项目实施过程中，人员配置不合理、职责分配不明都将引起项目风险。

附录 7 检查井检查记录表

<table>
<tr><td colspan="10">检查井检查记录表
任务名称：　　　　　　　　　　　　　　　　　　　　第　页 共　页</td></tr>
<tr><td colspan="2">检测单位名称</td><td colspan="6"></td><td>检查井编号</td><td></td></tr>
<tr><td>埋设
年代</td><td></td><td>性质</td><td></td><td>井材质</td><td></td><td>井盖形状</td><td></td><td>井盖材质</td><td></td></tr>
<tr><td colspan="10">检查内容</td></tr>
<tr><td></td><td colspan="4">外部检查</td><td colspan="5">内部检查</td></tr>
<tr><td>1</td><td colspan="2">井盖埋没</td><td colspan="2"></td><td colspan="3">链条或锁具</td><td colspan="2"></td></tr>
<tr><td>2</td><td colspan="2">井盖丢失</td><td colspan="2"></td><td colspan="3">爬梯松动、锈蚀或缺损</td><td colspan="2"></td></tr>
<tr><td>3</td><td colspan="2">井盖破损</td><td colspan="2"></td><td colspan="3">井壁泥垢</td><td colspan="2"></td></tr>
<tr><td>4</td><td colspan="2">井框破损</td><td colspan="2"></td><td colspan="3">井壁裂缝</td><td colspan="2"></td></tr>
<tr><td>5</td><td colspan="2">盖框间隙</td><td colspan="2"></td><td colspan="3">井壁渗漏</td><td colspan="2"></td></tr>
<tr><td>6</td><td colspan="2">盖框高差</td><td colspan="2"></td><td colspan="3">抹面脱落</td><td colspan="2"></td></tr>
<tr><td>7</td><td colspan="2">盖框突出或凹陷</td><td colspan="2"></td><td colspan="3">管口孔洞</td><td colspan="2"></td></tr>
<tr><td>8</td><td colspan="2">跳动和声响</td><td colspan="2"></td><td colspan="3">流槽破损</td><td colspan="2"></td></tr>
<tr><td>9</td><td colspan="2">周边路面破损、沉降</td><td colspan="2"></td><td colspan="3">井底积泥、杂物</td><td colspan="2"></td></tr>
<tr><td>10</td><td colspan="2">井盖标示错误</td><td colspan="2"></td><td colspan="3">水流不畅</td><td colspan="2"></td></tr>
<tr><td>11</td><td colspan="2">是否为重型井盖
（道路上）</td><td colspan="2"></td><td colspan="3">浮渣</td><td colspan="2"></td></tr>
<tr><td>12</td><td colspan="2">其他</td><td colspan="2"></td><td colspan="3">其他</td><td colspan="2"></td></tr>
<tr><td>备注</td><td colspan="9"></td></tr>
</table>

检测员：　　　　记录员：　　　　校核员：　　　　检查日期：　　　　年　　月　　日

附录8　排水管道检测现场记录表

排水管道检测现场记录表

任务名称：

第　页共　页

录像文件		管段编号		→		检测方法	
敷设年代		起点埋深				终点埋深	
管段类型		管段材质				管段直径	
检测方向		管段长度				检测长度	
检测地点						检测日期	

距离/m	缺陷名称或代码	等级	位置	照片序号	备注
其他					

检测员：　　　　监督人员：　　　　校核员：　　　　年　月　日

附录 9 排水管道缺陷统计表

排水管道缺陷统计表 （结构性缺陷或功能性缺陷）							
序号	管段编号	管径	材质	检测长度/m	缺陷距离/m	缺陷名称及位置	缺陷等级

附录 10 管段状况评估表

管段状况评估表

任务名称：

第 页 共 页

管段	管径/mm	长度/m	材质	埋深/m		结构性缺陷						功能性缺陷					
				起点	终点	平均值 S	最大值 S_{max}	缺陷等级	缺陷密度	修复指数 RI	综合状况评价	平均值 Y	最大值 Y_{max}	缺陷等级	缺陷密度	养护指数 MI	综合状况评价

检测单位：

附录 11　排水管道检测成果表

排水管道检测成果表

序号：　　　　　　　　　　　　　　　　　　　　　　　　　　检测方法：

录像文件		起始井号		终止井号	
敷设年代		起点埋深		终点埋深	
管段类型		管段材质		管段直径	
检测方向		管段长度		检测长度	
修复指数		养护指数			
检测地点				检测日期	

距离/m	缺陷名称代码	分值	等级	管道内部状况描述	照片序号或说明
备 注					

照片 1：	照片 2：

检测单位：

附录12　农村生活污水主要检测参数采样样品要求一览表

序号	检测参数	取样容器	取样容器洗涤方式	数量	保存期	试验用量	注意事项
1	总磷	聚乙烯瓶或玻璃瓶	（Ⅳ）铬酸洗液洗1次自来水洗3次，蒸馏水洗1次	250mL	24h	25mL	采集500mL水样后加入1mL的硫酸（P=1.84g/mL）调节样品的pH≤1，或不加任何试剂置于冷处保存（含磷量较少的水样不要用塑料瓶取样）
2	氨氮	聚乙烯瓶或玻璃瓶	（Ⅰ）洗涤剂洗1次，自来水洗3次，蒸馏水洗1次	250mL	24h	50mL	水样采集后应尽快分析，如需保存，在水样中加入硫酸（P=1.84g/mL），使水样酸化到pH<2，2～5℃下保存7d
3	化学需氧量（COD）	玻璃瓶	（Ⅰ）洗涤剂洗1次，自来水洗3次，蒸馏水洗1次	500mL	2d	10mL	采集试样500mL，在水样采集后应尽快分析，如不能立即分析，在水样中加入硫酸（P=1.84g/mL）至pH<2，在4℃冷藏保存，5d内测定
4	总氮	玻璃瓶	（Ⅰ）洗涤剂洗1次，自来水洗3次，蒸馏水洗1次	250mL	7d	10mL	水样采集后立即放入冰箱中或低于4℃的条件下保存。并不得超过24h。水样放置时间较长时，可在1000mL水样中加入约0.5mL的硫酸（P=1.84g/mL），酸化到pH<2，并尽快检测
5	动植物油	玻璃瓶	（Ⅱ）洗涤剂洗1次，自来水洗2次，1+3 HNO_3荡洗1次，自来水洗3次，蒸馏水洗1次	地表水，地下水：1000mL 工业废水，生活污水：500mL	7d	地表水，地下水：1000mL 工业废水，生活污水：500mL	(1) 采集好后加入约盐酸（P=1.19g/mL），酸化到pH≤2。如样品不能在24h内测定，应在2～5℃下冷藏保存，3d内测定。 (2) 单独采样，不允许试验室内再分样，采样时连同表层水一并采集。并在样品瓶上做标记。 (3) 当只测定水中乳化状态和溶解性油类物质时，应避开漂浮在水体表面的油膜层，在水面下25～50cm处取样。当需要报告一段时间内油类物质的平均浓度时，应在规定的时间间隔分别采用分别检测
6	悬浮物（SS）	聚乙烯瓶或玻璃瓶	（Ⅰ）洗涤剂洗1次，自来水洗3次，蒸馏水洗1次	500mL	14d	500～1000mL	单独采样，尽快检测，如需放置，应在0～4℃冷藏保存（避光保存），7d内测定

附录13 运维记录参考表单

附表13－1　　农村生活污水处理设施基础数据资料记录表

<table>
<tr><td>设施名称</td><td colspan="2"></td><td>设施所在自然村</td><td colspan="3"></td></tr>
<tr><td>设施编码</td><td colspan="2"></td><td>设施所在行政村编号</td><td colspan="3"></td></tr>
<tr><td>经度E</td><td></td><td>度</td><td></td><td>分</td><td></td><td>秒</td></tr>
<tr><td>纬度N</td><td></td><td>度</td><td></td><td>分</td><td></td><td>秒</td></tr>
<tr><td>应接入户数/户</td><td colspan="2"></td><td>应受益人数</td><td colspan="3"></td></tr>
<tr><td>已接入户数/户</td><td colspan="2"></td><td>已受益人数</td><td colspan="3"></td></tr>
<tr><td>设计处理量（t/d）</td><td colspan="2"></td><td>设施总功率/kW</td><td colspan="3"></td></tr>
<tr><td>带在线监测</td><td colspan="2">是/否</td><td>带远程监控</td><td colspan="3">是/否</td></tr>
<tr><td>处理工艺模式</td><td colspan="6"></td></tr>
<tr><td>设计出水水质标准</td><td colspan="6">（从表下方③选择）</td></tr>
<tr><td>设施状态</td><td colspan="6">（从表下方②选择）</td></tr>
<tr><td>终端建设单位</td><td colspan="6"></td></tr>
<tr><td>终端设计单位</td><td colspan="6"></td></tr>
<tr><td>终端施工单位</td><td colspan="6"></td></tr>
<tr><td>终端监理单位</td><td colspan="6"></td></tr>
<tr><td>管网建设单位</td><td colspan="6"></td></tr>
<tr><td>管网设计单位</td><td colspan="6"></td></tr>
<tr><td>管网施工单位</td><td colspan="6"></td></tr>
<tr><td>管网长/m</td><td colspan="6"></td></tr>
<tr><td>管网材质</td><td colspan="6"></td></tr>
<tr><td>主管网管径</td><td colspan="6"></td></tr>
<tr><td>竣工日期</td><td colspan="6"></td></tr>
<tr><td>接收日期</td><td colspan="6"></td></tr>
<tr><td>运维日期</td><td colspan="6"></td></tr>
<tr><td>运维村监督员</td><td colspan="2"></td><td>电话</td><td colspan="3"></td></tr>
<tr><td>运维镇监督员</td><td colspan="2"></td><td>电话</td><td colspan="3"></td></tr>
<tr><td>运维县监督员</td><td colspan="2"></td><td>电话</td><td colspan="3"></td></tr>
<tr><td colspan="7">设备列表</td></tr>
<tr><td>设备名称</td><td colspan="2">型号</td><td>安装日期</td><td colspan="2">类型</td><td>功率/kW</td></tr>
<tr><td></td><td colspan="2"></td><td></td><td colspan="2">（从表下方①选择）</td><td></td></tr>
<tr><td></td><td colspan="2"></td><td></td><td colspan="2"></td><td></td></tr>
<tr><td></td><td colspan="2"></td><td></td><td colspan="2"></td><td></td></tr>
</table>

续表

设备名称	型号	安装日期	类型	功率/kW
处理设施不正常情况				
接户设施				
管网设施				
终端设施				

① 设备类型：土建、机电、监测、监控中选一。

② 设施状态：建设、运维、大修、重建、报废中选择填写。

③ 设计出水水质标准：

No.	水　质　标　准
1	农村生活污水处理设施水污染物排放标准 DB 33/ 973—2015 一级
2	农村生活污水处理设施水污染物排放标准 DB 33/ 973—2015 二级
3	污水排入城镇下水道水质标准 CJ 343—2010 一级
4	污水排入城镇下水道水质标准 CJ 343—2010 二级
5	城镇污水处理厂污染物排放标准 GB 18918—2002 一级 A
6	城镇污水处理厂污染物排放标准 GB 18918—2002 一级 B
7	污水综合排放标准 GB 8978—1996 一级
8	污水综合排放标准 GB 8978—1996 二级
9	其他（自填）

附表 13－2　　**行政村农村生活污水终端处理设施巡查记录表**

巡查检查日期： 年 月 日 （上午） （下午）			天气：（晴）；（阴）；（雨）	
自然村		终端编号		巡查人员
巡查内容				
终端设施	处理工艺			
	进水水量	（正常）（不正常）	出水口	外观：（清）（浊）
	出水水量	（正常）（不正常）		臭气：（无）（微）（有）
	设备情况		构筑物情况	
	格栅	（外观完好，栅渣不明显）；（发生破损或锈蚀）；（栅渣需清掏）；（其他问题）	集水井或调节池	（正常）；（池底淤积物严重）；（表面漂浮物严重）；（池体漏水）
	控制柜	（正常）；（外观破损或锈蚀）；（按钮标志不明显）；（指示灯异常）；（电器元件异常）；（线路固定不整齐）；（其他问题）	初沉池	（正常）；（池底淤积物严重）；（表面漂浮物严重）；（池体漏水）；（进出水不顺畅）；（其他问题）
	风机	（正常）；（运行异响）；（固定不稳固）；（风压异常）；（运行过热）；（曝气管路破损或堵塞）；（不工作）；（其他问题）	厌氧池或兼氧池	（正常）；（池底淤积物严重）；（表面漂浮物严重）；（池体漏水）；（填料稀少或无）；（进出水不顺畅）；（其他问题）
	提升泵	（正常）；（管口连接不牢固）；（堵塞或异响）；（电线不整洁不安全）；（不工作）；（其他问题）	好氧池	（正常）；（池底淤积物严重）；（表面漂浮物严重）；（池体漏水）；（曝气量异常或不均匀）；（进出水不顺畅）；（其他问题）
	回流泵	（正常）；（管口连接不牢固）；（堵塞或异响）；（电线不整洁不安全）；（不工作）；（其他问题）	沉淀池	（正常）；（池底淤积物严重）；（表面漂浮物严重或大量污泥上浮）；（池体漏水）；（进出水不顺畅）；（其他问题）
	流量计	（正常，累积流量，读数：____ 瞬时流量，读数：____ （仪表无显示）；（流量显示异常）；（电线不整洁不安全）；（其他问题）	人工湿地	漫水情况：（有）（无） 是否堵塞：（有）（无） 植物生长情况：（好）（坏） 其他问题：
	管道及阀门	（完好）；（破损或脱落或渗漏）；（阀门无法旋转）；（其他问题）	出水井	（正常）；（池底淤积物严重）；（表面漂浮物严重）；（池体漏水）；（进出水不顺畅）；（其他问题）
	控制房	（好）；（坏）	终端场地环境	（完好）；（一般）；（脏乱差）；（绿化设施需维护养护）
	液位控制系统	（正常）；（不正常）	终端围栏	（完好）；（局部破损需维修）；（植物围栏需养护）；（其他问题）
	告示牌	（完好）；（字迹不清）；（固定不牢固）；（歪斜）；（需更换）	各类井口及井盖	（完好）；（部分井盖破损）；（部分井盖需更换）；（其他问题）
	在线监控设备	（完好）；（异常）；（表面淤积物严重）	阀门井	（正常）；（井底有积水）；（井内杂物淤积）；（其他问题）
	其他设备		其他设施	

注：运维人员在巡查、检查过程中发现问题在相应的“（ ）”内打“√”，巡查图片在电脑中备存。

附表 13-3　　行政村农村生活污水处理管网设施巡查记录表

<table>
<tr><td colspan="3">巡查检查日期：　年　月　日　（上午）　（下午）</td><td colspan="2">天气：（晴）；（阴）；（雨）</td></tr>
<tr><td colspan="2">自然村</td><td>　　　　终端编号</td><td>巡查人员</td><td></td></tr>
<tr><td colspan="5">巡查内容</td></tr>
<tr><td rowspan="4">管网设施</td><td>管网</td><td>（好）（坏）（堵塞）</td><td rowspan="10">其他问题</td><td rowspan="10"></td></tr>
<tr><td>窨井</td><td>（好）（坏）（淤积物严重，井编号：__）</td></tr>
<tr><td>路面</td><td>（好）（坏）</td></tr>
<tr><td>窨井盖</td><td>（好）（缺失）（破损，井编号：__）</td></tr>
<tr><td rowspan="5">接户设施</td><td>接户管</td><td>（好）（破损）（堵塞）</td></tr>
<tr><td>接户井</td><td>（好）（破损）（淤积物严重）</td></tr>
<tr><td>化粪池</td><td>（好）（破损）（堵塞）（满溢）</td></tr>
<tr><td>隔油池</td><td>（好）（破损）（堵塞）（满溢）</td></tr>
<tr><td>厨房清扫井</td><td>（好）（破损）（淤积物严重）</td></tr>
<tr><td>道路</td><td colspan="2">（好）（破损）（沉降）</td></tr>
</table>

注：运维人员在巡查、检查过程中发现问题在相应的“（　）”内打“√”，巡查图片在办公室电脑备存。

附表 13-4　　行政村农村生活污水处理设施、设备养护记录表

养护日期	养护时间	自然村名	终端编号	养护的设施（填：1. 农户端设施；2. 管网设施；3. 终端设施）	养护项目及内容	养护后状况	养护人员	备注

注：上表为养护记录的主要内容。相关详细内容、照片或视频资料等，运维服务机构可自行制定纸质或电子版文档格式作记录，相关记录应作为运维记录的一部分内容。

附表 13-5　　行政村农村生活污水处理设施维修记录表

维修日期	维修时间	自然村名	终端编号	维修的设施（填：1. 农户端设施；2. 管网设施；3. 终端设施）	维修项目及内容	维修途径（填：1. 现场维修；2. 返厂维修；3. 更换）	维修后状况	维修落实人员	备注

注：上表为维修记录的主要内容。相关详细内容、照片或视频资料等，运维服务机构可自行制定纸质或电子版文档格式作记录，相关记录应作为运维记录的一部分内容。

附表 13-6　　行政村农村生活污水处理设施进、出水水质检测记录表

采样日期	年　月　日　（上午）　（下午）		天气：（晴）；（阴）；（雨）	
自然村		终端编号	处理量（t/d）	
处理工艺			采样人员	
水质检测结果				
采样位置	项目名称	单位	检测结果	备注
进水水质	pH 值	无量纲		
	化学需氧量（COD）	mg/L		
	氨氮（NH_3-N）	mg/L		
	总磷（TP）	mg/L		
	悬浮物（SS）	mg/L		
	粪大肠菌群	个/L		
	动植物油类①	mg/L		
出水水质	pH 值	无量纲		
	化学需氧量（COD）	mg/L		
	氨氮（NH_3-N）	mg/L		
	总磷（TP）	mg/L		
	悬浮物（SS）	mg/L		
	粪大肠菌群	个/L		
	动植物油类①	mg/L		

①仅针对含农家乐废水的处理设施。

参　考　文　献

［1］　李灵娜. 农村生活污水处理工艺与技术应用［M］. 延吉：延边大学出版社，2019.

［2］　陈天麟. 农村生活污水处理工艺及运行管理［M］. 北京：中国建筑工业出版社，2018.

［3］　侯立安，席北斗，张列宇，等. 农村生活污水处理与再生利用［M］. 北京：化学工业出版社，2019.

［4］　叶堂林. 小城镇建设：规划与管理［M］. 北京：中国时代经济出版社，2015.

［5］　GB/T 51347—2019 农村生活污水处理工程技术标准［S］. 北京：中国标准出版社，2019.

［6］　GBT 37071—2018 农村生活污水处理导则［S］. 北京：中国标准出版社，2018.

［7］　北京市建筑业联合会建造师分会. 建设工程优秀项目管理实例精选：2016［M］. 北京：中国建筑工业出版社，2016.

［8］　刘泽俊，周杰. 工程项目管理［M］. 南京：东南大学出版社，2019.

［9］　解清杰，高永，郝桂珍. 环境工程项目管理［M］. 北京：化学工业出版社，2011.

［10］　本书编委会. 江苏省水利工程建设项目法人工作指南［M］. 南京：河海大学出版社，2017.

［11］　住房城乡建设部工程质量安全监管司. 市政公用工程设计文件编制深度规定（2013 年版）［M］. 北京：中国城市出版社，2013.

［12］　南京市农村生活污水处理设施建设与运营管理技术导则（试行）［R］. 南京市水务局，2018.

［13］　县域农村生活污水治理专项规划编制指南（试行）［R］. 生态环境部，2019.

［14］　江苏省建设工程质量监督总站. 房屋建筑和市政设施工程质量监督工作指南（2018 年版）［M］. 南京：江苏凤凰科学技术出版社，2018.

［15］　韦甦，胡金法，章燃灵，等. 基于提升改造的县域农村生活污水治理专项规划编制探索——以浙江省为例［J］. 给水排水，2020，56（2）：35-41.

［16］　曹璐. 县城乡村建设规划编制要点思考——以歙县县域乡村建设规划为例［J］. 城市规划学刊，2017（5）：81-88.

［17］　闫景明，王春霞. 宁夏县域农村生活污水治理专项规划编制思路及要点思考［J］. 农村经济与科技，2019，30（24）：21，23.

［18］　DBJ/T 15—206—2020 广东省农村生活污水处理设施建设技术规程［S］，2020.

［19］　可宝玲. 市政排污设计中常见的问题与对策［J］. 区域治理，2019（38）：167-169.

［20］　李昌春，周杰，林文剑. 市政工程施工项目管理（第三版）［M］. 北京：中国建筑工业出版社，2019.

［21］　张勤，李俊奇. 水工程施工（第二版）［M］. 北京：中国建筑工业出版社，2018.

［22］　刘伟，李永峰. 污水处理工程施工技术［M］. 武汉：武汉理工大学出版社，2019.

［23］　全国二级建造师执业资格考试用书编写委员会. 建设工程施工管理［M］. 北京：中国建筑工业出版社，2019.

[24] 赵庆红，韩秀金. 江苏省村庄生活污水治理 [C]. 南京：江苏省住房和城乡建设厅，2016.
[25] 全国一级建造师执业资格考试用书编写委员会. 建设工程项目管理 [M]. 北京：中国建筑工业出版社，2020.
[26] 于玲红. 环境工程施工技术与管理 [M]. 北京：机械工业出版社，2015.
[27] 陆建民，陈明珠，史文娟. 建设工程质量检测见证取样一本通 [M]. 北京：中国建筑工业出版社，2014.
[28] 瞿洪海. 浅谈南京市农村污水治理 [J]. 水资源开发与管理，2020 (3)：22-24，12.
[29] 瞿洪海. 农村生活污水治理项目管理问题的思考 [J]. 建设监理，2020 (3)：63-66.
[30] 瞿洪海，曹清. 农村生活污水治理项目的进度与成本管控问题的思考 [J]. 建设监理，2020 (11)：24-26.
[31] 张卫秋，瞿洪海. 农村生活污水处理项目设计质量控制机制探讨 [J]. 建设监理，2020 (12)：45-47.
[32] 浙江省农村生活污水处理设施标准化运维评价导则 [R]. 浙江省住房和城乡建设厅，2018.
[33] 农村生活污水人工湿地处理设施运行维护导则 [R]. 浙江省住房和城乡建设厅，2019.
[34] 农村生活污水生物滤池处理设施运行维护导则 [R]. 浙江省住房和城乡建设厅，2019.
[35] 农村生活污水运维常见问题与处理导则 [R]. 浙江省住房和城乡建设厅，2020.
[36] DB 3311/ T77—2018 农村生活污水治理设施运行维护技术规范 [S]，2018.

江苏中源工程管理股份有限公司

江苏中源工程管理股份有限公司（以下简称“江苏中源”），始创于1994年，公司前身之一由江苏省水利厅直属咨询公司分设成立。2015年6月，基于中央军委“全面停止一切对外有偿服务”工作的统一部署，按照江苏省委、省政府、省军区及上级行政主管部门的指示，公司合并承继了原解放军理工大学工程兵学院南京工程建设监理部的人员及业绩，进一步壮大了企业的综合实力。

江苏中源目前是江苏省监理行业中资质等级高、涉及行业多的咨询类企业、全国百强监理企业（连续三年全国前40位）、全国交通建设优秀监理企业、南京市咨询监理类龙头企业、江苏省建设监理与招投标协会和江苏省交通建设监理协会常务理事单位、江苏省首批全过程工程咨询试点企业、江苏省装配式建筑工程监理试点企业。

江苏中源可为客户在众多领域提供工程项目管理、招标代理、造价咨询、工程监理、试验检测及全过程咨询服务。江苏中源专注于通过出色的技术、高能的人才和优质的服务协助客户实现工程建设目标。

江苏中源在污水环境治理、城市高架及桥梁、公路、水利、市政及大型公共建筑等领域有着丰富的工程管理经验和业绩。江苏中源服务的工程项目遍布全国，连年获得国家优质工程奖、詹天佑土木工程奖、全国市政金杯奖、扬子杯、优秀监理企业、示范监理机构等诸多奖项。

江苏中源拥有国家技术专利30多项，软件著作权10多项，参与多项行业标准的讨论与制定。坚持多层次人才战略，专业人力资源管理多渠道引进人才，已经形成了一支稳定的、知识和年龄层次合理的骨干队伍，拥有各类专业技术人员1500余人，其中中高级及以上技术人员960余人，持注册执业资格技术人员860余人。具有一大批注册监理工程师（住建、交通、水利）、一级注册建造师、注册咨询工程师、注册造价工程师、注册安全工程师、注册试验检测师等复合型的专业工程咨询人才，为公司不断发展和壮大奠定了坚实的人才基础。

住建部 工程造价咨询甲级资质

住建部 工程监理综合资质

交通运输部 公路工程甲级监理资质

水利部 水利工程施工监理甲级资质

国家人防办 人防建设监理甲级资质

江苏省交通运输厅 水运工程乙级监理资质

水利工程质量检测单位

资质等级证书

检测范围：机械电气乙级

证书编号：

中华人民共和国水利部制

发证机关：

发证日期：2020 年 5 月 8 日

有效日期：2023 年 5 月 7 日

子公司水利工程乙级检测资质

JTJC

公路水运工程试验检测机构

等级证书

依据《公路水运工程试验检测管理办法》，江苏通源工程质量检测有限公司被评定为 公路工程 综合乙级 工程试验检测机构。

特此发证。

证书编号：

评定日期：　　换证日期：

发证日期：　　有效期至：

发证机构：

交通运输部工程质量监督局制

（2016版）

子公司公路工程综合乙级检测资质

检验检测机构

资质认定证书

证书编号：171001060018

名称：江苏通源工程质量检测有限公司

邮编：211500

许可使用标志

CMA

171001060018

发证日期：2017年1月16日

有效期至：

发证机关：

子公司计量认证资质认定证书

- 住建部 工程监理综合资质
- 住建部 工程造价咨询甲级资质
- 交通运输部 公路工程甲级监理资质
- 水利部 水利工程施工监理甲级资质
- 国家人防办 人防建设监理甲级资质
- 江苏省交通运输厅 水运工程乙级监理资质
- 江苏省交通运输厅 公路工程综合乙级检测资质
- 江苏省水利厅 水利工程乙级检测资质

为提升专业技术实力，江苏中源大力开展技术、管理、咨询与研发创新，积极探索工程建设实施及管理规律，为客户提供具有系统性、前瞻性及良好参与体验的工程技术管理咨询服务，推动自然、人文、生态与城市、社会和谐发展，肩负起崇高的历史使命与社会责任，为江苏省工程技术管理咨询行业未来发展树立标杆，推动个人、企业、行业与社会进步，倾力打造“诚信中源、品质中源、百年中源”。